Sigurd Lohmeyer u.a. · Werkstoff Glas I

Herrn Christian Rungius gewidmet

Werkstoff Glas I

Sachgerechte Auswahl, optimaler Einsatz,
Gestaltung und Pflege

Prof. Dr. rer. nat. Sigurd Lohmeyer

Dr.-Ing. H. Dannheim
Prof. Dr. rer. nat. G. H. Frischat
Dipl.-Chem. H. Gaar
Dr. rer. nat. W. Kiefer
Dr. rer. nat. A. Peters
Dr. rer. nat. H. U. Schwering
Dr. rer. nat. H. Seidel
Prof. Dr. phil. Dr. techn. L. Žagar †

2., überarbeitete Auflage

Mit 141 Bildern

Kontakt & Studium
Band 22

Herausgeber:
Prof. Dr.-Ing. Wilfried J. Bartz
Technische Akademie Esslingen
Weiterbildungszentrum
Dipl.-Ing. FH Elmar Wippler, expert verlag

CIP-Kurztitelaufnahme der Deutschen Bibliothek

Werkstoff Glas: sachgerechte Ausw., optimaler
Einsatz, Gestaltung u. Pflege / Sigurd Lohmeyer ... –
Ehningen bei Böblingen: expert-Verlag
  Früher teilw. mit Erscheinungsort
  Grafenau/Württ. bzw. Sindelfingen
NE: Lohmeyer, Sigurd [Mitverf.]
  1.–2., überarb. Aufl. – 1987.
    Kontakt & [und] Studium; Bd. 22: Werkstoffe
    ISBN 3-88508-935-1
NE: GT

ISBN 3-88508-935-1

2. Auflage 1987
1. Auflage 1979

© 1979 by expert verlag, 7031 Ehningen bei Böblingen
Alle Rechte vorbehalten
Printed in Germany

Alle Rechte, insbesondere die der Übersetzung,
des Nachdrucks, der Entnahme von Abbildungen,
der photomechanischen Wiedergabe (durch
Photokopie, Mikrofilm oder irgendein anderes
Verfahren) und der Übernahme in Informations-
systeme aller Art, auch auszugsweise, vorbehalten.

Herausgeber-Vorwort

Die berufliche Weiterbildung hat sich in den vergangenen Jahren als eine ebenso erforderliche wie notwendige Investition in die Zukunft erwiesen. Der rasche technologische Wandel und die schnelle Zunahme des Wissens haben zur Folge, daß wir laufend neuere Erkenntnisse der Forschung und Entwicklung aufnehmen, verarbeiten und in die Praxis umsetzen müssen. Erstausbildung oder Studium genügen heute nicht mehr. Lebenslanges Lernen, also berufliche Weiterbildung, ist daher das Gebot der Stunde und der Zukunft.

Die Ziele der beruflichen Weiterbildung sind

— Anpassung der Fachkenntnisse an den neuesten Entwicklungsstand
— Erweiterung der Fachkenntnisse um zusätzliche Bereiche
— Erlernen der Fähigkeit, wissenschaftliche Ergebnisse in praktische Lösungen umzusetzen
— Verhaltensänderungen zur Entwicklung der Persönlichkeit.

Diese Ziele lassen sich am besten durch das „gesprochene Wort" (also durch die Teilnahme an einem Präsenzunterricht) und durch das „gedruckte Wort" (also durch das Studium von Fachbüchern) erreichen.

Die Buchreihe KONTAKT & STUDIUM, die in Zusammenarbeit zwischen dem expert verlag und der Technischen Akademie Esslingen herausgegeben wird, ist für die berufliche Weiterbildung ein ideales Medium. Die einzelnen Bände beruhen auf erfolgreichen Lehrgängen an der TAE. Sie sind praxisnah und aktuell. Weil in der Regel mehrere Autoren — Wissenschaftler und Praktiker — an einem Band beteiligt sind, kommen sowohl die theoretischen Grundlagen als auch die praktischen Anwendungen zu ihrem Recht.

Die Reihe KONTAKT & STUDIUM hat also nicht nur lehrgangsbegleitende Funktion, sondern erfüllt auch alle Voraussetzungen für ein effektives Selbststudium und kann als Nachschlagewerk dienen. Auch der vorliegende Band ist nach diesen Grundsätzen erarbeitet. Mit ihm liegt wieder ein Lehr- und Nachschlagewerk vor, das die Erwartungen der Leser an die wissenschaftlich-technische Gründlichkeit und an die praktische Verwertbarkeit nicht enttäuscht.

TECHNISCHE AKADEMIE ESSLINGEN expert verlag
Prof. Dr.-Ing. Wilfried J. Bartz Dipl.-Ing. Elmar Wippler

Geleitwort

Das Glas gehört zu den Werkstoffen, von denen die Menschheit von alters her Gebrauch macht, besonders in Form von Gerätschaften, die zum täglichen Umgang im Haushalt dienen. Seine Durchsichtigkeit, seine Härte, sein Glanz, sowie weitgehende chemische Unangreifbarkeit und seine fast unbegrenzte Formbarkeit zeichnen es vor anderen Werkstoffen aus. Der einzige Nachteil ist seine auf Sprödigkeit beruhende Zerbrechlichkeit. Doch kann man in ihr — man wagt es kaum laut auszusprechen — den Grund für seinen ständigen Erneuerungsbedarf erblicken, der seinem wirtschaftlichen Umsatz zugute kommt. Diese Bemerkung klingt zynischer, als sie verstanden werden soll; denn ein Teil seines Ausfalls beruht auf einer Unkenntnis seiner Beanspruchbarkeit. Es wird allzu selbstverständlich in mancher Hinsicht als unverletzbar angesehen, weil man seine innewohnenden Eigenschaften zu wenig beachtet, bzw. zur Kenntnis nimmt und bei der Handhabung berücksichtigt.

Es ist daher zu begrüßen, wenn sich ein Autor findet, der in einer auch für Laien allgemein verständlichen Weise darlegt, welchen Beanspruchungen es sich gewachsen zeigt und mit welchen es überfordert wird und warum.

Im Grunde ist es erstaunlich, daß der Umgang mit Glas nicht zu mehr Ausfällen führt, als es tatsächlich der Fall ist; denn in den Augen des Fachmannes wird ihm oft unbewußt mehr zugemutet, als es seiner Natur nach an mechanischen, chemischen und anderen Einflüssen zu vertragen vermag. Das spricht dafür, daß die ,,Erfahrung" ganz von selbst ein Reglement mit sich brachte, demzufolge sich eine gewisse Schonung einstellt, die von Hand zu Hand weitergereicht wird. Wenn trotzdem noch Schäden auftreten, so sind sie auf Verstöße zurückzuführen, die oft aus Ahnungslosigkeit begangen werden, oder sie gelten als unvermeidbar. Gerade dies ist aber längst nicht immer der Fall, wenn man den Dingen auf den Grund geht. Das geht so weit, daß gelegentlich sogar Reklamationen beim Hersteller vorgebracht werden, die mit dem Hinweis auf eine mangelhafte Qualität betrieben werden, während in Wirklichkeit unvorhergesehene oder nicht in Rechnung gestellte Einflüsse zur Geltung kamen.

Dabei kommt es weniger darauf an, daß die wissenschaftlich erforschten Gründe in alle Kreise der Gebraucher vordringen, als daß sie eine überzeugende Darstellung finden, die das Vertrauen in das, was dem Glase zumutbar ist, stärken und im Unterbewußtsein verankern, damit allen geholfen ist: dem Hersteller, dem Handel, dem „Normalverbraucher". Hierfür ein einziges Beispiel: Die Hausfrau schreckt davor zurück, das Glas einem starken Temperaturwechsel auszusetzen; es könne ja zerspringen. Damit hat sie natürlich Recht. Aber sie muß wissen, daß eine Temperatursteigerung um etwa 60 ° nach oben, vor allem, wenn sie gleichmäßig von allen Seiten erfolgt, weit weniger gefährlich ist, als ein gleichgroßer Schock nach unten, wenn es heiß ist und um den gleichen Betrag abgekühlt wird. Das liegt ganz einfach daran, daß eine steigende Temperatur durch Dehnung des Materials Druckspannungen erzeugt, gegen die das Glas zehnmal so stark gewappnet ist, wie gegen Zugspannungen infolge einer Abschreckung, bei der es um den gleichen Betrag kontrahiert. Wer achtet schon darauf?

Die Stoffeinteilung des Buches gibt einen Überblick über die verschiedensten Gebiete des Umgangs mit Glas, bzw. Gläsern, der es leicht macht, nachzuschlagen, um sich zu orientieren.

Es war ein glücklicher Gedanke, die Auswertung von Lehrgängen des Autors an einer Technischen Akademie in eine übersichtlich geschlossene Darstellung zu bringen und dafür geeignete Sachbearbeiter gewonnen zu haben. Damit wird die Publizität eines so angesehenen Stoffes in der Hand von Nichtfachleuten gefördert und ihnen Hilfestellung geleistet zur Aufklärung technisch bedingter Vorkommnisse im Gebrauch. Zusammenhänge, die sich gegenseitig bedingen, führen zum Verständnis für den Umgang mit Glas und Gläsern. Sie kommen in der Hand eines aufgeschlossenen Lesers seinem Verlangen nach Aufklärung entgegen.

Die Bewährung unseres Werkstoffes kann nur ausgeschöpft werden, wenn man nicht nur durch ihn schauen kann, sondern ihn auch durchschaut. Dazu ist hier ein Wurf unternommen worden, dem ein Erfolg nicht versagt bleiben kann. Die Auswertung des hier gebotenen Materials wird dazu beitragen, unnötige Schäden zu verhindern, wenn sie mit Verständnis vorgenommen wird.

Es ist eine selbstlose Aufgabe, eigene Erfahrungen in eine nüchtern ausgebaute Darstellung zu bringen, die dem breiten Kreis der anderen Gelegenheit gibt, daran teilzunehmen, wie es hier unternommen wurde.

Prof. Dr. Hans Jebsen-Marwedel

Autoren-Vorwort

Die ersten Kapitel dieses Buches führen den Leser pädagogisch und didaktisch gezielt von der geschichtlichen Entwicklung der Glasherstellung und -verarbeitung über die modernen Rohstoff- und Energieversorgungs- und -kostenfragen, nach gründlicher theoretischer Unterweisung über den molekularen Aufbau und die physikalisch-chemischen Eigenschaften zum Verständnis für die Stärken und Schwächen des Werkstoffes Glas, seine richtige Auswahl für verschiedene Zwecke, Dimensionierung, Belastung und Pflege. Darauf folgen realitätsnahe Untersuchungsberichte über die Resistenz wichtiger gläserner Werkstücke und Trinkgläser unter üblichen und verbreiteten thermischen, mechanischen und chemischen Belastungen und Erläuterungen der meßtechnischen Verfahren und Begriffe.

Mit diesen Grundlagen versteht der Leser die Gründe und Ziele, Theorien und Techniken der in den letzten Abschnitten beschriebenen Verfahren zur allgemeinen Belastbarkeitserhöhung oder Spezialisierung für Sonderzwecke.

Giengen/Brenz, Juli 1987   Prof. Dr. Sigurd Lohmeyer

Inhaltsverzeichnis

Herausgeber-Vorwort
Geleitwort
Autoren-Vorwort

1	**Was ist Glas?** Überblick über Geschichte, Herstellungsverfahren und Eigenschaften von Glas Dr. rer. nat. H. U. Schwering	17
1.1	Der glasartige Zustand	17
1.1.1	Der Transformationspunkt	19
1.1.2	Glas- oder Kristallbildung	20
1.2	Natürliche Gläser	20
1.3	Synthetische Gläser	21
1.4	Geschichte der Glasherstellung	23
1.5	Die Glasschmelze	27
1.6	Die Verarbeitung des Glases	29
1.7	Eigenschaften des Glases	31
1.7.1	Bruchanfälligkeit	31
1.7.2	Durchsichtigkeit	34
1.7.3	Chemische Beständigkeit	34
1.7.4	Glas als elektrisches Isoliermaterial	35
1.7.5	Wärmeleitfähigkeit	35
1.7.6	Wärmeausdehnungskoeffizient	35
1.8	Konstruieren mit Glas	36
1.9	Verfügbarkeit und Preis der Roh- und Hilfsstoffe zur Glasherstellung	37
2	**Energie- und Rohstoffprobleme der Glasindustrie** Schwerpunkte des Energieeinsatzes, Möglichkeiten der Energieeinsparung, Rohstoffsituation, verfügbare Rohstoffquellen, Wege zur Rohstoffsicherung Dipl.-Chem. H. Gaar	39

2.1	Die Schwerpunkte des Energieeinsatzes bei der Glasfertigung	39
2.2	Möglichkeiten zur Energieeinsparung	40
2.3	Die Rohstoffsituation – verfügbare Rohstoffquellen	43
2.4	Wege der Rohstoffsicherung	43

3	**Glas – Struktur und Eigenschaften** Prof. Dr. rer. nat. G. H. Frischat	47
3.1	Allgemeines	47
3.2	Glasbildung	50
3.3	Struktur und Entmischung	53
3.3.1	Entmischung	56
3.4	Beispiele für technische Glaszusammensetzungen	57
3.5	Eigenschaften von Glasschmelzen	59
3.6	Eigenschaften des festen Glases	60
3.6.1	Chemische Eigenschaften	60
3.6.2	Mechanische Eigenschaften	63
3.6.3	Weitere Eigenschaften	66
3.7	Schlußbetrachtung	67

4	**Die chemische Prüfung von Glas** Die Normprüfverfahren – Grundlagen, Verfahren, Entwicklung, Aussage, Relevanz für die Praxis Dr. A. Peters	68
4.1	Allgemeines	68
4.2	Prinzipielles zum chemischen Angriff auf Glas	70
4.2.1	Die hydrolytische Beanspruchung (neutraler Angriff)	71
4.2.2	Der saure Angriff	73
4.2.3	Der alkalische (Laugen-) Angriff	74
4.3	Die Entwicklung der Prüfnormen	75
4.4	Die speziellen Prüfverfahren	77
4.4.1	Differenzierung zwischen Prüfung von Glas „im Anlieferungszustand" und „als Werkstoff"	77
4.4.2	Die hydrolytischen Prüfungen (Wasserbeständigkeit)	79
4.4.2.1	Die beiden Grießverfahren	81
4.4.2.2	Das Oberflächen-Verfahren zur Prüfung von Behältnissen	82
4.4.3	Die Säureprüfungen	83
4.4.3.1	Die gravimetrische Methode nach DIN 12 116	85
4.4.3.2	Die flammenspektrometrische Methode nach DIN ISO 1776	85
4.4.4	Die Laugenprüfung	86
4.4.5	Die Bestimmung der Schwermetallabgabe aus Oberflächen	87
4.5	Schlußbemerkungen	88

5		Gläser für technische Chemie, Pharmazie und Elektrotechnik Glastypen und Glasarten, Begriff der Glaskorrosion, Mechanismen des Glasangriffs, Meßbarkeit des chemischen Angriffs, Beispiele für nicht quantifizierbare Korrosionen Dr. A. Peters	89
5.1		Prinzipielles zu den verschiedenen Glastypen und -arten	89
5.1.1		Alkali-Erdalkali-Silicatgläser (Natron-Kalk-Gläser)	89
5.1.2		Borosilicatgläser	90
5.1.3		Erdalkali-Alumo-Silicatgläser	92
5.1.4		Alkali-Blei-Silicatgläser	92
5.1.5		Hochkieselsäureglas	93
5.2		Glaskorrosion und ihre Wichtung	94
5.3		Reaktionsmechanismen	94
5.3.1		Allgemeines	94
5.3.2		Korrosion ohne Wasserbeteiligung	94
5.3.3		Korrosionen mit Wasserbeteiligung	95
5.3.3.1		Der hydrolytische Angriff	96
5.3.3.2		Der Säureangriff	96
5.3.3.3		Der alkalische Angriff	98
5.4		Prüfverfahren	98
5.5		Beispiele	99
5.5.1		Wasserstandsschaugläser	99
5.5.2		Wärmeaustauscher	100
5.5.3		Destillationsapparatur	101
5.5.4		Entwicklung von Oberflächenschäden	103
5.5.5		Schuppenbildung in Ampullen	104
5.5.6		Flitterbildung in Ampullen	104
5.5.7		Fernsehröhren	104
5.6		Zusammenfassung	106
6		Wasser-, Säure- und Laugenangriff auf Wirtschaftsglas Untersuchungen und Beobachtungen an Flaschen-, Fenster- und Haushaltsglas Dipl.-Chem. H. Gaar	107
6.1		Allgemeine Gesichtspunkte	107
6.2		Strukturbedingtes Korrosionsverhalten der Glasoberfläche	107
6.2.1		Hydrolytische Oberflächenreaktionen der Gläser	108
6.2.2		Korrosionen durch alkalische Lösungen	111
6.3		Die Korrosion von Flaschen-, Fenster- und Haushaltsglas	111
6.3.1		Korrosion von Flaschenglas	112
6.3.2		Korrosion an Fensterglas	113
6.3.3		Latente Oberflächenänderungen an Wirtschaftsglas	114

6.3.3.1	Die Auswirkungen von Oberflächenverletzungen auf Haushaltsglas in Haushaltsgeschirrspülmaschinen (HGSM)	114
6.3.3.2	Latente Glasschäden durch thermische Nachbehandlung von Trinkgläsern	116
7	**Verhalten von Gläsern in Geschirrspülmaschinen** Prof. Dr. Dr. L. Žagar †	**119**
7.1	Einleitung	119
7.2	Technologische Untersuchungen	121
7.3	Mechanochemische Untersuchungen	127
8	**Reaktionen mechanisch beschädigter und chemisch veränderter Glasoberflächen mit Spüllösungen** Prof. Dr. S. Lohmeyer	**135**
8.1	Oberflächenveränderungen durch mechanische Verletzungen	136
8.1.1	Modellversuche	136
8.1.2	Beobachtungen an haushaltüblich gespülten Trinkgläsern	142
8.1.2.1	Oberflächenveränderungen durch mechanische Verletzungen und nachfolgendes Spülen	142
8.1.2.1.1	Oberflächenveränderungen als Folge mechanischer Beschädigungen im Gebrauch	143
8.1.2.1.2	Oberflächenveränderungen als Folge mechanischer Verletzungen durch fertigungsbedingte Grate und nachfolgendes Spülen	147
8.1.2.1.3	Oberflächengrate auf Trinkgläsern	147
8.1 2.1.4	Oberflächenschäden als Folge vermuteter Herstellungsfehler	151
8.2	Entwicklung von Oberflächenveränderungen auf mechanisch nicht vorgeschädigten Gläsern	151
8.2.1	Flächentrübungen	151
8.2.2	Belag- und Rißbildungen in Spannungsbereichen, chemisch veränderten Bereichen und als Folge von Herstellungsfehlern	152
8.2.3	Belag- und Rißbildung im Bereich abgetragenen Dekors und ehemaliger Etiketthaftstellen	160
8.2.4	Oberflächenveränderungen durch schroffe Temperaturwechsel in Abhängigkeit von der Form der Gläser	164
9	**Zerstörung von Glasoberflächen und ihre Messung** Dr.-Ing. H. Dannheim	**165**
9.1	Einleitung	165

9.2	Verfahren zur mechanischen Zerstörung	166
9.3	Ätzen	166
9.4	Messung der Zerstörung	168
9.4.1	Oberflächenmeßgerät Perthometer	168
9.4.2	Visuelle Meßmethoden — Auswertung von Stereo-REM-Bildern	168
9.4.3	Optische Meßmethoden — Messung der charakteristischen Lichtstreuung einer rauhen Oberfläche	170

10 Hochfeste Gläser, ihre Herstellung und Anwendungsmöglichkeiten 175
Dr. rer. nat. W. Kiefer

10.1	Einleitung	175
10.2	Mechanische Festigkeit des Glases	175
10.2.1	Theoretische Festigkeit und Grundfestigkeit von Glas	175
10.2.2	Bestimmung der mechanischen Festigkeit von Glas	176
10.2.3	Berechnung der Belastbarkeit	179
10.3	Festigkeitserhöhung durch Vermeiden von Oberflächenverletzungen	182
10.4	Festigkeitserhöhung durch Druckvorspannung	183
10.4.1	Überfangverfahren	183
10.4.2	Vorspannen durch thermisches Abschrecken	184
10.4.3	Vorspannen durch Ionenaustausch	187
10.4.4	Vorspannen durch Oberflächenkristallisation	189
10.5	Temperaturabhängigkeit der Druckvorspannung	191
10.6	Zusammenfassender Überblick über die Vorspannverfahren	191

11 Temperaturwechselfeste Gläser 193
Dr. rer. nat. W. Kiefer

11.1	Einleitung	193
11.2	Grundlagen der Temperaturwechselfestigkeit	193
11.3	Erhöhung der Temperaturwechselfestigkeit durch Erniedrigung der linearen Wärmeausdehnung	195
11.4	Erhöhung der Temperaturwechselfestigkeit durch Vorspannen der Gläser	197
11.4.1	Temperaturwechselfeste Gläser mit temperaturunabhängiger Druckvorspannung	198
11.4.2	Temperaturwechselfeste Gläser mit temperaturabhängiger Druckvorspannung	199
11.5	Anwendungsbereiche temperaturwechselfester Gläser	201

12	Physikalische und chemische Eigenschaften von Glasoberflächen durch Belegen mit dünnen Schichten Dr. H. Seidel	205
12.1	Physikalisch-chemische Eigenschaften von Glasoberflächen	205
12.1.1	Struktur- und Festigkeitseigenschaften von Glasoberflächen	205
12.1.2	Grenzflächenreaktionen an der Glasoberfläche	207
12.1.3	Prinzip des Glasangriffes	209
12.2	Belegen von Glasoberflächen mit dünnen Schichten	212
12.2.1	Vakuumbeschichtung	213
12.2.2	Beschichtung durch Gasphasenreaktionen	218
12.2.3	Beschichtung in flüssigen Medien	222
12.2.4	Auslaugungs- und Ätzverfahren	224
12.2.5	Ionentransport in Festkörpern	224
12.3	Hauptanwendungsgebiete	225

Literaturhinweise 233

Stichwortverzeichnis 241

Autorenverzeichnis 246

1
Was ist Glas?

Überblick über Geschichte, Herstellungsverfahren und Eigenschaften von Glas

Dr. rer. nat. H. U. Schwering

Im deutschen Sprachgebrauch bezeichnet das Wort Glas [1] sowohl einen Gegenstand, zum Beispiel ein Trinkgefäß, als auch den Werkstoff, aus dem dieser Gegenstand gefertigt ist. Schließlich versteht der Physiker unter einem Glas einen Festkörper mit nichtkristalliner, amorphen Struktur. Grundsätzlich lassen sich sehr viele Stoffe in diesem glasartigen Zustand erhalten, wenn auch oft nur unter sehr extremen Bedingungen. Weit verbreitet sind Gläser aus organischen Polymeren (Acrylglas, Plexiglas ®) und Gläser aus silikatischem Material. Die letztere Gruppe soll in diesem Aufsatz näher beschrieben werden.

1.1 Der glasartige Zustand

Erwärmt man einen kristallinen Stoff, so wird er bei einer ausgezeichneten Temperatur schmelzen. Oberhalb dieser Temperatur liegt eine Flüssigkeit vor. Ein Glas hat keinen Schmelzpunkt. Es erweicht kontinuierlich beim Erwärmen. Trägt man die dabei zu beobachtende Volumenänderung über der Temperatur auf, so erhält man folgendes Bild (siehe Bild 1.1).

Bei niederen Temperaturen (A oder D) nimmt das Volumen eines Körpers beim Erwärmen gleichmäßig zu. Ein kristalliner Festkörper behält diesen Volumenanstieg bis zur Temperatur T_f, dem Fest- oder Schmelzpunkt, bei, um dann unter starker Volumenzunahme (E) zu schmelzen. Oberhalb T_f liegt eine Flüssigkeit vor, deren Volumen bei weiterem Erwärmen wieder stetig zunimmt (F). Ist dieselbe Substanz ein Glas, so nimmt oberhalb einer Temperatur T_a die Volumenexpansion gleichmäßig zu und erreicht oberhalb T_e dasselbe Maß wie im Bereich der flüssigen Phase (F). Es existiert also bereits unterhalb des theoretischen Festpunktes T_f ein Bereich (C), in dem das Glas dieselbe Volumenexpansion besitzt wie die Flüssigkeit. Oberhalb T_f bestehen zwischen flüssigem Glas und geschmolzenem Kristall keine Unterschiede mehr.

Dieses Verhalten läßt sich mit der verschiedenartigen inneren Strukturen von kristallinen Festkörpern und Gläsern erklären. Die Bausteine der Kristalle sind

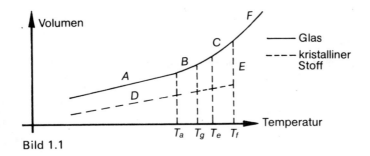

Bild 1.1

regelmäßig und periodisch wiederkehrend über weite Bereiche geordnet (Fernordnung). Makroskopisch gibt sich dies dadurch zu erkennen, daß Kristalle definierte Formen annehmen und daß viele Eigenschaften (z. B. Festigkeit, thermische Ausdehnung) anisotrop sind. Das heißt, daß ihre Größen in den drei Raumrichtungen verschieden sind. Die Bausteine eines Glases bilden dagegen (Bild 1.2) ein unregelmäßiges Netzwerk ohne Fernordnung. Diese Struktur entspricht der einer Flüssigkeit. Am besten beschreibt man daher Glas als eine unterkühlte Flüssigkeit extrem hoher Zähigkeit.

Wegen der strukturellen Unordnung im eingefrorenen festen Aggregatzustand eines Glases liegen starke und schwache Bindungen nebeneinander vor. Beim Erwärmen brechen diese nicht bei einer festen Temperatur, sondern die Bindungen werden, entsprechend ihrer Stärke, innerhalb eines weiten Temperaturbereiches gelöst. Statt eines Festpunktes findet man ein Erstarrungs- oder Erweichungsintervall. Die Existenz eines solchen Bereiches, in dem das Glas auch eine kontinuierlich abnehmende oder ansteigende Viskosität aufweist, ermöglicht erst die Anwendung der wesentlichen Technologien der Glasver- und -bearbeitung, wie Blasen, Pressen, Ziehen oder Walzen.

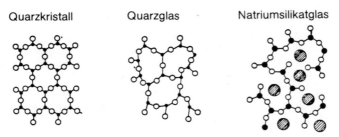

Bild 1.2: Ebene Darstellung der [SiO$_4$]-Tetraeder (nach Zachariasen und Warren) (aus [2])

1.1.1 Der Transformationspunkt

Das Netzwerk eines Glases ist bei verschiedenen Temperaturen unterschiedlich stark verknüpft. Bei hohen Temperaturen ist die Struktur weiter offen. Beim Abkühlen rücken die Bausteine näher zusammen, das Netz wird fester verknüpft. Dies stellt eine strukturelle Veränderung dar. Dieser Strukturänderung überlagert ist die gewöhnliche Volumenkonzentration eines Körpers beim Abkühlen, die durch die Verringerung der Schwingungsamplitude zwischen den Atomen hervorgerufen wird. Durch die mit fallender Temperatur stark zunehmende Viskosität wird das strukturelle Schrumpfen immer mehr behindert (T_e), so daß unterhalb der Temperatur T_a nur noch die allgemeine Volumenkontraktion wirksam wird. Der Bereich $T_e - T_a$ wird auch Transformations- oder Einfrierbereich genannt. Da dieser Bereich bis zu 100 °C groß sein kann, ist es zweckmäßig, den Schnittpunkt T_g der an die beiden Kurvenäste angelegten Tangenten anzugeben. Unterhalb T_g wird im Glas, bedingt durch die hohe Zähigkeit, ein Zustand eingefroren, der einer höheren Temperatur entspricht. Das heißt, daß ein Glas bei Raumtemperatur thermodynamisch nicht stabil ist. Da ein Ausgleich eingefrorener Strukturzustände erst bei Temperaturen um T_g mit vertretbarer Geschwindigkeit möglich ist (z. B. der Abbau von Kühlspannungen), ist die Kenntnis der Lage von T_g wichtig. Der Transformationspunkt wird in der Praxis häufig nach standardisierten Verfahren bestimmt (Längenausdehnung, elektrische Leitfähigkeit). Unterhalb T_g hören die strukturellen Umlagerungen zwar nicht vollständig auf, sie vollziehen sich aber nur noch mit sehr geringer Geschwindigkeit. Die thermodynamische Instabilität des Glases macht sich in der Praxis häufig störend bemerkbar (Entglasung, Volumenkontraktion).

Für die Verarbeitung des Glases ist die Kenntnis der Temperatur/Viskositätskurve wichtig, deren Lage je nach der Glaszusammensetzung verschieden ist. Man spricht von kurzen und langen sowie harten und weichen Gläsern. Ein langes Glas verändert seine Viskosität langsam über einen großen Temperaturbereich, ein kurzes Glas geht in einem engen Temperaturintervall vom dünnflüssigen in den zähplastischen Zustand über (Bild 1.3).

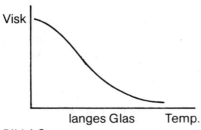
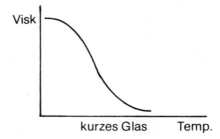

Bild 1.3

Harte Gläser beginnen erst bei höheren Temperaturen zu erweichen als weiche Gläser. Häufig fallen diese Eigenschaften derart zusammen, daß harte Gläser auch kurz und weiche lang sind.

Die Aussage hart oder weich bezieht sich nicht auf die mechanische Härte eines Glases; diese liegt bei allen gebräuchlichen technischen Gläsern in derselben Größenordnung.

Einige typische Viskositätswerte:

Raumtemperatur	10^{18} Poise
T_g (500 – 600 °C)	10^{13} Poise
Verarbeitung (800 – 1000 °C)	$10^8 - 10^4$ Poise
Schmelze (1200 – 1400 °C)	10^2 Poise

1.1.2 Glas- oder Kristallbildung

Wird eine Flüssigkeit (oder Schmelze) abgekühlt, so entsteht bereits oberhalb T_f eine lokale Vorordnung der Strukturelemente, die als Vorstufe der Keimbildung und der Kristallisation zu sehen ist. Die eigentliche Kristallisation erfordert eine Umlagerung der Strukturbausteine in eine regelmäßige periodische Anordnung. Die Geschwindigkeit dieser Umlagerung hängt von der Viskosität der Flüssigkeit ab. Ist diese im Bereich T_f bereits sehr groß, so wird die Kristallisation verzögert oder ganz verhindert: der Stoff erstarrt glasig. Andererseits ist es möglich, durch langes Tempern bei einer geeigneten Temperatur eine gezielte Kristallisation zu erreichen. Dies macht man sich zum Beispiel bei der Herstellung des neuartigen Werkstoffes Glaskeramik zunutze.

1.2 Natürliche Gläser

In vulkanischer Umgebung finden sich weit verbreitet die Obsidiane. Diese sind meist bräunlich opak, manchmal auch klar durchsichtig. In der Frühgeschichte der Menschheit bis hin in das klassische Altertum wurden Obsidiane zu scharfkantigen Gegenständen verarbeitet. Man verwendete sie als Speerspitzen, Messer, Schaber und Nadeln.

Über die ganze Erde verbreitet sind die Tektite. Einen Fundort in Süddeutschland stellt das Nördlinger Ries dar. Ihre Entstehung verdanken sie den gewaltigen Energien, die bei den Einschlägen von Meteoren frei wurden.

Die jüngsten Funde von natürlichem Glas wurden auf dem Mond gemacht. Auch hier nimmt man an, daß die Einschläge von Meteoren die Energie freisetzten, die für das Aufschmelzen von Mineralien notwendig war. Wegen der Vielzahl solcher Meteoreinschläge auf dem Mond sind diese Mondglasperlen sehr häufig. Sie tragen in großem Umfang zu der Rückstrahlhelligkeit (Albedo) des Mondes bei.

1.3 Synthetische Gläser

Wird der Chemiker nach der Formel von Glas gefragt, so kommt er in Verlegenheit. Fensterglas zum Beispiel hat keine definierte chemische Zusammensetzung wie etwa Schwefelsäure. Am besten lassen sich Gläser mit dem aus der Metallkunde geläufigen Begriff der Legierung beschreiben [3]. Gläser stellen demnach eine Mischung aus Metalloxiden und anderen chemischen Elementen und Verbindungen dar. Wie bei den Metallegierungen gibt es dabei eine große Vielfalt in der Zusammensetzung der anorganischen Gläser. Besonders optische und Farbgläser zeichnen sich hier aus. Die Bausteine der in der Technik häufig verwendeten Gläser sind jedoch auf die Oxide folgender Elemente beschränkt:

Silizium (Hauptbestandteil)
Bor, Aluminium
Magnesium, Calcium, Barium
Blei, Zink
Lithium, Natrium, Kalium

Die wichtigsten Rohstoffe hierfür sind:

Sand, Borsäureminerale, Feldspat, Erdalkali- und Alkalicarbonate wie Kalk, Dolomit, Soda und Pottasche sowie Bleimennige und Zinkoxid.

Bei chemischen Analysen wird der Gehalt eines Rohstoffes oder Glases an einem bestimmten Element in der Regel in der Form dessen Oxides berechnet und angegeben.

Alle Gläser, die aus natürlichen Rohstoffen gewonnen werden, enthalten geringe Mengen an Eisenoxid als Verunreinigung. Durch die starke grün-braune Verfärbung, die es bereits in geringer Konzentration ($< 0,1$ %) hervorruft, ist es in der Praxis sehr störend. Der Gehalt an Eisenoxid entscheidet über die Verwendbarkeit eines Rohstoffes zur Glasherstellung.

Einige wichtige Glastypen sind hier zusammengestellt:

a) Kalknatronglas

Für Fensterscheiben, Flaschen, Behälter und Gebrauchsglas im Haushalt, aber auch für gering beanspruchte Laborgeräte, werden Kalknatrongläser eingesetzt, die etwa folgende Zusammensetzung besitzen:

SiO_2 70 – 75 %, CaO 4 – 10 %, Na_2O 15 %, Rest MgO und Al_2O_3. Gläser dieser Art besitzen ein Temperatur/Viskositätsverhalten, das sie für die maschinelle Verarbeitung geeignet macht. Die notwendigen Rohstoffe stehen in ausreichender Menge und zu vertretbarem Preis zur Verfügung. Mengenmäßig stehen diese Gläser an der Spitze der gesamten Glasproduktion.

b) Borosilicatglas

Diese Gläser werden vor allem in der Chemie und Pharmazie eingesetzt. Es werden daher höhere Anforderungen an die chemische Resistenz und an die Temperaturwechselbeständigkeit gestellt. Man erreicht dies durch den Ersatz von Alkalioxiden durch Bortrioxid. Die international genormten „Borosilikatgläser 3.3" (Pyrex ®, Duran ®) haben etwa folgende Zusammensetzung:

SiO_2 80 %, B_2O_3 12 %, Al_2O_3 3 %, CaO 1 %, Na_2O 4 %.

Gläser dieser Art verbinden eine gute Temperaturwechselbeständigkeit mit sehr guter chemischer Resistenz. Allerdings sind sie weniger gut zu verarbeiten (härter und kürzer) und teurer in der Herstellung.

c) optisches Glas

In diesem Bereich findet man die größten Variationen der chemischen Zusammensetzung. Gläser mit mehr als zehn, zum Teil ungewöhnlichen Komponenten sind keine Seltenheit. Die Anforderungen an die chemische Beständigkeit treten zurück gegenüber denen an die optischen Eigenschaften. Durch Zusatz geringer Mengen von Nebengruppenelementen lassen sich Farb- und Filtergläser herstellen. Gläser für optische Zwecke müssen besonders homogen und frei von Verunreinigungen sein, weswegen sie teilweise in Platintiegeln mit Platinrührwerken erschmolzen werden. Die Rohstoffe werden sorgfältig ausgewählt, zum Teil werden sie synthetisch hergestellt. Extreme Anforderungen an die Reinheit des Glases werden bei Lichtleitfasern gestellt. Hier muß ein Lichtsignal noch erkennbar sein, nachdem es bis zu einigen Kilometern durch das Glas gelaufen ist. Was dies bedeutet, läßt sich ermessen, wenn man parallel zur Oberfläche durch eine gewöhnliche Glasscheibe blickt. Bereits bei einer Dicke von ein bis zwei Metern ist das Glas undurchsichtig grün.

Unter den optischen Gläsern sollen auch die Bleigläser mit aufgeführt werden, obwohl diese auch in anderen Bereichen Verwendung finden. Hochbleihaltige Gläser (bis zu 70 % PbO) werden als Strahlenschutzfenster in der Kerntechnik eingesetzt. Das Bleikristallglas, aus dem hochwertige Trinkgläser und Ziergegenstände hergestellt werden, hat einen gesetzlich vorgeschriebenen Mindestgehalt von 24 % PbO.

d) Elektroglas

Glas wird in der Elektrotechnik in sehr unterschiedlicher Weise eingesetzt, was zu einer Vielzahl von Glastypen geführt hat. Gefordert werden definierte Eigenschaften auf den Gebieten der Temperaturfestigkeit, des elektrischen Widerstandes und des Einschmelzverhaltens von Metallen.

e) Faserglas

Glasfasern werden außer für Lichtleitkabel in Form von Vliesen und Geweben als unbrennbares Isoliermaterial und als Faserkomponente in Verbundwerkstoffen (GFK) eingesetzt. Ein typisches Faserglas für Isoliermatten hat folgende Zusammensetzung (A-Glas): SiO_2 65 %, B_2O_3 4 %, Al_2O_3 5 %, MgO 4 %, CaO 6 %, $Na_2O + K_2O$ 16 %. Soll das Glas einen besonders hohen elektrischen Widerstand haben, werden die Alkalioxide durch höhere Gehalte an Bor-, Aluminium- und Calciumoxiden ersetzt (E-Glas).

An dieser Stelle soll noch kurz auf den mit Glas verwandten Werkstoff Glaskeramik eingegangen werden [4]. Während man in der Regel die Kristallisation eines Glases als Glasfehler betrachtet, lassen sich durch gesteuerte Kristallisation Werkstoffe mit neuen Eigenschaften realisieren. Diese Werkstoffe lassen sich zunächst wie Gläser heiß verformen. Durch eine Temperaturbehandlung werden sie in den keramischen (kristallinen) Zustand überführt. Ihre auffallendste Eigenschaft ist die geringe oder gar negative Wärmeausdehnung, was einen Bruch durch Temperaturschock unmöglich macht. Keramisierbare Gläser enthalten SiO_2, Al_2O_3 und LiO als Hauptbestandteile sowie Zusätze von TiO_2 und P_2O_5 zur Beschleunigung der Kristallisation.

1.4 Geschichte der Glasherstellung

Glas gehört zu den ältesten Werkstoffen des Menschen. Zuerst waren es die natürlichen Gläser, die durch Bruch und Schleifen zu scharfkantigen Werkzeugen verarbeitet wurden. Mit der Beherrschung des Feuers gelang es dem Menschen, Glas in den plastischen Zustand zu versetzen und zu verformen. Auch entdeckte er vermutlich in dieser Zeit, daß bestimmte Schlacken glasartig erstarren.

Funde und Überlieferungen deuten darauf hin, daß der Ursprung des künstlichen Glases in Vorderasien zu suchen ist. Mit Sicherheit beherrschte man dort die Kunst der Glasherstellung vor etwa 4000 Jahren, wahrscheinlich aber schon früher. Handwerkliche Fertigkeiten dieser Völker, eine hohe Kultur und das Vorkommen aller zur Herstellung einer Glasschmelze notwendigen Rohstoffe waren sicherlich eine Ursache dafür.

Ohne eine genaue Zeitangabe berichtet Plinius d. Ä. (23 — 79 n. Chr.) in seinem Lebenswerk „Historia naturalis" über die erste Entdeckung künstlichen Glases. Er berichtet von ägyptischen Kaufleuten, die mit einer „Salzladung" an der syrischen Küste unweit Sarepta an der Mündung des Belus-Flusses landen. Der Belus-Fluß bringt auf seinem Weg vom Gebirge zum Meer tonige Sande mit, die er hier an der Küste ablagert. Die Kaufleute machen ein Feuer. Da sie für ihre Töpfe keine Steine als Unterlage finden, nehmen sie die mitgebrachten Sodablöcke dazu. Der Kälte wegen wird das Feuer die ganze Nacht über unterhalten. Am nächsten Morgen sind die Sodablöcke abgeschmolzen und haben sich mit dem tonigen Sand zu Glas vereinigt — der neue Werkstoff ist geboren.

Ob man Plinius glauben will mit seiner Geschichte über die Entdeckung der Glasherstellung, oder ob die Erfindung „in der Luft hing" und an vielen Stellen gleichzeitig gemacht wurde, sei dahingestellt. Tatsache ist, daß sich aus Belus-Sand und natürlicher Soda aus Ägypten ein brauchbares Glas erschmelzen läßt, wie im Laboratorium nachgewiesen werden konnte [5].

Mit zunehmender Erfahrung verbesserte sich die Technik der Glasherstellung und Bearbeitung. Wurden am Anfang der Glasherstellung vor allem Perlen für Schmuck und kultische Zwecke hergestellt, so stammen die ersten Glasgefäße etwa aus der Zeit 1400 v. Chr. aus Ägypten. Diese wurden in der Sandkerntechnik gefertigt. Man formte entsprechend dem inneren Profil des Gefäßes einen Kern aus gebranntem Sand und Ton. Dieser Kern wurde ein oder mehrere Male mit zähplastischem Glas überzogen, bis die Wandung die notwendige Stärke erreicht hatte. Anschließend wurde der Kern aus dem Innern herausgekratzt. Gefäße, die nach dieser Methode gefertigt wurden, haben deswegen immer eine rauhe Innenoberfläche.

Assyrische Keilschrifttafeln mit einem Alter von 3700 Jahren geben Rezepte zur Herstellung verschiedener Glasschmelzen an. Neben der Verwendung der auch heute wichtigsten Rohstoffe werden bereits Zusätze zur Entfärbung des Glases sowie zur Herstellung von Farbgläsern angeführt, woraus sich der hohe Entwicklungsstand dieser Glasschmelzkunst ergibt. In den Jahren 300 bis 50 v. Chr. erreichte die Technik der Glasherstellung in Nordägypten ihre Blüte. In diese Zeit fällt auch die Erfindung der Glasmacherpfeife, die die Glasverarbeitung revolutionierte. Die Glasmacherpfeife ist im Prinzip nichts anderes als eine ca. 2 m lange Metallröhre, die auch heute noch in dieser Form verwendet wird. Die

Glasmacherpfeife erlaubt es, das zähflüssige Glas schnell zu größeren Hohlformen zu verarbeiten.

Während ihrer Eroberungszüge lernten auch die Römer die Glasherstellung kennen. Sie brachten diese Kunst nicht nur in ihr Heimatland, sondern verbreiteten sie in ihrem Imperium. In jener Zeit entstanden die ersten Glashütten am Rhein und in Britannien. Der Zerfall des Römischen Reiches führte zu einer Stagnation der Glasmacherkunst. Lediglich in den oströmischen Gebieten wurde der einstige Entwicklungsstand gehalten und zum Teil noch verbessert. So waren es die Kreuzzüge, die den westeuropäischen Glashütten neue Impulse verliehen. Um 1200 wurde Venedig zum Zentrum der europäischen Glasherstellung und blieb es einige hundert Jahre. Venetianische Spiegel und Kelche waren weltberühmt. Um die Herstellungsgeheimnisse zu hüten, wurden die Werkstätten auf die der Stadt vorgelagerte Insel Murano verlegt und hermetisch von der Außenwelt abgeschlossen. Doch bald entstanden weitere Glashütten in Europa, die mit den venezianischen Glaskünstlern in Wettbewerb traten.
Als Standort wurden gern waldreiche Gebiete gewählt, da mit dem Holz ausreichend Brennmaterial vorhanden war. Zum anderen wurde aus der Holzasche die zum Erschmelzen des Glases benötigte Pottasche gewonnen. Die Schmelzhütten waren meist sehr klein. Die Schmelzöfen wurden mit Holz beheizt, das Glas wurde in kleinen Tiegeln aus gebranntem Ton, aus Sand, Kalk und Soda oder Pottasche erschmolzen. Zwei prinzipielle Mängel hafteten dem Glas aus diesen Waldhütten an: wegen der nicht ausreichenden Temperatur des Holzfeuers war das Glas nicht blasenfrei, und die mangelnde Reinheit der Rohstoffe ergab kein farbstichfreies Glas. Auf der anderen Seite gelang es damals, leuchtende Farbgläser herzustellen. Hier sei an manches gotische Kirchenfenster, aber auch an das berühmte Goldrubinglas von Johannes Kunkel (1638 — 1703) erinnert.

Die zweite Hälfte des 19. Jahrhunderts brachte erneut eine Weiterentwicklung der Glastechnologie. Wurde Flachglas früher so hergestellt, daß eine Glaskugel durch rasches Drehen zu einer flachen Scheibe verformt wurde, so wurde jetzt das Glas zu Platten gegossen und gewalzt. Das anschließend notwendige Schleifen und Polieren war jedoch für eine Massenfertigung immer noch zu teuer. Erst gegen Ende des Jahrhunderts wurde durch Ziehen der Schmelze zu großen Hohlzylindern, die man nach dem Erstarren aufschnitt und glättete, eine Methode entwickelt, die eine wesentlich erweiterte Produktion von Flachglas zuließ. Der entscheidende Durchbruch erfolgte mit dem kontinuierlichen Ziehen einer breiten Platte nach Fourcault im Jahre 1904. Ein von der Qualität als auch von der Ökonomie her günstigeres Flachglas wird nach dem Float-Glas-Verfahren erhalten, das sich etwa seit 1960 in der Praxis durchgesetzt hat.

Durch die zwischenzeitlich erfolgte Einführung des von Siemens ursprünglich für die Stahlindustrie entwickelten Regenerativofens wurde auch die Schmelztechnologie wesentlich verbessert. Für Massengläser trat an die Stelle des Hafenofens der

Wannenofen, der bei höherer Schmelzleistung ein homogeneres Glas ergab. Damit waren die Voraussetzungen für eine wesentliche Mechanisierung der Glaserzeugung geschaffen, die mit Beginn des 20. Jahrhunderts einsetzte. Neben den Flachglasmaschinen wurden Rohr- und Kapillarziehmaschinen entwickelt. 1903 wurde mit der Inbetriebnahme der ersten vollautomatischen Flaschenblasmaschine nach Owens eine neue Epoche bei der Automatisierung der Glasverarbeitungsprozesse eingeleitet. Betrug damals die Stundenleistung eines Automaten 600 bis 1000 Flaschen, so konnte sie in den folgenden Jahren auf ein Vielfaches gesteigert werden.

Die Entwicklung der optischen Gläser verlief in ähnlichen Bahnen. Um 1600 wurden die ersten Mikroskope und Fernrohre beschrieben. Die Leistungen dieser Instrumente waren jedoch sehr beschränkt. Das Glas war nicht ausreichend homogen, was sich vor allem bei größeren Linsendurchmessern bemerkbar machte. Außerdem machte die Korrektur von Farbfehlern Schwierigkeiten, da nicht genügend unterschiedliche Glastypen zur Verfügung standen. Ein großer Fortschritt wurde um 1880 durch das Zusammentreffen des Glaschemikers Schott mit dem Physiker Abbe und dem Feinmechaniker Zeiss erreicht. Es setzte bald eine geradezu stürmische Entwicklung auf dem Gebiet der optischen und technischen Spezialgläser ein, die bis heute noch kein Ende gefunden hat.

Einen Überblick über den Verlauf der Glasentwicklung gibt folgendes Diagramm (Bild 1.4):

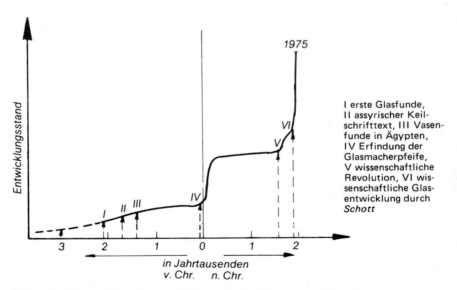

Bild 1.4: Verlauf der Glasentwicklung (in Anlehnung an Kühne)

1.5 Die Glasschmelze

Man unterscheidet hier zwischen diskontinuierlichen und kontinuierlichen Verfahren. Dabei wird das diskontinuierliche Verfahren durch das jahrtausendalte Hafenverfahren repräsentiert. Man bringt in einem Ofen den „Glashafen", einen Schmelztiegel aus gebranntem Ton mit einem Inhalt von 50 bis 300 Litern, auf die Schmelztemperatur des Glases. Dann wird das Gemenge eingelegt, aufgeschmolzen, geläutert und gleichmäßig durchgemischt. Anschließend wird das Glas mit der Glasmacherpfeife in kleinen Portionen entnommen, oder man entleert den Hafen durch Ausgießen des gesamten Inhalts. Das Glas wird dann durch Blasen, Ziehen, Pressen, Walzen oder Eingießen in eine Form weiter verarbeitet. Ein Hafenofen kann einen oder mehrere Häfen aufnehmen. Dieses Verfahren ist auch heute noch dort rentabel, wo verschiedenartige Gläser in kleinen Mengen gefertigt werden.

Die kontinuierliche Arbeitsweise wird mit der Schmelzwanne verwirklicht. Ein solches Ofenaggregat wird aus feuerfestem keramischen Material (SiO_2, ZrO_2) gemauert. Seine Größe wird vom Durchsatz der angeschlossenen Verarbeitungsmaschinen bestimmt. Die Rohstoffe werden vollautomatisch abgewogen und gemischt (das Gemenge) und an der Stirnseite kontinuierlich in die Wanne eingespeist. An der gegenüberliegenden Seite fließt das fertige Glas durch einen engen Durchlaß in die Arbeitswanne, von der aus die Verarbeitungsmaschinen versorgt werden. Die Glaswannen werden meist mit Erdgas oder Erdöl, seltener elektrisch mit Elektroden geheizt, die in das Glas eintauchen. Im ersten Fall treten die Flammen oberhalb des Glasspiegels aus Brennerköpfen aus und streichen über die Oberfläche der Schmelze. Die Schmelzoberfläche liegt zwischen zwei und 400 Quadratmetern. Je nach dem aus dem Glas zu fertigenden Produkt liegt bei diesen Wannen die Menge des verflüssigten Glases zwischen 0,5 und mehr als 1000 Tonnen. Die pro Tag gefertigte Glasmenge liegt zwischen einer Tonne und mehr als hundert Tonnen. Die Temperaturen liegen in der Einlegezone etwa bei 1500 $^\circ$C, im mittleren Teil der Wanne, der Läuterzone, bei 1450 $^\circ$C und in der Nähe des Durchlasses zur Arbeitswanne bei 1350 $^\circ$C. Durch dieses Temperaturgefälle werden Strömungen in der Wanne hervorgerufen, welche das Glas gleichmäßig durchmischen.

In der Einlegezone beginnen die Rohstoffe miteinander zu reagieren. Es bildet sich eine klebrige, blasenreiche Masse. Durch die Zugabe von Scherben, also fertigem Glas, wird dieser Einschmelzvorgang wesentlich beschleunigt. Das Glas wirkt dabei als Lösungsmittel für die kristallinen Rohstoffe, außerdem verbessert es den Wärmeübergang. Durch das anschließende Läutern steigen Blasen an die Oberfläche und lassen die eingeschlossenen Gase (vor allem CO_2) entweichen. Diese Blasen durchmischen und homogenisieren das Glas. Um diesen Vorgang zu beschleunigen, werden Stoffe wie Natriumsulfat oder Arsen- und Antimonoxid dem Gemenge in geringer Menge zugesetzt. Sie spalten bei der Läutertemperatur besonders viele Gase ab, die in großen Blasen aufsteigen, dabei kleine Bläschen, sogenannte Gispen, mitnehmen und sie an die Oberfläche der Schmelze befördern.

Die Läuterung verlangt eine geringe Viskosität des Glases, damit die eingeschlossenen Gase leicht austreten können. Bei dieser geringen Viskosität kann das Glas nicht verarbeitet werden, es ist zu dünnflüssig. Man läßt es daher in eine nachgeschaltete zweite Wanne, die Arbeitswanne fließen. Dort wird das Glas bei der Temperatur gehalten, bei der es die zur Verarbeitung notwendige Viskosität besitzt.

An dieser Stelle soll ein Vergleich zwischen dem Erschmelzen von Stahl und Glas angestellt werden [6]:

Eisen (Stahl) (Siemens-Martin-Ofen)	Glas (Wannenschmelzanlage)
Ein dünnflüssiger, durch hohes Wärmeleitvermögen und geringe spezifische Wärme thermisch rasch ausgeglichener Ofeninhalt, lebhaft umlaufend.	Zähe Masse relativ geringen Wärmeleitvermögens und relativ hoher spezifischer Wärme; eine thermisch schwer zu egalisierende Schmelze, träge umlaufend.
Er befreit sich rasch und vollständig von Gasen und stellt sich auf eine durchschnittliche Zusammensetzung ein. Sie läßt sich durch nachträgliche Zusätze leicht korrigieren. Es ist sogar eine Auflegierung durch Zuschläge möglich, die sich im Bruchteil einer Stunde gleichmäßig in der gesamten Charge verteilen und alle physikalischen Eigenschaften weitgehend verändern. Daher nach Stunden bemessener, rascher, periodischer Durchsatz.	Sie scheidet nur sehr zögernd und unvollständige Gase aus, homogenisiert dabei äußerst schwer und ist nachträglicher Korrektur ganz unzugänglich. Eine Beeinflussung der Eigenschaften durch Zuschläge, die nicht von vornherein im Gemenge enthalten sind, ist unmöglich. Sämtliche Eigenschaften, die sich von der Zusammensetzung herleiten, sind durch den Gemengesatz vorausbestimmt. Dauer: Nicht unter 24 Stunden (Häfen), in Wannen ein Vielfaches davon.
Alle Schlackenbestandteile des Schmelzgefäßes treiben durch die Differenz der spezifischen Gewichte bis zur völligen Trennung an die Oberfläche auf.	Alle Schlackenflüsse der Ofenwandung werden bei nahezu gleichem spezifischen Gewicht („schwebend") als störende Bestandteile in unvollständige Lösung (Schlieren) aufgenommen.
Verformung in dünnflüssigem Zustand bei rascher Erstarrung zu	Formgebung in plastisch weichem Zustand bei langsamer Erstarrung

spannungsarmen Gegenständen oder durch nachfolgende Bearbeitung wie Schmieden, Walzen, Pressen usw. nach fein abgestimmtem Kühlverlauf, damit sich Spannungen verziehen können.

1.6 Die Verarbeitung des Glases

Das fertig geschmolzene und geläuterte Glas wird meist in der Hütte bis zum Endprodukt weiterverarbeitet. Da das Glas von der Schmelze her bereits die zur Verarbeitung notwendige Temperatur (Zähigkeit) besitzt, wäre es unwirtschaftlich, es abkühlen zu lassen und dann an anderer Stelle zur Weiterverarbeitung wieder zu erhitzen. Außnahme hiervon ist die Herstellung von optischem Glas, das in Barrenform gehandelt wird, und von Röhren und Stäben, die zum Beispiel zu Glasgeräten für chemische Laboratorien verarbeitet werden.

Einige wichtige Prozesse seien hier angeführt:

a) Flachglas

Die ersten Flachglas-Ziehmaschinen arbeiteten nach dem Verfahren von Fourcault. Hier quillt ein Glasstrom ununterbrochen durch eine in die Glasschmelze eingedrückte Düse und wird in Bandform nach oben weggezogen. Das aus der Düse gezogene Band wird durch Kühler auf niedrigere Temperaturen gebracht und gelangt anschließend zwischen die übereinanderliegenden Walzenpaare der eigentlichen Ziehmaschine. Der Ziehmaschinenschacht ist gleichzeitig Kühlbahn. Oberhalb der Maschine, auf der sogenannten Schneidbühne, wird das Glasband zu den gewünschten Formen geschnitten. Glasscheiben, die nach diesem Verfahren hergestellt werden, sind jedoch immer etwas wellig. Gießt man das Glas auf eine Metallplatte oder führt man ein zähflüssiges Glasband durch zwei Walzen, so erhält man zwar eine Scheibe mit planparallelen Oberflächen, muß jedoch die mit dem Metall in Berührung gekommene Oberfläche durch Polieren nacharbeiten. Umgekehrt läßt sich dieser Effekt zur Herstellung von Ornamentglas verwenden. Auch Draht-Sicherheitsglas wird durch Einwalzen eines Drahtgitters in das noch plastische Glasband erzeugt.

Die modernste Art der Flachglaserzeugung ist das Float-Glas-Verfahren. Man leitet einen Glasstrom aus der Schmelzwanne in eine zweite Wanne, die mit einem flüssigen Metallbad (Zinn) gefüllt ist und auf konstanter Temperatur gehalten wird. Das Glasband ist leichter als das Metall und schwimmt auf dessen Oberfläche. Von oben her wird es unter einer Schutzgasatmosphäre gehalten. Sobald das Glasband erstarrt ist, gelangt es auf einer Reihe von Asbestwalzen durch eine Kühlzone und kann anschließend nach dem Zuschneiden vom Rollenband abgenommen werden. So hergestelltes Floatglas zeichnet sich durch besonders gute Oberflächenqualität aus. Es kann mit bestem geschliffenen Spiegelglas verglichen werden.

b) Röhrenherstellung

Die meisten Glasröhren werden heute maschinell gefertigt. Das zeitraubende und kostspielige Ziehen von Hand kommt nur noch bei kleinen Mengen von ungewöhnlicher Größe oder Zusammensetzung zur Anwendung. Beim maschinellen Röhrenziehen nach dem Dannerverfahren fließt Glasschmelze auf einen hohlen, abwärts gerichteten, umlaufenden Metalldorn und überzieht ihn mit einem dicken einheitlichen Glasbelag. Die mit niedrigem Druck durch den Dorn strömende Preßluft bläst das Glas auf, solange die Röhre abgezogen wird. Das Abziehen besorgt eine Ziehmaschine in 30 bis 60 Meter Entfernung. Sie besteht aus zwei asbestbeschichteten Förderbändern, welche die schon fast kalte Röhre vorsichtig greifen. Dann wird die Endlosröhre in Stücke der erforderlichen Länge geschnitten.

c) Flaschen- und Behälterfertigung

Man leitet das schmelzflüssige Glas durch beheizte Rinnen zu der Formgebungsmaschine. Dort wird es durch Scheren in Portionen geteilt und mit Preßluft in Formen geblasen. Solche Maschinen sind zur schnellen Herstellung großer Stückzahlen gleichartiger Gefäße geeignet.

d) Freihandblasen

Sind die zuvor geschilderten Verfahren eher zur Herstellung von Massenware geeignet, so werden kleinere Stückzahlen auch heute noch weitgehend in Handarbeit gefertigt. Hierzu entnimmt der Glasmacher der Schmelzwanne mit der Glasmacherpfeife eine bestimmte Menge Glas und bläst dieses zum gewünschten Gegenstand. Häufig verwendet man dazu wassergekühlte Formen, in die das Glas eingeblasen wird.

e) Glasverarbeitung „vor der Lampe"

Dieser Verarbeitungszweig unterscheidet sich grundsätzlich von den zuvor genannten Verfahren. Ging es dort darum, direkt aus der flüssigen Glasschmelze einen Gegenstand zu formen, so wird hier ein Halbzeug (Glasrohr) mit einem Gebläsebrenner (Lampe) erneut auf Verarbeitungstemperatur gebracht und verformt. Da der Kapitalaufwand für diese Art der Glasverarbeitung sehr gering ist, hat sich auf diesem Felde eine Vielzahl von Klein- und Mittelbetrieben angesiedelt. Im Gegensatz hierzu ist vor allem die Fertigung von Flach- und Behälterglas nur in großen Einheiten und mit hohem Kapitaleinsatz möglich, weswegen diese Produktion in den Händen weniger Großfirmen liegt.

f) Kühlung

Allen Verfahren ist gemeinsam, daß das Glas nach der Formgebung sorgfältig gekühlt werden muß. Wie zuvor erläutert wurde, erleidet das Glas beim Abkühlen von der Schmelze bis zum Transformationspunkt eine strukturelle Schrumpfung. Da Glas ein schlechter Wärmeleiter ist, läßt es sich nicht vermeiden, daß dünne Teilstücke oder die Oberflächen wesentlich schneller abkühlen als zum Beispiel das Innere eines starkwandigen Bodens. In den rascher gekühlten Teilen hört die strukturelle Schrumpfung früher auf. Wenn das ganze Stück abgekühlt ist, haben sich die langsamer gekühlten Teile insgesamt mehr zusammengezogen, weil die strukturelle Schrumpfung länger wirkte. Es können sich dadurch schwerwiegende innere Spannungen entwickeln. Die meisten Glaserzeugnisse werden durch diese „eingefrorenen" Spannungen bruchanfällig. Bei Abkühlung auf Zimmertemperatur kann es sogar zu spontanem Kühlbruch kommen. Aus diesem Grunde müssen alle Glaswaren nach dem Formen auf eine Temperatur über dem Transformationspunkt aufgewärmt werden, bei der sich die eingeschlossenen Spannungen durch inneren Glasfluß ausgleichen können. Diese Temperatur liegt selbstverständlich nicht so hoch, daß sich die Artikel unter ihrem eigenen Gewicht verformen würden. Sobald die inneren Spannungen verschwunden sind, werden die Stücke zunächst langsam und daher gleichmäßig auf eine Temperatur unter dem Transformationspunkt und schließlich etwas rascher auf Zimmertemperatur gekühlt.

Der Zeitaufwand für dieses Kühlen ist sehr unterschiedlich. Flachglas oder Röhren zum Beispiel werden kontinuierlich durch eine Kühlzone geleitet, während Barren für optische Linsen unter Umständen in gesonderten Kühlöfen über Tage oder Wochen hinweg langsam abgekühlt werden müssen.

1.7 Eigenschaften des Glases

1.7.1 Bruchanfälligkeit

„Glück und Glas — wie leicht bricht das" ist die poetische Ausdrucksweise für den Tatbestand, daß Glas ein nahezu idealer Sprödwerkstoff ist. Trägt man die ausgeübte Kraft über den Verformungsweg auf, so erhält man bei Metall und Glas folgende Kurven (Bild 1.5):

Glas hat im Gegensatz zu einem Metall nur wenig Möglichkeiten, eine äußere

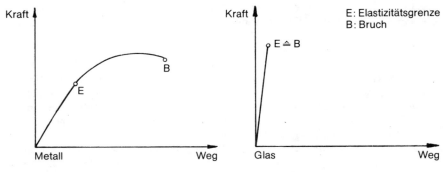

Bild 1.5

Kraft durch plastische Verformung aufzunehmen. Dies ist beim Einsatz des Werkstoffes Glas immer zu beachten.

An sich wäre zu erwarten, daß das Glas aufgrund der hohen Festigkeit der Si-O-Bindung sehr stabil sein müßte. Dies trifft grundsätzlich zu. Im Labor konnten Glasfasern hergestellt werden, welche die Festigkeitswerte von Stahl bei weitem übertrafen: In der Praxis wird die Festigkeit von Glas durch Oberflächenfehler, kleine Sprünge oder sogenannte Microcracks, merklich herabgesetzt. Infolge der Sprödigkeit des Glases konzentriert sich eine darauf wirkende Kraft mit großer Hebelwirkung auf die wenigen Si-O-Bindungen am Ursprung eines solchen Oberflächenrisses. Diese Bindungen werden gesprengt, der Riß vergrößert sich und durchläuft schließlich die gesamte Probe. Das Glas zerbricht.

Wie Bild 1.6 zeigt, tritt die Rißaufweitung als Bruchursache nur bei einer Biegezugbeanspruchung in Erscheinung. Bei einer Druckbeanspruchung der Glasoberfläche werden die Mikrorisse sogar noch zusammengedrückt. Aus diesem Grund ist die Druckfestigkeit von Gläsern mit etwa 0,5 – 1 kN mm^{-2} (50 – 100 kp/mm^2) um den Faktor 10 größer als die Zugfestigkeit. Bei Großanlagen, zum Beispiel in der Chemie, rechnet man aus Sicherheitsgründen mit einer nochmals um den Faktor zehn verringerten praktischen Zugfestigkeit, also 5 – 10 N mm^{-2} (0,5 – 1 kp/mm^2).

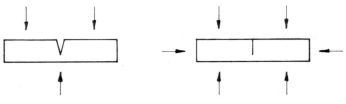

Bild 1.6

Auf verschiedenen Wegen läßt sich die Bruchempfindlichkeit von Gläsern und Gegenständen aus Glas verringern:

a) Eine zweckmäßige Gestaltung des Glasgegenstandes vermindert besonders die durch Temperaturschock ausgelöste Bruchgefahr. Abgerundete Formen und gleichmäßige Wandstärken sind materialgerecht.

b) Man überzieht die Oberfläche mit einer Schutzschicht, welche die Bildung von Mikrorissen in der Oberfläche vermindert. Getränkeflaschen werden zum Beispiel gleich nach der Fertigung (solange sie noch heiß sind) mit einer organischen Titan- oder Zinnverbindung besprüht. Diese zersetzt sich auf der heißen Glasoberfläche und bildet eine dünne Schicht von TiO_2 oder SnO_2 auf dem Glas. Auch Überzüge aus organischen Kunststoffen sind bekannt.

c) Durch Ausbildung von Druckspannungen in der Oberfläche werden die Mikrorisse zusammengedrückt. Eine angreifende Zugspannung muß erst die Druckvorspannung überwinden, ehe sie an den Mikrorissen angreift. Eine solche Druckvorspannung kann durch chemisches oder thermisches „Härten" des Glases erreicht werden. Beim thermischen Härten wird das Glas über seine Transformationstemperatur erhitzt und durch Anblasen mit kalter Luft an der Oberfläche rasch abgekühlt. Das strukturelle Schrumpfen der Oberfläche wird dadurch gehemmt, während sich das Innere weiterhin strukturell zusammenzieht. Ist das ganze Werkstück abgekühlt, so steht das Innere in dauernder Zug-, die Oberfläche jedoch unter Druckspannung. Dieses Verfahren ist auf Gegenstände mit einfachen Formen beschränkt. Es hat jedoch den Vorzug, sehr preiswert zu sein. Windschutzscheiben für Autos oder Ganzglastüren werden auf diese Weise gehärtet. Wird eine solche Scheibe beschädigt, so zerspringt sie in kleine Stücke ohne scharfe Kanten.

Zum chemischen Härten bringt man das Glas in einer Salzschmelze auf eine Temperatur wenig unter T_g. Die Metallionen der Salzschmelze diffundieren in die Oberfläche des Glases ein und werden dort gegen Bestandteile des Glases ausgetauscht. Sind die Ionen der Schmelze größer (z. B. Kalium) als die des Glases (z. B. Natrium), so behindern die großen Ionen die Temperaturkontraktion der Oberfläche, wodurch diese unter Druckspannung gerät. Dieses Verfahren ergibt zwar gute Resultate, ist aber teuer, so daß es zur Zeit nur bei Brillengläsern angewendet wird.

Eine Reihe von anderen Verfahren zum Härten von Gläsern ist bekannt, doch haben diese in der Technik nur geringe Anwendung gefunden. Hierzu gehören die Überfanggläser (Ummanteln eines Glases mit einem anderen geringerer Wärmedehnung) sowie die Veränderung der chemischen Zusammensetzung der Glasoberfläche oder deren Kristallisation.

1.7.2 Durchsichtigkeit

Wenn Licht auf ein Stück Metall fällt, so treten die leicht beweglichen Elektronen der Metallatome mit dem Licht in Wechselwirkung, absorbieren es und strahlen es wieder ab: das Licht wird reflektiert. Metalle sind für Licht nicht durchlässig. In den hier beschriebenen Silikatgläsern sind die Elektronen nicht frei, sondern relativ fest an ihre Atomkerne gebunden, so daß sie nur mit energiereicher Strahlung in Wechselwirkung treten können. Daher wird nur das energiereichere UV-Licht vom Glas absorbiert. Dagegen ist IR-Strahlung in der Lage, die Molekülschwingungen der Glasbausteine anzuregen und dadurch absorbiert zu werden. Es ist also mehr oder minder zufällig, daß Glas gerade für Strahlung im Bereich des sichtbaren Lichtes ein „Fenster" im wahren Sinne des Wortes darstellt. Voraussetzung für diese im Regelfall gewünschte Eigenschaft ist jedoch, daß das Glas auch von kleinen Mengen an Oxiden der Übergangsmetalle frei ist. In der Praxis kämpft man hier vor allem mit dem Eisenoxid, das sich bereits bei Gehalten von 0,1 % durch eine grüne oder braune Färbung bemerkbar macht. Umgekehrt lassen sich natürlich durch die absichtliche Zugabe solcher „Verunreinigungen" farbige Gläser herstellen.

Eine andere Eigenschaft des Glases ist noch notwendig für seine Durchsichtigkeit: Die innere Homogenität. Da es im Glas keine Gefügegrenzen gibt (wie z. B. in einem kristallinen Körper), kann Licht, wenn es erst einmal in ein Glas eingedrungen ist, sich in diesem gleichmäßig fortbewegen.

1.7.3 Chemische Beständigkeit

Der glasartige Zustand an sich bürgt noch nicht für chemische Beständigkeit. Ganz im Gegenteil gibt es viele spezielle Gläser im Bereich der Optik, die nur eine sehr geringe Korrosionsresistenz aufweisen und bereits gegen die Einwirkung der gewöhnlichen Atmosphäre geschützt werden müssen. Auf der anderen Seite ist es gelungen, Gläser zu entwickeln, die gegen nahezu alle Chemikalien resistent sind. Diese Gläser sind daher zu einem unersetzbaren Werkstoff im Bereich der Chemie geworden. Bis heute sind eigentlich nur zwei Stoffgruppen bekannt, die diesen Werkstoff in relativ kurzer Zeit zerstören: Flußsäure und konzentrierte Alkalilaugen.

Die chemische Beständigkeit eines Glases läßt sich mit drei genormten Verfahren prüfen und beurteilen. Es handelt sich um die Normen DIN 12 111 Hydrolytische Klasse, DIN 12 116 Säureklasse und DIN 52 322 Laugenklasse. Nach DIN 12 111 wird das Glas als Grieß mit kochendem Wasser ausgelaugt, die in Lösung gegangenen alkalischen Bestandteile des Glases werden titriert. Säure- und Laugenprüfungen sind gravimetrische Bestimmungen. Man kocht eine Glasprobe über mehrere Stunden in einer sauren oder alkalischen Lösung und bestimmt den

Gewichtsverlust. Diese drei Prüfungen, am ausgeprägtesten die Bestimmung der Hydrolytischen Klasse nach DIN 12 111, stellen Prüfungen des Werkstoffes Glas dar. Soll ein Gegenstand aus diesem Werkstoff geprüft werden, so können sich hiervon abweichende Werte ergeben. Dies rührt davon her, daß die Oberfläche eines Glases sich von dem darunter liegenden Grundglas unterscheiden kann. Durch Verarbeitungsfehler kann sich die chemische Beständigkeit einer Glasoberfläche verschlechtern oder sie wurde durch einen Schutzüberzug verbessert. Prüfungen von Gegenständen aus Glas erfolgen deshalb nach anderen Normen. Verpackungsgläser für Arzneimittel werden zum Beispiel nach DIN 52 329 auf die zulässige Alkaliabgabe an Wasser geprüft.

1.7.4 Glas als elektrisches Isoliermaterial

Da die Elektronen im Glas relativ fest gebunden sind, ist Glas bei Raumtemperatur ein Nichtleiter. Da Glas aber andererseits eine Flüssigkeit darstellt, in der Metallionen gelöst sind, steigt seine Leitfähigkeit in dem Maße an, wie durch abnehmende Zähigkeit diese Metallionen beweglich werden. Die Temperaturabhängigkeit des elektrischen Widerstandes von Glas muß bei der Auswahl von Gläsern für die Elektrotechnik besonders beachtet werden. Bei genügend hohen Temperaturen wird Glas schließlich elektrisch leitend. Diese Eigenschaft macht man sich zunutze, wenn man bei der Herstellung des Glases die Schmelze durch Stromdurchgang erhitzt. Wird dieses Verfahren aus Preisgründen heute nur bei bestimmten Spezialgläsern angewendet, so könnte es in Zukunft unter dem Gesichtspunkt der beschränkten Verfügbarkeit von Erdgas und Erdöl große Bedeutung gewinnen.

1.7.5 Wärmeleitfähigkeit

Wiederum durch die feste Bindung der Elektronen bedingt, ist die Wärmeleitfähigkeit von Gläsern nicht sehr groß. Die Wärmeleitzahl λ liegt bei Gläsern mit Werten um $2,5 \cdot 10^{-3}$ [cal cm^{-1} s^{-1} K^{-1}] deutlich unter der von Metallen ($\lambda = 10^{-1}$ bis 1), aber noch über der von Kunststoffen ($\lambda = 0,4 \cdot 10^{-3}$). Diese geringe Wärmeleitfähigkeit ist zusammen mit der Wärmeausdehnung und der Sprödigkeit des Glases immer dann zu beachten, wenn das Glas starken Temperatursprüngen ausgesetzt werden soll. An dieser Stelle liegt eine Grenze für den Einsatz von Gläsern als Konstruktionswerkstoffe.

1.7.6 Wärmeausdehnungskoeffizient

Die Kenntnis dieser Größe ist für den Einsatz eines Glases in der Praxis von großer Bedeutung. Der Linearkoeffizient α der Wärmeausdehnung ist der Bruchteil der ursprünglichen Länge bei null Grad Celsius, um den sich ein Stoff bei einer Temperaturzunahme von einem Grad Celsius ausdehnt. Für reines Kieselglas beträgt der Koeffizient 5,5 mal 10^{-7}, für manche handelsübliche Gläser bis zu 125 mal 10^{-7}. Bei den meisten Gläsern liegt er zwischen 60 und 90 mal 10^{-7}, bei Laborgläsern häufig zwischen 30 und 40 mal 10^{-7}. Aufgrund der geringen Wärmeleitfähigkeit können sich bei plötzlichen Temperaturveränderungen zwischen Oberfläche und dem Inneren eines Glasgegenstandes große Temperaturdifferenzen ergeben, die durch unterschiedliche Ausdehnung zu einem Bruch des Material führen können. Aus verständlichen Gründen ist plötzliches Erhitzen, das die Glasoberfläche in Druckspannung versetzt, weniger gefährlich als plötzliches Abkühlen, das Zugspannung an der Oberfläche verursacht. Je nach der Form des Gegenstandes kann bis zu zehn Mal schneller aufgeheizt als abgekühlt werden.

Muß man von vornherein bei dem geplanten Verwendungszweck des Glases mit Temperaturschocks rechnen, ist es vorteilhaft, ein Glas mit kleinem Ausdehnungskoeffizienten zu verwenden. Erfreulicherweise verbindet ein Glastyp, das Borosilikatglas, diese Eigenschaft mit sehr guter Chemikalienresistenz, so daß es für Laborglas und den Chemieanlagenbau in jeder Hinsicht geeignet ist.

1.8 Konstruieren mit Glas

Wegen der Durchsichtigkeit und der guten chemischen Resistenz von technischen Gläsern werden diese in verstärktem Maß als Konstruktionswerkstoffe eingesetzt. Dabei ist unter anderem auf folgendes zu achten:

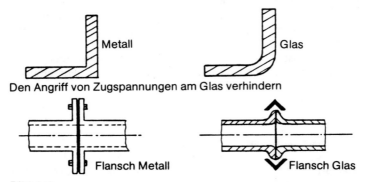

Bild 1.7

- Richtige Wahl der Glasart nach Beanspruchung und Preis.
- Schroffe Temperaturwechsel im Betrieb vermeiden.
- Möglichst gleichmäßige Wandstärke, Kanten verrunden.

Beim Verbund von Metall und Glas muß eine auftretende Zugspannung vom Metall, eine Druckspannung vom Glas aufgenommen werden. Die unterschiedlichen Ausdehnungskoeffizienten von Metall und Glas müssen berücksichtigt werden (Bild 1.7). Eine brauchbare Zusammenstellung von Regeln für das Konstruieren von Glasteilen wurde von Greil [7] veröffentlicht. Dort wird auch auf weitere Arbeitsblätter verwiesen.

1.9 Verfügbarkeit und Preis der Roh- und Hilfsstoffe zur Glasherstellung

Die Rohstoffe zur Herstellung der Massengläser (Sand, Kalk, Dolomit, Tonerde, Soda und Pottasche) sind in nahezu unbegrenzter Menge weltweit vorhanden. Etwas schwieriger zu beschaffen sind die borhaltigen Minerale, deren Vorkommen im wesentlichen in den USA und in der Türkei liegen. Die Förderung kann, wenigstens in absehbarer Zeit, nicht gesteigert werden, während die Nachfrage stark zugenommen hat. Hier macht sich auch der verstärkte Einsatz von Bor bei der Stahlveredelung bemerkbar. Was sich in der Vergangenheit nur in Form drastischer Preiserhöhungen ausdrückt, könnte späteren Generationen ernsthafte Schwierigkeiten bereiten.
Mit am stärksten zu Buche schlagen jedoch die gewaltig gestiegenen Energiepreise. Glasschmelzwannen werden heute überwiegend mit Erdgas und Heizöl befeuert. Beide Energieträger werden in Zukunft nicht mehr in unbeschränkter Menge verfügbar sein, so daß Veränderungen der Schmelztechnologie auf die elektrische Beheizung hin zu erwarten sind.

Eine zunehmend wichtige Rolle spielt die Rückführung von Altglas. Neben dem Ersatz von Rohstoffen ist auch eine erhebliche Energieeinsparung zu verzeichnen. Altglas („Scherben") erleichtert das Einschmelzen der Rohstoffe, da es als Lösungsmittel wirkt. Außerdem ist es schon Glas: die zusätzliche Energie zum Sprengen der Bindungen kristalliner Festkörper muß nicht noch einmal aufgebracht werden. Dem erweiterten Einsatz von Altglas stehen neben organisatorischen Problemen derzeit vor allem noch übertriebene Vorstellungen der Verbraucher entgegen. Die Festlegung und internationale Normung einer einheitlich zusammengesetzten, grünen oder braunen Glassorte für Verpackungszwecke würde die Scherbenrückführung sehr erleichtern.

"Zuletzt wird alles Glas".

Diese Einführung sei beschlossen mit der glastechnischen Vorstellung vom Weltuntergang, wie sie Johann Kunkel um 1700 in seiner Ars Vitraria geschildert hat: "Daß die Glasmacher-Kunst, die letzte unter allen Künsten in der ganzen Welt seyn würde; denn wann Gott dieses Gantze Weltgebäu durch Gewalt dess Feuers verzehren wird, so wird alles zu Glass werden; und solches müsste, wegen der vermuthlichen Zusammenmischung dess Saltzes und Sandes, oder Steine, vernünftig also zu reden, sonder Zweifel erfolgen".

2 Energie- und Rohstoffprobleme der Glasindustrie

Schwerpunkte des Energieeinsatzes, Möglichkeiten der Energieeinsparung, Rohstoffsituation, verfügbare Rohstoffquellen, Wege zur Rohstoffsicherung

Dipl.-Chem. H. Gaar

Nach dem Bericht des Club of Rome [1] und der Ölkrise stellt sich im Hinblick auf Energie und Rohstoffe auch die übergeordnete Frage, welche Maßnahmen geplant und durchgeführt werden, die es erlauben, weiterhin Glas in seiner Vielfalt von Anwendungsformen preisgünstig und in hoher Qualität herzustellen.

2.1 Die Schwerpunkte des Energieeinsatzes bei der Glasfertigung

In der Bundesrepublik Deutschland lag der industrielle Energieverbrauch der Gruppe Steine und Erden, Glas und Zement 1973[2] bei 15 % vom Gesamtenergiebedarf.

Zur Herstellung dieser Produkte wurden $2,8 \times 10^{15}$ KJ (entsprechend $67 \cdot 10^{13}$ Kcal) benötigt.

Nach amerikanischen Studien von 1974[4] zählt die angeführte Produktgruppe zusammen mit 4 weiteren Produktionszweigen zu den Hauptenergieverbrauchern:

Primär-Metallindustrie	24,8 %
Chemie und Chemische Produkte	20,7 %
Erdöl und Kohle	14,0 %
Papier und Papierverarbeitung	7,0 %
Steine und Erden, Glas und Zement	6,6 %

Für die Glaserzeugung in der BRD wurden 1973 noch $66,4 \cdot 10^{12}$ KJ benötigt. Der Bedarf sank 1974 auf $62,2 \cdot 10^{12}$ KJ[5] und erreichte durch bessere Energienutzung 1983 einen Wert von $60,7 \cdot 10^{12}$ KJ[6].

Der Energieaufwand zur Herstellung von einem Kilogramm Glas richtet sich nach der jeweiligen Produktgruppe, das heißt den unterschiedlichen Schmelz-, Formgebungs- und Temperverfahren und dem thermischen Wirkungsgrad der jeweils verwendeten Produktionsanlagen.

In den beiden Grafiken (Bild 2.1 und 2.2) werden diese Verhältnisse für Flach- und Hohlglas verdeutlicht.

Teilt man die erforderliche Energie auf die einzelnen Produktionsschritte auf, so zeigt sich, daß der größte Energieanteil zur Schmelze des Glases verbraucht wird.

Der Gesamtenergiebedarf für die Flachglasherstellung wird von dem für die Hohlglasfertigung benötigten übertroffen.

2.2 Möglichkeiten zur Energieeinsparung

Den Bildern 2.1 und 2.2 ist zu entnehmen, daß besonders bei der Glasschmelze eine große Diskrepanz zwischen der theoretisch erforderlichen Wärmemenge, die

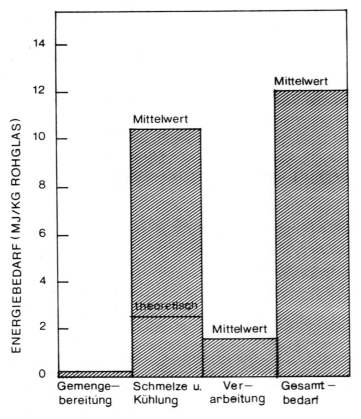

Bild 2.1: Energieverbrauch für Flachglasfertigung

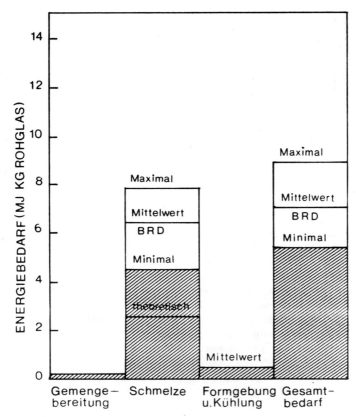

Bild 2.2: Energieverbrauch für Hohlglasfertigung

sich aus thermodynamischen Daten errechnen läßt [3], und dem praktischen Verbrauch besteht [7, 8].

Die größten Wärmeverluste entstehen durch die Anwendung des Herdofenprinzips, das in Bild 2.3 skizziert wird. Eine allgemeine Ablösung dieses Schmelzverfahrens ist zur Zeit noch nicht in Sicht [4].

Eine wesentliche Verbesserung des thermischen Wirkungsgrades der Glasschmelze wird durch die Elektroschmelze erreicht. Vorgeschmolzenes Glas hat eine ausreichende elektrische Leitfähigkeit, um durch die Joulesche Wärme geschmolzen zu werden.

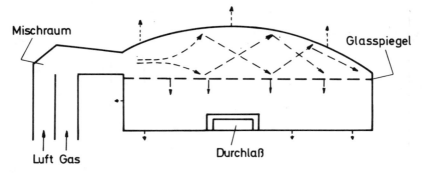

Bild 2.3: Wärmeübertragung in Schmelzwannen

Der Strom wird der Schmelze durch Elektroden zugeführt, welche unterhalb des Glasspiegels in die Wanne ragen. Die Wärmeübertragung erfolgt dadurch unmittelbar auf das Glas.

Der Raum über dem Glasspiegel erreicht nur vergleichsweise geringe Temperaturen, besonders dann, wenn das schmelzflüssige Glas mit einem Gemengeteppich abgedeckt ist. Der Wärmeverlust ist entsprechend gering. Der elektrische Strom ist jedoch noch so teuer, daß sich die Elektroschmelze trotz einer Reihe weiterer Vorteile nur zur Herstellung von Spezialgläsern durchsetzen konnte.

Der thermische Wirkungsgrad des Herdofenprinzips einschließlich der Wärmerückgewinnung aus den Verbrennungsgasen wurde durch unterschiedliche Maßnahmen wesentlich verbessert:

— Isolation des Oberofens mit Mineralfasern
— Verbesserung der Flammenführung
— Neue Brennerkonstruktionen
— „Carburierung" der Brennerflamme
— Sauerstoffzusatz zur Luft
— Verbesserung und Vergrößerung der Wannen
— Verbesserung der Wärmerückgewinnung aus den Rauchgasen
— Verfestigen des Gemenges

Den Erfolg dieser Maßnahmen läßt die Statistik erkennen. Nach Trier [4] ist der auf das Kilogramm Glas bezogene Wärmeverbrauch von 1951 bis 1968 um fast 50 % gesunken.

Lag der Durchschnittsenergieverbrauch zur Herstellung von 1 kg Fertigglas 1969 noch bei $192 \cdot 10^2$ KJ, so weist die Statistik in der Bundesrepublik Deutschland

1974 für Flachglas nur noch einen Verbrauch von 169 · 10² KJ/kg Glas aus [5]. Durch diese Entwicklung wird ein Beitrag nicht nur zur Energieeinsparung, sondern auch zur Preisstabilität geleistet.

2.3 Die Rohstoffsituation — verfügbare Rohstoffquellen

Aus der großen Vielfalt der für Massen- und Spezialgläser verwendeten Glasrohstoffe soll hier nur auf einige typische Vertreter zur Herstellung von Massengläsern eingegangen werden, um daran die allgemeine Rohstoffsituation zu erläutern.

Die Rohstoffe lassen sich in drei Gruppen einteilen (Tabelle 2.1):

— Gesteine
— Mineralien
— Chemische Produkte

Gesteine, zum Beispiel Eruptivgesteine, stellen Aggregate aus verschiedenen Mineralien dar und weisen deshalb in der Regel einen großen Streubereich der chemischen Zusammensetzung auf. Der Einsatz ist in der Hauptsache auf farbiges Massenglas beschränkt.

Mineralien, einschließlich des aus Quarz und quarzhaltigen Gesteinen entstandenen Quarzsandes, sind die Hauptlieferanten für die Glasfertigung. Je nach Lagerstätte, Größe des Vorkommens und Aufbereitung kann mit gleichmäßiger Zusammensetzung und Qualität gerechnet werden.

Chemische Produkte wie Soda oder Pottasche werden in gleichbleibender Qualität und hoher Reinheit geliefert. Ihre Produktion ist mit der Erzeugung anderer Chemieprodukte gekoppelt und deshalb von wirtschaftlichen Entwicklungen abhängig.

2.4 Wege der Rohstoffsicherung

Die Versorgung der großen Flachglas- und Hohlglasindustrien mit Mineralprodukten wird in der bisher durchgeführten Art — durch Nahtransporte — künftig nicht mehr möglich sein. Dies gilt besonders für die Werke nördlich der Mainlinie. Es werden folgende Maßnahmen erforderlich:

Tabelle 2.1: Massengläser, Zusammensetzung und Glasrohstoffe

Glastyp	Chemische Zusammensetzung							Rohstoffe			
	SiO_2	Al_2O_3	B_2O_3	CaO	MgO	Na_2O	K_2O				
Hohlglas farblos, gefärbt	72,3	2,0	–	11,0	–	14,7	–	Sand	Kaolin Feldspat Eruptivgestein	Kalk	Soda
Glasfaser	54,5	14,5	8,5	17,5	4,5	0,5	–	Sand	Tonerdehydrat	Borsäure Bor-Mineralien	Kalk Dolomit
Borosilicatglas	81,0	2,0	13,0	–	–	3,0	1,0	Sand	Na-Feldspat Tonerdehydrat	Borsäure Soda Bor-Mineralien	Pottasche

- Aufschluß neuer Vorkommen
- Planung und Abstimmung zwischen Landesplanungsämtern, Umwelt- und Naturschutz
- Aufbereitung bisher unbrauchbarer Rohstoffe
- Substitution von Rohstoffen
- Recycling von Altglas

Erfreulicherweise kann man feststellen, daß diese Aufgaben von allen Institutionen erkannt und in steigendem Maße bearbeitet werden.

3
Glas – Struktur und Eigenschaften

Prof. Dr. rer. nat. G. H. Frischat

Die Geschichte des Glases reicht bis in die Anfänge der Menschheit zurück. Zunächst waren es natürliche Gläser, die als Kult-, Schmuck- oder Gebrauchsgegenstände Verwendung fanden. Später lernte der Mensch die Glasherstellung beherrschen, und man kann mit Recht feststellen, daß die Geschichte des Glases gleichzeitig ein Stück der Kulturgeschichte des Menschen beschreibt.

Die Kunst, Glas herzustellen und zu bearbeiten, beruhte zunächst auf reiner Empirie. Erst Ende des 19. Jahrhunderts begann die wissenschaftliche Durchdringung (z. B. Schott in Jena, 1882); von der Existenz einer eigentlichen Glaswissenschaft kann aber wohl erst seit Beginn der 50er Jahre gesprochen werden. Im Vergleich zu anderen Wissenschaftsbereichen ist die Entwicklung aber auch heute noch am Anfang. Glas stellt jedoch einen nicht wegdenkbaren Wirtschaftssektor dar, wobei mengenmäßig hier insbesondere die Massenerzeugnisse der Behälterglas- und Flachglasindustrie zu nennen sind. Die Sparte der Sondergläser wird jedoch immer breiter und erlangt auch wirtschaftlich gesehen immer größere Bedeutung. Das Einzigartige des Werkstoffes Glas beruht dabei auf der Tatsache, daß seine Eigenschaften in sehr weiten Grenzen durch Veränderung der Zusammensetzung variierbar sind. Dadurch besteht die Möglichkeit, Werkstoffe für fast alle Anwendungsbereiche gezielt zu entwickeln.

3.1 Allgemeines

Was ist Glas? Diese Frage ist trotz der langen Geschichte nicht ganz einfach zu beantworten. Da existiert zunächst einmal der unterschiedliche alltägliche Sprachgebrauch. Man kann den Zustand einer Substanz (glasig), einen Werkstoff (z. B. Fensterglas) oder einen Gegenstand (z. B. Weinglas) meinen. Zum anderen hängt die Antwort natürlich auch vom Standpunkt des Betrachters ab. Der Wissenschaftler ist unter Umständen schon zufrieden, wenn er von einer Substanz nur wenige Milligramm glasig erhält, während der Praktiker sofort an Kilogramm oder gar Tonnen denkt. Demzufolge gibt es auch eine Reihe verschiedener Definitionen, von denen im folgenden lediglich die drei wichtigsten etwas näher charakterisiert werden sollen:

ASTM-(DGG)-Definition: Glas ist ein anorganisches Schmelzprodukt, das abgekühlt und erstarrt ist, ohne merklich zu kristallisieren.

Diese Definition ist einschränkend, da sie nur für anorganische Materialien gilt, obwohl inzwischen auch viele organische Gläser bekannt sind. Zum anderen enthält diese Definition die Herstellungsmethode, nämlich Schmelzen. Es gibt aber eine Reihe weiterer Methoden zur Herstellung von Gläsern. Für technische Massengläser ist diese Definition aber nach wie vor in den meisten Fällen ausreichend.

Thermodynamische Definition: Glas ist eine eingefrorene unterkühlte Schmelze.

Dies soll an Hand von Bild 3.1 veranschaulicht werden, in dem das spezifische Volumen V gegen die Temperatur T aufgetragen ist. Die Schmelze befindet sich im thermodynamischen Gleichgewicht. Wenn man bei Verminderung der Temperatur die Schmelztemperatur T_s erreicht, tritt bei vielen Schmelzen sprunghaft der Übergang in den festen Zustand ein. Die Atome oder Moleküle, die in der Schmelze mehr oder weniger Beweglichkeit und Unordnung aufweisen, werden im Kristallverband in regelmäßiger Weise eingebaut. Auch der Kristall befindet sich im thermodynamischen Gleichgewicht. Nun gibt es jedoch Schmelzen, die bei Erreichen von T_s nicht spontan kristallisieren sondern sich unterkühlen lassen, das heißt die Kurve der Schmelze läßt sich zu tieferen Temperaturen hin

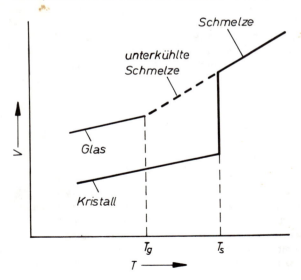

Bild 3.1:
Volumen-Temperatur-Kurven für kristallierende und glasbildende Schmelzen (schematisch)

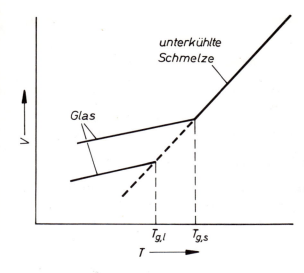

Bild 3.2:
Bei schnellerer Abkühlung friert die unterkühlte Schmelze früher ein ($T_{g,s}$) als bei langsamerer Abkühlung ($T_{g,l}$), schematische Darstellung

verlängern. Die dann erreichte unterkühlte Schmelze stellt nicht mehr den thermodynamisch stabilen, wohl aber einen metastabilen Zustand dar. Mit zunehmender Unterkühlung steigt meist gleichzeitig auch die Viskosität der unterkühlten Schmelze stark an, bis bei T_g (Transformationspunkt oder Einfrierpunkt, in Wirklichkeit ein Intervall: T_g ist als Schnittpunkt der beiden Tangenten an die Kurvenäste definiert) mit etwa 10^{13} dPa · s ein Wert erreicht wird, bei dem die Beweglichkeit der Bausteine so gering ist, daß die Einstellung des metastabilen Gleichgewichtes nicht mehr erfolgt: Der Zustand der Struktur bei T_g wird zu tieferen Temperaturen hin eingefroren. Von Glas spricht man also erst unterhalb T_g, thermodynamisch entspricht es, trotz der andersartigen alltäglichen Erfahrung, einem Ungleichgewichtszustand.

Bei T_g tritt ein mehr oder weniger scharfes Abknicken in der V(T)-Kurve auf. Die Relaxationszeit für die Umlagerung der Bausteine beträgt hier etwa 1 min. Daraus wird deutlich, daß T_g ein kinetischer Punkt ist. Je schneller abgekühlt wird, um so höher liegt T_g, je langsamer, um so niedriger, vergleiche Bild 3.2. Bei Oxidgläsern kann bei gleicher Zusammensetzung das so erreichbare Temperaturintervall für T_g maximal 250 K erreichen („optisch" gekühltes Glas bzw. als Glasfaser abgeschrecktes Glas). Selbstverständlich hängen auch die Eigenschaften des Glases von der Lage des T_g-Wertes ab. In DIN 52 324 ist für Oxidgläser eine Vorschrift gegeben, mit welcher Geschwindigkeit Glas bei der Bestimmung von T_g zu kühlen ist. Nur in gleicher Weise thermisch vorbehandelte Gläser lassen gleiche physikalische und chemische Eigenschaften erwarten. Auftretende Differenzen bis zu einer Größenordnung haben schon manchen Wissenschaftler, der sich oben beschriebener Problematik nicht bewußt war, verzweifeln lassen.

Allgemeinste Definition: Glas ist ein nichtkristalliner Festkörper.

Diese Definition umfaßt die ganze Stoffbreite und auch alle möglichen Herstellungsmethoden, wobei „Festkörper" als eine Substanz mit einer Viskosität $\geq 10^{13}$ dPa · s verstanden wird und mit „nichtkristallin" ein zum Beispiel mittels Röntgenbeugung festgestellter Strukturzustand mittlerer Ordnung (Nahordnung aber keine Fernordnung) bezeichnet wird. Flüssigkeiten und Gläser (als eingefrorene unterkühlte Schmelzen) verhalten sich so.

Es soll hier jedoch abschließend auch erwähnt werden, daß diese Definition für Glas von manchen Wissenschaftlern als zu allgemein abgelehnt wird.

3.2 Glasbildung

Welche Substanzen können nun überhaupt Gläser bilden? Im Prinzip alle, falls sich die Abkühlung vom flüssigen zum festen Zustand ohne merkliche Kristallisation vollziehen läßt und sich die entsprechenden Substanzen dabei nicht zersetzen, umwandeln usw. Die Endtemperatur muß dabei aber so tief liegen, daß die Beweglichkeit der Strukturbausteine zu gering für eine Umwandlung in den kristallinen Zustand ist. In der Praxis ist die Zahl der glasbildenden Substanzen allerdings noch beschränkt, vergleiche Tabelle 3.1. Dennoch zeigt diese Zusammenstellung die bereits heute erreichte Vielfalt möglicher Substanzen mit Glasbildung auf.

Nun sind nicht alle so erhaltenen Gläser „gute" Gläser, vielmehr können sie zum Beispiel auch kleine Kristallite enthalten. Nach Tammann läuft der Vorgang der Kristallisation in zwei Stufen ab, in der Schaffung neuer Grenzflächen und deren Vergrößerung, das heißt man hat die Vorgänge der

— Keimbildung und des
— Kristallwachstums

zu betrachten. Ein Maß für diese Vorgänge sind die Geschwindigkeiten v_{KB} bzw. v_{KG}, vergleiche Bild 3.3. Je nach Höhe und Breite der Kurven für v_{KB} und v_{KG}, der Temperaturdifferenz der Maxima, der Abkühlgeschwindigkeit und der chemischen Zusammensetzung bzw. Komponentenzahl der Schmelze läßt sich die Entglasungsneigung beurteilen. Dabei ist der Verlauf von v_{KG} wichtiger als der von v_{KB}, denn eine unterkühlte Schmelze mit hoher v_{KB} (in der Praxis überwiegt die heterogene Keimbildung an Oberflächen, Grenzflächen, Verun-

Tabelle 3.1: Beispiele für glasbildende Schmelzen

Elemente
S, Se, P

Oxide
B_2O_3, SiO_2, GeO_2, P_2O_5, As_2O_3, Sb_2O_3, V_2O_5

Sulfide
As_2S_3, Sb_2S_3, verschiedene Zusammensetzungen mit B, Ga, In, Te, Ge, Sn, N, P, Bi

Selenide
verschiedene Verbindungen mit Tl, Sn, Pb, As, Sb, Bi, Si, P

Telluride
verschiedene Verbindungen mit Tl, Sn, Pb, As, Sb, Bi, Ge

Halogenide
BeF_2, AlF_3, $ZnCl_2$, $ZrF_4-BaF_2-AlF_3$, $ScF_3-YF_3-BaF_2$

Nitrate
$KNO_3 - Ca(NO_3)_2$ und weitere Mischungen

Karbonate
$K_2CO_3 - MgCO_3$

einfache organische Verbindungen
Toluol, Diethylether, Ethylalkohol, Glukose

Hochpolymere
Polyethylen $(-CH_2-)_n$ u.a.

wäßrige Lösungen
Säuren, Basen, Chloride, Nitrate

Metallegierungen
Au_4Si, Pd_4Si, $Pd-Ni-P$, $Fe-Pt-P$

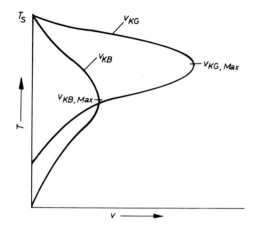

Bild 3.3:
Verlauf der Kurven für Kristallisations- (v_{KG}) und Keimbildungsgeschwindigkeiten (v_{KB}) nach Tammann in Abhängigkeit vom Unterkühlungsgrad (T_s-T), schematische Darstellung

reinigungen usw. die homogene Keimbildung bei weitem) kann sich noch gut verarbeiten lassen, wenn v_{KG} genügend klein ist (die Entglasungsneigung ist im Verarbeitungsbereich zwischen etwa 10^4 und 10^7 dPa · s maximal). Für Verbrauchsgläser sollte $v_{KG,\,Max} <$ 1,5 µm/min liegen. Durch geeignete Wahl der Zusammensetzung läßt sich die dazugehörige Temperatur möglichst tief legen. Wenn die Schmelze viele Komponenten enthält, sind die „Stoßereignisse" seltener als bei einfacher Zusammensetzung. Dies ist ein wichtiger Grund, warum technische Gläser meist komponentenreich sind.

Homogene Keimbildung ist bei Glas selten, zufällige heterogene Keimbildung meist nicht steuerbar. Fügt man der Schmelze jedoch gezielt Keimbildner zu (z. B. feinverteilte Metalle wie Au, Ag, Pt usw. oder Oxide wie TiO_2, ZrO_2, P_2O_5, Cr_2O_3 usw.), so läßt sich nach dem in Bild 3.4 angegebenem Schema ein teilweise oder ganz auskristallisierter Körper (Glaskeramik) herstellen. Der Vorteil dieses Verfahrens beruht in der Möglichkeit der Anwendung glastechnologischer Verarbeitungsverfahren (Blasen, Pressen, Gießen, Ziehen), wodurch sehr vielseitige Formen erzielbar sind. Nach Kristallisation (z. B. 70 % Kristallphase, 30 % Restglasphase) sind die erhaltenen Gegenstände bei geeignet gewählter Zusammensetzung (z. B. Grundsystem $Li_2O - Al_2O_3 - SiO_2$) transparent und weisen einige ausgezeichnete Eigenschaften aus wie zum Beispiel einen thermischen Ausdehnungskoeffizienten von 0 in einem bestimmten Temperaturbereich. Solche Glaskeramiken werden dann überall dort Anwendung finden, wo es auf hohe Temperaturwechselbeständigkeit ankommt, zum Beispiel als Haushaltsgegenstände, Laborplatten, Katalysatorträger, Träger für Weltraumteleskope usw.

Die Herstellung von Glas aus einer Schmelze ist die älteste und auch heute noch gebräuchlichste Methode. Mit verfeinerten Verfahren wurden inzwischen experimentelle Abschreckgeschwindigkeiten bis zu 10^{10} K/s erreicht. Die Entwicklung ist hier sicher noch nicht abgeschlossen. Neben der Schmelzmethode gibt es aber noch weitere Verfahren zur Herstellung nichtkristalliner Festkörper, zum Beispiel Dampfphasenabscheidung, reaktives Zerstäuben, thermische Zersetzung, Elektrolyseprozesse, Hydrolyse- oder Oxidationsprozesse usw. Diese Methoden sind selbstverständlich noch nicht alle für die Technik interessant, sofern die dabei erhaltenen Substanzen aber ähnliche Eigenschaften aufweisen wie das aus der Schmelze erhaltene Material, besteht in allen Fällen Berechtigung, von Glas zu sprechen. Besonderes Interesse hat in neuester Zeit die sog. Sol-Gel-Methode zur Herstellung von Glasschichten und auch von kompakten Gläsern gefunden.

3.3 Struktur und Entmischung

Die heute immer noch gebräuchlichste Strukturvorstellung für Oxidgläser beruht auf strukturchemischen Überlegungen von Zachariasen aus dem Jahre 1932. Die darauf basierende Netzwerkhypothese geht von der Bildung eines dreidimensionalen Netzwerkes aus. Oxide vom Typ AO_2, A_2O_3 und A_2O_5, vergleiche auch Tabelle 3.1, werden *Glasbildner* bzw. *Netzwerkbildner* genannt. Bild 3.5 zeigt ein (zweidimensionales) Modell für den wichtigsten Glasbildner SiO_2 im Vergleich zwischen der kristallinen Modifikation Quarz und Kieselglas. Das $SiO_{4/2}$-Tetraeder stellt also auch beim Glas die strukturelle Grundeinheit der Nahordnung dar, die beim Kristall vorhandene Fernordnung liegt aber nicht vor. Ähnlich SiO_2 verhalten sich auch die anderen Glasbildner.

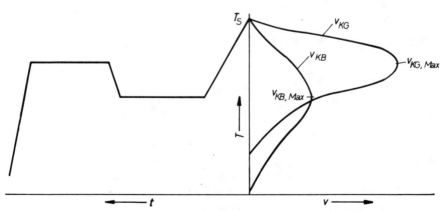

Bild 3.4: Temperatur-Zeitverlauf bei gesteuerter Kristallisation (Prinzip der Herstellung einer Glaskeramik)

Technische Gläser enthalten zusätzliche Komponenten. Alkalien und Erdalkalien werden *Netzwerkwandler* oder *Netzwerkspalter* genannt und wirken schematisch in folgender Weise:

$$\equiv Si - O - Si \equiv\ +\ Na_2O \rightarrow\ \equiv Si - ONa\quad NaO - Si \equiv \tag{1}$$

bzw.

$$\equiv Si - O - Si \equiv\ +\ CaO \rightarrow\ \equiv Si - O - Ca - O - Si \equiv \tag{2}$$

Sowohl Na als auch Ca spalten die feste $Si - O - Si$ - Bindung auf und beeinflussen damit Struktur und Eigenschaften wesentlich. Die Wirkung von Na_2O ist besonders stark (Flußmittel), während CaO das Netzwerk wieder etwas stabilisiert (Stabilisator). Als Konsequenz des Einbaues solcher Oxide wird zum Beispiel die Herstellungstemperatur, die bei reinem SiO_2-Glas etwa bei 2000 °C liegt, auf

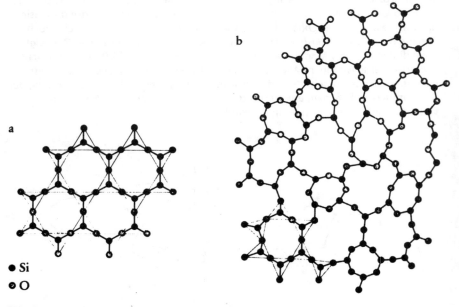

● Si
◎ O

Bild 3.5: Schematische Darstellung von SiO_2-Strukturen (von jedem $SiO_{4/2}$-Tetraeder sind nur 3 Sauerstoffatome dargestellt, das vierte Sauerstoffatom liegt oberhalb oder unterhalb der Zeichenebene)
    a) geordnete Struktur des Quarzes
    b) untergeordnetes Netzwerk aus $SiO_{4/2}$-Tetraedern beim SiO_2-Glas (Kieselglas)

1400 bis 1500 °C abgesenkt. Eine dritte Kategorie stellen die sogenannten *Zwischenoxide* (z. B. Al_2O_3, Fe_2O_3, MgO, BeO) dar. Für sich gesehen können sie normalerweise keine Gläser bilden, sie vermögen SiO_2 unter bestimmten Umständen aber teilweise zu substituieren, also die Funktion eines Netzwerkbildners zu übernehmen. Sie wirken dann als Stabilisatoren für die Glasstruktur.

Ähnlich wie an diesen Beispielen geschildert, können auch andere Elemente eingeteilt werden, und es gibt nahezu kein Element des Periodischen Systems, das nicht (zumindest in bestimmten Konzentrationsgrenzen) als echter Bestandteil in das Glasnetzwerk eingebaut werden kann. Da die Zusammensetzung die physikalischen und chemischen Eigenschaften des Glases bestimmt, sind diese dadurch in weiten Grenzen variierbar. Diese Tatsache stellt eine Einzigartigkeit des Werkstoffes Glas dar.

Will man die Struktur andersartiger Gläser verstehen, so gelten zumindest im Prinzip ähnliche Gesetzmäßigkeiten wie für Oxidgläser. In allen Fällen liegt eine Nahordnung vor, vergleiche zum Beispiel Bild 3.6, in dem einige mögliche Nahordnungsbereiche für Gläser des Chalkogenidsystems Se-Ge-As wiedergegeben sind. Je nach Zusammensetzung liegt die eine oder andere Struktureinheit mengenmäßig stärker vor. Die physikalischen und chemischen Eigenschaften lassen sich zumindest teilweise aus den Eigenschaften dieser Struktureinheiten deuten.

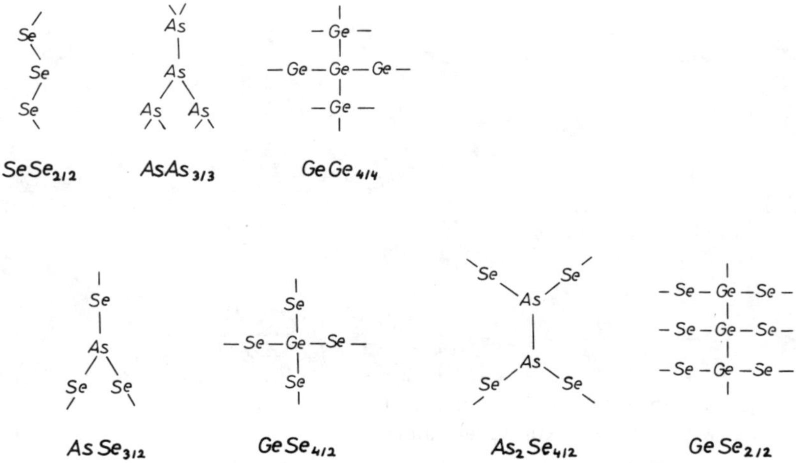

$SeSe_{2/2}$ $AsAs_{3/3}$ $GeGe_{4/4}$

$AsSe_{3/2}$ $GeSe_{4/2}$ $As_2Se_{4/2}$ $GeSe_{2/2}$

Bild 3.6: Mögliche Nahordnungs-Struktureinheiten bei Chalkogenidgläsern des Systems Se-Ge-As. Je nach Zusammensetzung des Glases können größere oder kleinere Anteile der verschiedenen Einheiten auftreten.

Die bisherigen Überlegungen basierten auf kristallchemischen Betrachtungen, zum Beispiel Größenverhältnisse, Bindung, Raumerfüllung u. a. Man hat nun versucht, mit Hilfe der Röntgenbeugung diese Strukturvorstellungen zu erhärten. Dies ist zu einem Teil auch gelungen, wenngleich auch hierbei die Schärfe der Aussagen durch die nichtvorhandene Periodizität des Netzwerkes beschränkt ist.

3.3.1 Entmischung

Die meisten Mehrkomponentengläser sind mikroskopisch gesehen aber nun durchaus nicht als homogene Körper zu betrachten. Neben bevorzugter Paar- oder Clusterbildung kann man in ihnen unter Umständen auch definierte Zusammensetzungsschwankungen feststellen, die in der Größenordnung von etwa 3 nm bis zu einigen μm in den Abmessungen reichen können. Es handelt sich dabei um Entmischungsprozesse in zum Beispiel zwei Phasen. Diese Entmischung kann sowohl oberhalb (stabile oder offene Entmischung) als auch unterhalb (metastabile oder Subliquidusentmischung) der Liquiduskurve auftreten. Bei Raumtemperatur können die verschiedenen Phasen glasig sein, man spricht dann von einer Glas-in-Glas-Entmischung. Nachweisen läßt sich dieser Entmischungsprozeß zum Beispiel optisch (Trübung bei geeigneter Größenordnung der entmischten Bezirke) oder elektronenoptisch (Durchstrahlung oder Abdruck). Bild 3.7 zeigt am Beispiel des binären Glassystems Na_2O-SiO_2 auf, wie die Entmischungsgefüge im Falle einer Subliquidusentmischung aussehen können.

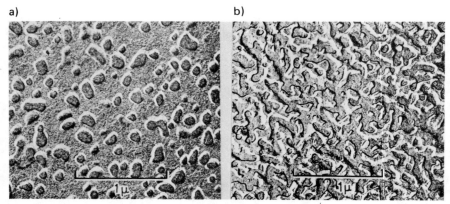

Bild 3.7: Gefüge entmischter Gläser des Systems Na_2O-SiO_2
(elektronenmikroskopischer Abdruck)

    a) 14,8 Mol-% Na_2O, 4 h — Temperung bei 680 °C
       (Keimbildungsmechanismus)

    b) 14,8 Mol-% Na_2O, 8 h — Temperung bei 600 °C
       (Spinodalmechanismus)

Eine mögliche Entmischungstendenz läßt sich aus dem Verlauf der Gibbsschen freien Energie der Mischung, ΔG_m, herleiten. Entmischung in zwei flüssige Phasen tritt dann ein, wenn ΔG_m jeder möglichen einphasigen Mischung größer ist als die Summe der ΔG_m irgendwelcher zwei anderer Phasen des Systems.

Auch aus dem Verlauf der Liquiduskurve läßt sich eine mögliche Entmischungstendenz erkennen. Bei stabiler Entmischung aus der Entmischungskuppel, bei metastabiler Entmischung aus der S-förmigen Liquiduslinie.

Viele Gläser sind also mikroheterogen aufgebaut. Bei technischen Gläsern sind Entmischungen normalerweise unerwünscht. Komponentenreichtum und bereits geringere Gehalte an Al_2O_3 wirken sich hierfür günstig aus.

3.4 Beispiele für technische Glaszusammensetzungen

Tabelle 3.2 zeigt Beispiele für technische Glaszusammensetzungen. Eine Variation der Zusammensetzung erlaubt eine Veränderung der Eigenschaften. Die Tabelle spiegelt bereits die Vielseitigkeit des Werkstoffes Glas wider, die Möglichkeiten sind damit aber noch keineswegs erschöpft. Viele weitere interessante Anwendungen sind entweder bereits realisiert oder denkbar.

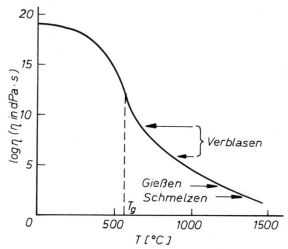

Bild 3.8: Viskositäts-Temperatur-Verlauf eines Na_2O-CaO-SiO_2-Glases. Der Arbeitsbereich der Glasformgebungsverfahren liegt zwischen etwa 10^4 und 10^8 dPa.s

Tabelle 3.2: Beispiele für technische Glaszusammensetzungen

1) *Reines Kieselglas:* $>$ 99,9 Gew. % SiO_2; die Verunreinigungen liegen im ppm-Bereich.
Wärmeausdehnungskoeffizient $5 \cdot 10^{-7}$ K^{-1}
Erweichungstemperatur   1730 °C (aus Bergkristall)
($\epsilon = 10^{7,6}$ dPa.s)   1600 °C (synthetisch)

2) *Vycor-Glas:* 96 Gew. % SiO_2; 3 Gew. % B_2O_3; Rest: Alkalien.
Wärmeausdehnungskoeffizient $8 \cdot 10^{-7}$ K^{-1}
Erweichungstemperatur   1500 °C
dient als „Ersatz-Kieselglas".

3) *Normales Fensterglas:*

SiO_2	72			
Al_2O_3	1,5	,	MgO	3,5
CaO	8,5	,	Na_2O	14,5

(Gew.%)

4) *Geräteglas für chemische Geräte*

SiO_2	80	,	B_2O_3	10			
Al_2O_3	3						
CaO	1	,	MgO	1	Na_2O	5	

(Gew.%)

5) *Flußsäurebeständiges Glas*

P_2O_5	72			
Al_2O_3	18	,	ZnO	10

(Gew.%)

6) *Boratglas für Natriumdampflampen*

B_2O_3	36			
Al_2O_3	27	,	MgO	10
BaO	27,			

(Gew.%)

7) *Optisches Glas, Schwerflintglas* (n_D = 1,8)

SiO_2	28			
PbO	70			
Na_2O	1	,	K_2O	1

(Gew.%)

8) *Halbleitendes Glas* (bei 100 °C: $\sigma = 0,03$ $\Omega^{-1} cm^{-1}$)

SiO_2	40					
Al_2O_3	12	,	Fe_3O_4	18		
CaO	3	,	SrO	3	, Na_2O	24

(Mol%)

$Fe^{3+}/Fe^{2+} \approx 2$

9) *Röntgenstrahlendurchlässiges Glas* (Sog. Lindemannglas)

B_2O_3 83
BeO 2
Li_2O 15 (Gew.%)

10) *Röntgenstrahlenschutz-Glas*

SiO_2 29
PbO 62
BaO 9 (Gew.%)

In der Tabelle wurden nur die Hauptkomponenten aufgeführt, Komponenten mit Anteilen $\leq$ 1 Gew.-% wurden nicht mit aufgenommen, obwohl auch sie oft wichtige Funktionen haben können.

3.5 Eigenschaften von Glasschmelzen

Die herausragendste Eigenschaft der Glasschmelze beruht auf der Tatsache, daß die Viskosität sich über einen weiten Temperaturbereich um viele Größenordnungen kontinuierlich verändern kann, vergleiche Bild 3.8 und Tabelle 3.3. Dieses Verhalten ist gänzlich andersartig als bei den meisten anderen Schmelzen, wo die Viskosität sich beim Übergang flüssig – fest in der Nähe von T_s schlagartig von wenigen cPa.s (Schmelze) zu $> 10^{15}$ dPa.s (Kristall) ändert. Erst durch diese Eigenschaft der Glasschmelze ist die Möglichkeit gegeben, Gegenstände fast beliebiger Form durch die Formgebungsverfahren der Glastechnologie (z. B. Gießen, Blasen, Pressen, Ziehen) herzustellen.

Die Viskosität einer speziellen Glasschmelze ist in definierter Weise von der Zusammensetzung abhängig, zum Beispiel Gehalte an Netzwerkbildnern, Flußmittel, Stabilisatoren. Die Temperaturabhängigkeit läßt sich näherungsweise durch die (empirische) Vogel-Fulcher-Tammann-Gleichung

$$\log \eta = A + \frac{B}{T - T_o} \qquad (3)$$

η = Viskosität, A, B, T_o = Konstanten, T = Temperatur (°C), beschreiben. Ein allgemein akzeptiertes Modell, das die η (T)-Abhängigkeit für den ganzen Temperaturbereich zu verstehen gestattet, existiert bisher allerdings noch nicht.

Neben der Viskosität ist noch die Oberflächen- bzw. Grenzflächenspannung der Glasschmelze von Bedeutung, und zwar zum Beispiel für Fragen der Verarbeitung, Benetzung, Haftung usw. Weiterhin hat sich gezeigt, daß durch Wechselwirkung zwischen Gasen und der Glasschmelze höchst unerwünschte Effekte auftreten können, zum Beispiel Veränderung der Eigenschaften, Blasenbildung u. a.

3.6 Eigenschaften des festen Glases

Die Eigenschaften des festen Glases sind umfassend und vielgestaltig. Eine auch näherungsweise vollständige Darstellung ist daher an dieser Stelle ausgeschlossen. An Hand einiger Beispiele werden Einblicke vermittelt, wobei im Vordergrund der mögliche Zusammenhang zwischen Struktur bzw. Aufbau und Eigenschaften stehen soll. Zudem werden lediglich Oxidgläser als derzeit technisch wichtigste Gruppe des Gebietes betrachtet.

3.6.1 Chemische Eigenschaften

Der Laie hält Glas für völlig resistent, kann er in Glasgefäßen doch chemisch aggressive Medien aufbewahren oder gar chemische Reaktionen ausführen. Tat-

Tabelle 3.3: Viskosität von Glas und Glasschmelze, Angabe einiger ,,Fixpunkte''

$\eta/dPa \cdot s$	Bezeichnung	
10^{19}	Glas bei Raumtemperatur	
$10^{14,5}$	Unterer Kühlpunkt	
$10^{13,6} - 10^{13,0}$	Transformationspunkt	Einfrierbereich
$10^{13,0}$	Oberer Kühlpunkt	
$10^{11,3}$	Dilatometrischer Erweichungpunkt	
$10^{7,6}$	Littletonpunkt	
10^{5}	Fließpunkt	Verarbeitungsbereich
$10^{4,22}$	Einsinkpunkt	
$10^{2,5}$	Liquidustemperatur	Schmelz- und Läuterbereich
10^{2}	Gießtemperatur	

sächlich ist Glas aber keineswegs völlig resistent, wenngleich es wegen des oft geringen Ausmaßes der möglichen Reaktionen sehr schwierig ist, diese zu verfolgen.

Die Glasoberfläche eines frisch hergestellten Glases weist offene Bindungen aus. Diese reagieren sehr rasch zum Beispiel mit dem H_2O der umgebenden Atmosphäre und sättigen sich zum Beispiel unter Bildung von $\equiv Si - OH -$ Gruppen ab. Dicke und Anordnung dieser so veränderten Schicht hängen wesentlich von der Zusammensetzung des Glases und der Feuchtigkeit der Atmosphäre ab. (Wenn in diese Schicht weitere Moleküle, zum Beispiel H_2O-Moleküle, eingelagert werden, spricht man von der Bildung einer Gelschicht.) Eine Folge dieser Gelschicht ist zum Beispiel die unterhalb 100 °C auftretende erhöhte elektrische Oberflächenleitfähigkeit des Glases, die die eigentlich vorhandenen guten Isolatoreigenschaften stark vermindern kann. Die frische Glasoberfläche kann aber auch andere Gase oder Dämpfe physikalisch adsorbieren oder chemisorbieren. Im ersteren Fall werden zum Beispiel Edelgase, N_2, H_2 usw. in der Nähe einer $\equiv Si - OH -$ Gruppe angelagert, während im zweiten Fall eine Reaktion mit der $\equiv Si - OH -$ Gruppe auftritt, beispielsweise mit CO_2, NH_3 usw.

Relativ komplex und noch längst nicht in allen Einzelheiten erforscht ist der Reaktionsmechanismus des Glases mit Wasser oder wäßrigen Lösungen. Um die ablaufenden Reaktionen übersichtlicher zu gestalten, soll zunächst der Angriff einer sauren, später dann einer alkalischen Lösung betrachtet werden.

In sauren Lösungen tritt als erstes ein Ionenaustausch zwischen den Alkaliionen des Glases und den H^+- oder H_3O^+-Ionen der Lösung gemäß folgender Gleichung auf

$$(M^+)_{Glas} + (H^+/H_3O^+)_{Lösung} \rightleftharpoons (M^+)_{Lösung} + (H^+/H_3O^+)_{Glas} \qquad (4)$$

Das Silicatnetzwerk wird durch diese Reaktion nicht beeinflußt, der Prozeß läuft als Interdiffusion in den Hohlräumen der Struktur ab. Das Glas, das ursprünglich zum Beispiel $-ONa$-Gruppen enthält, weist nach dem Austausch zum Beispiel $-OH$-Gruppen aus, die zum Beispiel durch IR-Spektraskopie dort nachgewiesen werden können. Solange es sich um einen reinen Ionenaustauschprozeß handelt, läßt sich die Zeitabhängigkeit durch

$$M \sim t^{1/2} \qquad (5)$$

beschreiben, wenn M = Menge des in Lösung gegangenen Alkalis und t = Zeit sind. Je länger dieser Prozeß abläuft, um so resistenter wird das Glas, denn der Weg des Alkalis zur Glasoberfläche wird immer weiter.

Nun zeigt das Experiment jedoch sehr bald, daß selbst in stark sauren Lösungen die in Gleichung (5) aufgeführte Zeitabhängigkeit nicht lange erfüllt bleibt, und die Analyse des Ausgelaugten weist neben den Alkalien auch zum Beispiel Silicatanionen aus. Dies läßt sich auf die Wirkung von OH^--Ionen der Lösung zurückführen, die ja stets in bestimmten Konzentrationen vorhanden sind, schematisch durch

$$\equiv Si - O - Si \equiv\ +\ OH^- \rightarrow\ \equiv Si - O^-\ +\ \equiv Si - OH \tag{6}$$

Die OH-Gruppe spaltet also die feste Si-O-Si-Bindung auf und führt zur Bildung einer wasserlöslichen $\equiv$Si-O$^-$-Gruppe. Ionenaustausch und Netzwerkkorrosion überlagern sich stets, so daß zwischen Glas und einer wäßrigen Lösung kein Gleichgewicht, höchstens ein stationärer Zustand möglich ist. Während der reine Ionenaustausch zum Beispiel die optischen Eigenschaften der Glasoberfläche praktisch nicht beeinflußt, führt die Netzwerkauflösung zu deutlichen Schäden von einigen µm Durchmesser, so daß die Glasoberfläche aufgerauht wird und ihre optische Güte verliert.

Ein chemisch resistentes Glas darf also möglichst wenig Alkalien enthalten, weiterhin sollte das Netzwerk gut stabilisiert sein, was zum Beispiel durch Ersatz eines Teiles von SiO_2 durch einen anderen Netzwerkbildner, zum Beispiel B_2O_3, geschehen kann. Ein Anteil an Al_2O_3, das von den OH-Ionen nicht angegriffen wird, ist ebenfalls günstig. Soll ein Glas speziell HF-beständig sein, darf es kein SiO_2 enthalten, da sonst die Reaktion zu flüchtigem SiF_4 eintritt. Soll das Glas für Natrium-

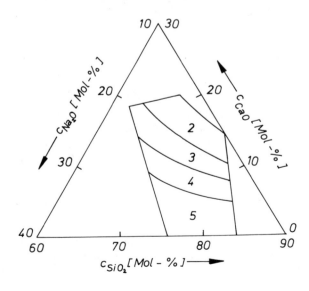

Bild 3.9:
Hydrolytische Klassen nach DIN 12 111 im Glassystem Na_2O-CaO-SiO_2

dampflampen verwendbar sein, darf es ebenfalls kein SiO_2 enthalten, da Na-Dampf SiO_2 zu metallischem, dunkelfärbendem Si reduziert, vergleiche auch Tabelle 3.2, Beispiel 6.

Die technischen Verfahren zur Prüfung der Säurebeständigkeit, Laugenbeständigkeit bzw. Wasserbeständigkeit sind in DIN 12 116, DIN 52 322 bzw. DIN 12 111 genormt. Die speziellen Meß- und Arbeitsvorschriften sind damit festgelegt, und die untersuchten Gläser werden, je nach Reaktionsfähigkeit, in vier Säureklassen, drei Laugenklassen bzw. fünf hydrolytische Klassen eingeteilt, in denen die jeweils erste Zahl die höchste Beständigkeit angibt. Nimmt man beispielsweise die hydrolytische Beständigkeit des vielen technischen Gläsern zugrundeliegenden Grundsystems Na_2O-CaO-SiO_2, vergleiche Bild 3.9, so kann man daraus erkennen, wie stark sich diese Eigenschaft in Abhängigkeit von der Zusammensetzung verändern kann.

3.6.2 Mechanische Eigenschaften

Oxidgläser sind i. a. als Prototypen für den spröd-elastischen Körper anzusehen. Obwohl ihre theoretische Festigkeit (das ist die Festigkeit, die aus der Stärke der Bindungen resultiert) Werte bis $3 \cdot 10^{10}$ N/m^2 annehmen kann, beträgt ihre reale Festigkeit nur 1/100 oder gar 1/1000 dieses Wertes. Wie ist diese Diskrepanz zu erklären?

Frisch hergestelltes (jungfräuliches) Glas weist zunächst hohe Festigkeitswerte aus. Sehr bald nachdem es aber mit der Umwelt in Berührung gerät, sinkt die Festigkeit stark ab. Man kann sich dies so vorstellen, daß die Glasoberfläche entweder chemisch (vgl. vorigen Abschnitt) oder mechanisch (z. B. durch Berühren) beeinflußt wird, so daß als Folge sehr viele kleine Fehler (wesentlich kleiner als 1 μm) auf ihr entstehen, die dann bei Belastung als Bruchursprung dienen können. Die reale Festigkeit eines Glasgegenstandes wird also durch die Festigkeit der Oberfläche und nicht durch die des Volumens bestimmt.

Da Glas als Gebrauchsartikel des täglichen Lebens nicht im Ultrahochvakuum aufbewahrt werden kann, besteht praktisch keine Möglichkeit, diese Mikrofehler zu vermeiden. (Ausnahme: dünnste Glasfasern, die tatsächlich eine hohe Festigkeit ausweisen. Auf ihnen haben, bildlich gesprochen, nur wenige Mikrofehler Platz). Die einzige Möglichkeit besteht darin, ihre Wirkung aufzuheben oder wenigstens zu vermindern. Dies geschieht durch Einbau einer Druckspannungszone in die Glasoberfläche. Diese Druckspannung preßt die Mikrofehler zusammen, und die Festigkeit des Glasgegenstandes wird dadurch mindestens um den Druckspannungswert erhöht.

Es gibt experimentell mehrere Möglichkeiten, die Glasoberfläche unter Druck zu setzen. Die zwei wichtigsten, die auch technische Anwendung finden, sollen hier kurz skizziert werden. Im ersten Fall, es handelt sich um die sogenannte thermische Härtung (das Glas wird fester aber nicht härter!), wird die noch heiße Glasmasse an der Oberfläche durch Anblasen mit kalter Luft sehr rasch unter T_g abgekühlt und zur Erstarrung gebracht. Die Glasmasse im Innern kühlt dagegen wesentlich langsamer ab. Aus dieser Prozedur resultiert letzten Endes dann eine Spannungsverteilung, wie sie in Kurve 1 des Bildes 3.10 am Beispiel einer Glasplatte schematisch dargestellt ist. Im zweiten Fall, der sogenannten chemischen Härtung, wird eine Ionenaustauschreaktion zwischen Glasoberfläche und einer Salzschmelze ausgeführt. Ersetzt man nämlich bei Temperaturen unterhalb T_g kleinere Alkaliionen des Glases durch größere der Salzschmelze gemäß der Gleichung

$$(Na^+)_{Glas} + (K^+)_{Schmelze} \rightleftharpoons (Na^+)_{Schmelze} + (K^+)_{Glas} \qquad (7)$$

so setzen die größeren Ionen wegen des erhöhten Platzbedarfes die betroffene Glasschicht unter Druck, vorausgesetzt, das Glasgerüst ist für die Spannung stabil genug. Der genannte Ionenaustausch ist durch Dauer, Temperatur bzw.

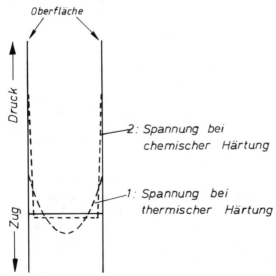

Bild 3.10: Spannungsverlauf bei thermischer bzw. chemischer Härtung am Beispiel einer Glasplatte (schematisch)

einwirkendes Medium in weiten Grenzen zu steuern. Die aus ihm resultierende Spannungsverteilung ist in Kurve 2 der Bildes 3.10 dargestellt. Grundsätzlich ist durch Ionenaustausch eine höhere Druckspannung an der Oberfläche erzeugbar als bei thermischer Behandlung, sie ist außerdem auf ein geringeres Gebiet des Glases beschränkt (z. B. 50 µm Dicke), wodurch auch die im Glasinnern sich zur Kompensation ausbildende Zugspannung geringer ist.

Thermische Härtung wird seit langem zum Beispiel bei Autoscheiben angewandt (Sekuritglas). Die chemische Härtung, die auch auf komplizierter geformte Gegenstände anwendbar ist, hat sich in der Praxis trotz ihrer Vorteile nur in speziellen Fällen (z. B. Brillengläser) durchsetzen können, denn bedingt durch den zusätzlichen Arbeitsgang des Ionenaustausches ist mit erhöhten Kosten im Vergleich zur technisch wesentlich leichter ausführbaren thermischen Härtung zu rechnen. Die Entwicklung ist allerdings noch nicht abgeschlossen.

Bild 3.11 zeigt eine Gegenüberstellung der verschiedenen Glasfestigkeiten und der Methoden zu deren Erhöhung. Selbstverständlich können die Mikrofehler

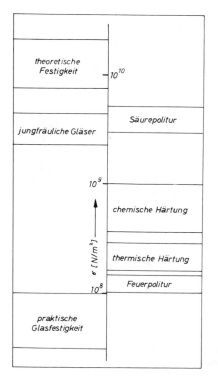

Bild 3.11:
Schematische Gegenüberstellung der verschiedenen Glasfestigkeiten

der Oberfläche auch durch Verfahren wie Säure- oder Feuerpolitur entfernt werden, man muß allerdings zu diesen Methoden bemerken, daß ihre Wirkung zum Teil nur vorübergehend ist, denn die Fehler können bei entsprechender Wechselwirkung mit der Umwelt wieder entstehen.

3.6.3 Weitere Eigenschaften

Als weitere wichtige und interessante Eigenschaften des festen Glases sind zu nennen: thermische, optische und elektrische Eigenschaften. Diese sollen hier nur stichwortartig gestreift werden, nähere Einzelheiten entnehme der Leser der Literatur.

In der alltäglichen Erfahrung ist Glas als wenig resistent gegenüber plötzlichen Temperaturwechseln bekannt. Die Ursache hierfür liegt in der relativ großen thermischen Ausdehnung vieler Gläser begründet, die leicht zu mechanischen Spannungen führen kann, welche die geringe praktische Festigkeit übersteigen. Auch hier wurden wesentliche Fortschritte erzielt, wobei das Schwergewicht auf der Entwicklung von Gläsern oder Glaskeramiken spezieller Zusammensetzungen liegt. So gibt es heute Substanzen dieser Art, die einen plötzlichen Temperaturwechsel von vielen hundert Grad unbeschadet überstehen. Die neueste Entwicklung liegt auf dem Gebiet der sogenannten Brandschutzgläser.

Die optische Transparenz vieler Gläser gehört zu den wichtigsten, aber wohl auch zu den ältesten, den Menschen faszinierenden Eigenschaften. Auf diesem Gebiet sind viele Entwicklungstendenzen zu beobachten. Das Feld der optischen Gläser (Lichtbrechung, Dispersion) ist inzwischen außerordentlich umfangreich, wobei die speziellsten Zusammensetzungen erzielt wurden. Andere Entwicklungen betreffen die UV- und/oder die IR-Durchlässigkeit oder die Entwicklung gefärbter Gläser (Filter, Augenschutzgläser, Sonnenschutzgläser u. a.). Fototrope Gläser und fotosensitive Gläser sind weiterhin zu nennen. Als neueste Entwicklung wird derzeit die Möglichkeit der Verlegung von optischen Glasfasern geringster Dämpfung für die Nachrichtenübertragung erprobt.

Die meisten Oxidgläser sind elektrische Isolatoren mit einem spezifischen Widerstand $\rho > 10^{12}$ Ω cm bei Raumtemperatur. Der elektrische Strom wird dabei von den Alkaliionen durch die Hohlräume des Netzwerks transportiert. Durch Variation der Zusammensetzung des Glases läßt sich der elektrische Widerstand sehr stark verändern, am stärksten bei Mischalkaligläsern. Dies sind Gläser, bei denen zwei Alkalien, zum Beispiel Natrium und Kalium, im Glas nebeneinander vorliegen. Während die reinen Ausgangsgläser normales Verhalten aufweisen, kann der spezifische elektrische Widerstand bei einem Glas mit etwa gleichen Molanteilen der beiden Alkalien um zwei bis fünf Größenordnungen erhöht sein. Dieser „Mischalkalieffekt", der theoretisch noch nicht sehr gut verstanden wird, könnte interessante technische Anwendungen zur Folge haben.

Halbleitende Eigenschaften können bei Oxidgläsern durch Einbau von Elementen mit unterschiedlichen Valenzen, zum Beispiel Fe, Ti, Mn, V, erzielt werden. Das Glasnetzwerk stellt dabei die inerte Matrix dar, der Stromtransport wird durch Elektronen- oder Defektelektronenübergänge bewirkt. Fernordnung ist in diesem Fall nicht notwendig, eine Nahordnung ist für diesen Effekt allerdings Voraussetzung.

3.7 Schlußbetrachtung

Glas und seine Eigenschaften sind aufgrund der großen chemischen Zusammensetzungsbreite sehr stark variierbar. Die gewünschte Eigenschaft kann dabei entweder bereits bei der Herstellung des Glases durch Beimengen der geeigneten Komponenten oder aber durch entsprechende Zwischen- oder Nachbehandlung erzielt werden. Die Zahl der in Anwendung, Erprobung bzw. Entwicklung befindlichen Glasgegenstände ist groß, wobei auch stets die Konkurrenzsituation im Vergleich zum Beispiel zu keramischen, metallischen oder organischen Werkstoffen gesehen werden muß.

Die Erforschung des Glases leidet zum einen an der Tatsache, daß alle Aussagen in ihrer Schärfe durch die wenig bekannte Struktur beeinflußt sind. Oft sind es daher nur Analogiebetrachtungen im Vergleich zu Eigenschaften des kristallinen Zustandes oder man schließt aus den gemessenen Eigenschaften auf die mögliche Anordnung der Struktur zurück. Zum anderen bereitet der Glaszustand thermodynamisch gesehen Schwierigkeiten. Beides zusammen, mittlerer Ordnungszustand der Struktur und thermodynamisches Ungleichgewicht gestalten die quantitative Behandlung ungleich schwieriger als bei anderen Substanzen.

4
Chemische Prüfung von Glas

Die Normprüfverfahren
Grundlagen, Verfahren, Entwicklung, Aussage, Relevanz für die Praxis.

Dr. A. Peters

4.1 Allgemeines

Glas wird hier definiert als ein isotroper fester Stoff, der aus einem dreidimensionalen Silikatnetzwerk besteht, das zusätzlich andere Oxide enthalten kann, die ebenfalls Netzwerke zu bilden vermögen, wie zum Beispiel Bortrioxid oder Phosphorpentoxid, und aus in dieses Netzwerk eingelagerten Kationen. Diese werden auch als Netzwerkwandler bezeichnet, da sie eine Si-O-Si-Brücke sprengen, wie es in Bild 4.1 im Schema dargestellt ist. Es gibt kaum ein Element des Periodensystems, das nicht in Glas eingebaut werden könnte.

Bei der Untersuchung des chemischen Verhaltens von Glas werden die bei der Wechselwirkung mit angreifenden Agentien aus dem Glas herausgelösten Bestandteile bestimmt. Dies sind entweder die aus dem Silikatgitter stammenden Kationen, an deren Stelle andere Ionen, meist Dissoziationsprodukte des Wassers, eingelagert werden, oder es wird das gesamte Kieselsäuregerüst abgebaut. In allen Fällen wird die erfolgte Änderung entweder am Glas selbst (gravimetrische Bestimmung des Gewichtsverlustes) oder in der angreifenden Lösung (Bestimmung von spezifischen Glaskomponenten, besonders z. B. der Alkaliionen) messtechnisch erfaßt [1]. Da Glas aus der feuerflüssigen Schmelze entweder in Formen gepreßt, geblasen oder, wie im Falle von Röhren oder von Flachglas, frei an der Luft gezogen wird, weisen Glasgegenstände ohne mechanische Oberflächen-Nachverarbeitung (Schliff, Politur) praktisch immer eine mehr oder weniger veränderte Oberflächenschicht gegenüber dem Grundglas auf: aus der Oberfläche verdampfen je nach Temperaturführung leichter flüchtige Bestandteile, wie zum Beispiel Alkali- oder Bor-Oxide. Zwar werden infolge von Diffusion aus den Zonen der höchsten Temperatur, das sind die zentralen Schichten im Glasquerschnitt, die verdampften Elemente mit den charakteristischen Diffusionsgeschwindigkeiten wieder nachgeliefert, jedoch wird dieser Konzentrationsausgleich durch die Abkühlung von außen her schnell gestoppt. Durch die Verdampfung erlangt die oberste Schicht, meist nur einige zehntel µm dick, die genannte Zusammensetzungsänderung, womit sich ihr chemisches Resistenzverhalten, wenn auch ggf. nur geringfügig, ändert. Zum Beispiel erhöht sich bei den Borosilicatglasarten infolge der Verarmung an den eben genannten Elementen die Konzentration der verbleibenden schwerflüchtigen Elemente wie besonders Kieselsäure und Aluminiumoxid, so daß die chemische Resistenz dieser dünnen Oberflächenschicht ein wenig besser ist als die des darunter liegenden Grundglases.

Die so aus dem Schmelzfluß erhaltene Originaloberfläche wird auch „Feuerpolitur" genannt. Aber auch andere Einflüsse können die Oberfläche verändern, zum Beispiel Abdrücke von Werkzeugen, Eindrücke von darauf vorhandenen Schmiermitteln, von Abrieb, Wechselwirkungen mit vorher verdampften Glasbestandteilen usw.

Oberflächenveränderungen werden auch im technischen Umfang herbeigeführt, sofern die neuen Eigenschaften für den ins Auge gefassten Anwendungsbereich günstiger sind. Als Beispiel mag das „Schwefeln" genannt werden, eine sogenannte Vergütungs-Methode, mit der Kalknatronglas (ein Werkstoff mit minderer Wasserbeständigkeit) in Form von Behältnissen für die pharmazeutische Industrie mit zum Beispiel Schwefeldioxidgas behandelt wird [2]. Dabei wird das in der Oberfläche befindliche Alkalioxid neutralisiert. Es wird löslich und kann durch Spülen mit Wasser entfernt werden. Die so an Alkali verarmte Oberfläche zeigt nun eine bessere hydrolytische Oberflächenbeständigkeit. Dies läßt bereits erkennen,

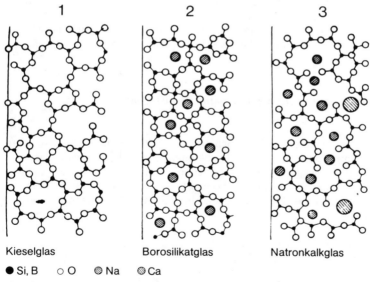

Kieselglas   Borosilikatglas   Natronkalkglas

● Si, B   ○ O   ◐ Na   ◉ Ca

Struktur verschiedener Glastypen in schematischer, planarer Darstellung.

Bild 4.1:   Schema des Glasaufbaues

daß eine wie auch immer entstandene Veränderung der Oberflächenschicht aufgrund ihres veränderten chemischen Verhaltens meßbar ist, wenn die Methoden empfindlich genug sind.

Wenn Glas auf sein chemisches Verhalten hin geprüft werden soll, so muß vorher entschieden werden, ob die Prüfung das Verhalten im Anlieferungszustand, also mit der originalen Feuerpolitur, oder das Verhalten der gesamten Glasmasse (Glas als Werkstoff) zum Gegenstand haben soll. In diesem Fall muß die Oberfläche mit geeigneten Mitteln, zum Beispiel mittels Abätzen, entfernt werden. Aus dem Gesagten wird klar, daß die Frage nach dem chemischen Verhalten von Glas meist zugleich die Frage nach der Beschaffenheit der Glasoberfläche impliziert.

Wenn Glas mit anderen Stoffen in eine chemische Wechselwirkung tritt, die die Oberfläche deutlich erkennbar verändern, wird dies bekanntlich als Korrosion bezeichnet. Die Glaskorrosionen beginnen also von der Oberfläche aus.

Das grundsätzliche chemische Verhalten von Glas soll möglichst mittels objektivierter Meßmethoden erfaßt werden, die erhaltenen Meßergebnisse sollen reproduzierbar und — unabhängig vom messenden Laboratorium — vergleichbar sein. Daher ist man bestrebt, sich möglichst der anerkannten Normverfahren zu bedienen, die aufgrund bewährter Methoden und ihrer detailliert beschriebenen und festgelegten Versuchsdurchführung die oben genannten Voraussetzungen erfüllen. Für die Prüfung von Glas sind derartige Normen ausgearbeitet worden, und zwar entsprechend den im nächsten Abschnitt beschriebenen drei Angriffsmechanismen für die hydrolytische, die saure und die alkalische Beanspruchung.

4.2 Prinzipielles zum chemischen Angriff auf Glas

Wenn Glas chemisch reagiert, so ist in den weitaus meisten Fällen Wasser in Form seiner Dissoziationsprodukte H^+ und OH^- beteiligt. Die Fälle, in denen Glas im wasserfreien Medium reagiert, sind äußerst selten. Dann wird normalerweise das Kieselsäuregerüst direkt umgewandelt, das heißt das Glas zerstört. Da sich dies auf sehr wenige Ausnahmen beschränkt, sind hierfür keine Prüfvorschriften entwickelt worden.

Für die übliche chemische Wechselwirkung von Glas mit Wasser wird der Zusammenhang zwischen den beteiligten Dissoziationsprodukten des Wassers über die Wasserstoff-Ionen-Konzentration (Definition des pH-Wertes) gegeben. Für die Praxis lassen sich daraus drei Reaktionsmechanismen ableiten: der saure (pH $<$ 4), der alkalische (pH $>$ 10) und der dazwischen stehende hydrolytische Angriff wässrig-neutraler Medien (Bild 4.2).

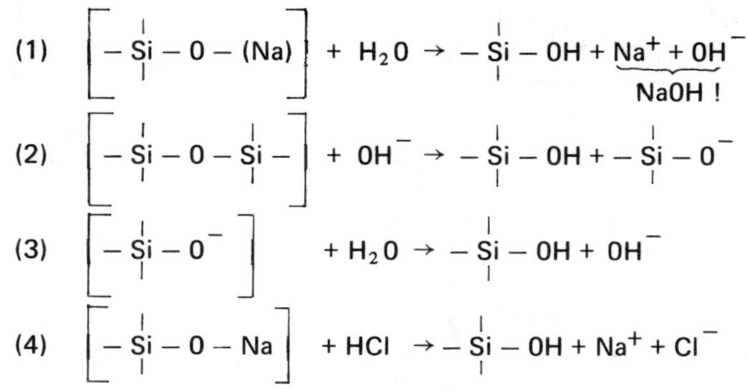

(1) $\left[-\underset{|}{\overset{|}{Si}} - O - (Na)\right] + H_2O \rightarrow -\underset{|}{\overset{|}{Si}} - OH + \underbrace{Na^+ + OH^-}_{NaOH\,!}$

(2) $\left[-\underset{|}{\overset{|}{Si}} - O - \underset{|}{\overset{|}{Si}} -\right] + OH^- \rightarrow -\underset{|}{\overset{|}{Si}} - OH + -\underset{|}{\overset{|}{Si}} - O^-$

(3) $\left[-\underset{|}{\overset{|}{Si}} - O^-\right] + H_2O \rightarrow -\underset{|}{\overset{|}{Si}} - OH + OH^-$

(4) $\left[-\underset{|}{\overset{|}{Si}} - O - Na\right] + HCl \rightarrow -\underset{|}{\overset{|}{Si}} - OH + Na^+ + Cl^-$

Bild 4.2: Chemische Reaktionsmechanismen bei der Einwirkung von Wasser (hydrolytischer Angriff) (1), beim alkalischen (2,3) sowie beim sauren Angriff (4).

Man hat es jedoch nur selten mit einer reinen derartigen Beanspruchung zu tun, im Einzelfall tritt eine Überlagerung durch viele Faktoren ein, zum Beispiel kann der Angriff durch andere Ionen erhöht oder erniedrigt werden. Hier soll nur das Prinzip dargelegt werden. Ferner gilt auch für den Glasangriff das allgemeine Gesetz, daß die Geschwindigkeit chemischer Reaktionen mit steigender Temperatur nach einer e-Funktion erhöht wird (Bild 4.3).

4.2.1 Die hydrolytische Beanspruchung (neutraler Angriff)

Bei der hydrolytischen Beanspruchung werden bevorzugt die in der Oberflächenschicht befindlichen, leicht löslichen Elemente der Alkaligruppe herausgelöst. An ihre Stelle treten meist die H^+-Ionen aus der Wasserdissoziation (Bild 4.2, Gl. 1). Die im Wasser verbleibenden OH^--Ionen lassen sich stöchiometrisch den gelösten Alkali-Ionen zuordnen, es ist also zum Beispiel gelöstes „NaOH" (Natronlauge) entstanden. Je nach Menge der gelösten Alkali-Ionen nimmt die Menge der Hydroxid-Ionen OH^- zu, das Wasser wird alkalischer, der pH-Wert steigt an. Diese OH-Ionen-Konzentration läßt sich mittels Titration mit Säuren quantitativ bestimmen. Aber auch die gelösten Na-Ionen können direkt mit Hilfe empfindlicher Verfahren, wie zum Beispiel der Flammenfotometrie, quantitativ bestimmt werden.

Mit zunehmender Temperatur nimmt auch hier die Menge der gelösten Ionen zu (Bild 4.4), bei gleicher Temperatur jedoch als Funktion der Zeit ab, prinzipiell ähnlich, wie es für den Säureangriff in Bild 4.5 dargestellt ist.

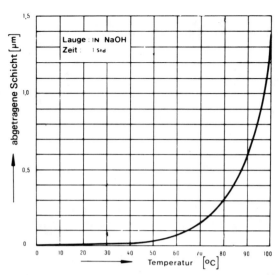

Bild 4.3: Laugenangriff an Borosilicatglas 3.3 [20] als Funktion der Temperatur

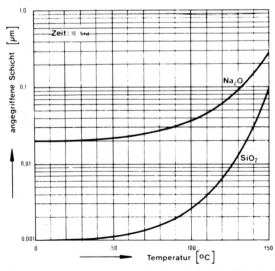

Bild 4.4: Wasserangriff an Borosilicatglas 3.3 als Funktion der Temperatur

Die Ursache liegt darin, daß die Lösung aus dem Silikatgitter heraus mit zunehmender Schichttiefe nur über Diffusionsprozesse stattfinden kann, denn das Silikatgitter bleibt, zusammen mit anderen in Wasser schwerlöslichen Oxiden wie Al_2O_3, CaO usw., stehen.

4.2.2 Der saure Angriff

Vom Prinzip her ähnlich wie der hydrolytische funktioniert der saure Angriff der meisten Mineralsäuren wie HCl, H_2SO_4, HNO_3, aber auch Essigsäure usw.: im vereinfachten Schema werden die Kationen der Oberflächenschichten, soweit sie im umgebenden Medium löslich sind, gegen H^+-Ionen ausgetauscht (Bild 4.2, Gl. 4). Solange Silizium der Hauptgerüstbildner des beanspruchten Glases ist, werden diese Reaktionen wegen der Schwerlöslichkeit der Kieselsäure im sauren Medium bald erheblich verlangsamt, der Abtrag nimmt als Funktion der Zeit einen parabelähnlichen Verlauf. Ein typisches Beispiel ist mit Bild 4.5 wiedergegeben, in dem aus der Menge der abgegebenen Na- und Si-Ionen die angegriffene Schichtdicke berechnet wurde.

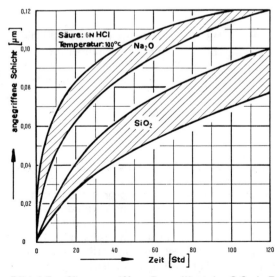

Bild 4.5: Säureangriff an Borosilicatglas 3.3 als Funktion der Zeit

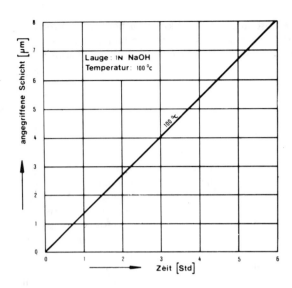

Bild 4.6: Laugenangriff an Borosilicatglas 3.3 als Funktion der Zeit

Es soll an dieser Stelle eingefügt werden, daß es zwei Mineralsäuren gibt, die die Eigenschaft haben, Glas aufgrund der Auflösung auch des Kieselsäuregerüstes in sehr starkem Umfang zu zerstören: dies ist die Flußsäure in allen Konzentrationen und bei allen Temperaturen und die Phosphorsäure in konzentrierterer Form bei hohen Temperaturen.

4.2.3 Der alkalische (Laugen-) Angriff

Bei OH-Ionen-Konzentrationen entsprechend pH-Werten über 10 sprechen wir vom eigentlichen alkalischen Angriff. Dabei werden praktisch alle Gläser mit zunehmender OH-Ionen-Konzentration zunehmend stark angegriffen. Mit den weitaus meisten der üblichen Glasbestandteile werden lösliche Verbindungen gebildet, das gilt für die Netzwerkbildner wie Si, B, P ebenso wie für die Netzwerkwandler Na, K, Al, Pb. Dazu werden die Si-O-Si-Brücken gesprengt (Bild 4.2, Gl. 2). Das bedeutet, daß das Glas gleichmäßig abgetragen und nicht nur in der Oberfläche ausgelaugt wird. Der Abtrag verläuft als Funktion der Zeit gradlinig weiter (Bild 4.6).

4.3 Die Entwicklung der Prüfnormen

Historisch gesehen waren es die von Otto SCHOTT neu entwickelten, besonders resistenten Borosilicatgläser für Labor und technische Chemie, die den Anstoß zur Erarbeitung von Prüfnormen gaben. Diese Gläser mußten besonders starken chemischen Beanspruchungen Stand halten, der Anwender wollte die Fähigkeit dazu garantiert haben. Entsprechend wurden die drei klassischen Grundnormen zur Prüfung der hydrolytischen (Grießtest nach DIN 12 111), der Säure-(DIN 12 116) und der Laugen-Beständigkeit (DIN 52 322) ausgelegt (Tab. 4.1).

Entsprechend den Anforderungen waren diese Prüfungen sehr hart: für die Säureprüfung wurde die am stärksten wirkende halbkonzentrierte Chlorwasserstoffsäure bei ihrer Siedetemperatur gewählt, für die Laugenprüfung die ebenfalls besonders stark angreifende Mischlösung aus gleichen Teilen Raumteilen Natriumhydroxid, c (NaOH) = 1 mol/l und Natriumcarbonat, c (Na_2CO_3) = 0,5 mol/l, ebenfalls bei ihrer Siedetemperatur.

Diese in Deutschland bereits früh entwickelten Normverfahren wurden zum Teil weltweit übernommen und in Deutschland auch für andere Werkstoff-Prüfnormen richtungsweisend.

Im Laufe der Zeit wurde aufgrund der Möglichkeiten, durch verschiedenartige Zusammensetzung Gläser für die unterschiedlichsten Anwendungsgebiete mit den verschiedensten Eigenschaften zu entwickeln, die Glaspalette immer breiter (vgl. Glastypen, Abschnitt 5.1). Die mit der oben genannten begrenzten Zielrich-

Tabelle 4.1: Übersicht über die ältesten Glas-Prüfnormen

Titel	DIN-Nr.	geltende Ausgabe	frühere Ausgaben	
Bestimmung der Wasserbeständigkeit (Grieß-Titrations-Verfahren)	12 111	5/76	DIN-DENOG 62 DIN 12 111 DIN 12 111 DIN 12 111	9/35 7/47 5/56 1/62
Bestimmung der Laugenbeständigkeit (Gravimetrie)	52 322	5/76	DIN 12 122 DIN 12 891 DIN 52 322	10/43 1/45 10/57
Bestimmung der Säurebeständigkeit (Gravimetrie)	12 116	5/76	Vornormen: DIN 12 116 DIN 12 116	 10/43 11/60

tung ausgearbeiteten Prüfvorschriften wurden nun auch auf diese neuen Gläser angewendet. Dabei erwies sich, daß die vergleichsweise harten Prüfbedingungen nicht für alle Glasarten von vornherein die gleichen, für die Praxis relevanten Aussagen geben. Es muß also bei ihrer Anwendung sorgfältig bedacht werden, ob die erhaltenen Prüfergebnisse für die konkret betrachtete Glasart die gewünschten Informationen im Hinblick auf den Anwendungsfall geben bzw. geben können. Zum Beispiel wäre die Anwendung der Säurenorm DIN 12 116 mit siedender halbkonzentrierter Salzsäure für die Prüfung der meisten optischen Gläser bezüglich ihrer Anfälligkeit gegenüber saurer Beanspruchung wie zum Beispiel durch Schweiß sicherlich nicht geeignet, diese konkrete Frage vernünftig zu beantworten.

Andererseits gestatten die drei Grundverfahren jedoch in den meisten Fällen die Einordnung der Glasarten in Beständigkeitsklassen.

Im Maße, wie die Gläser komplizierter und spezieller wurden, wurden auch die Anforderungen differenzierter. So stellte sich heraus, daß für die Prüfung der Wasserbeständigkeit von Glas-Behältnissen die Prüfung der Glasmasse (als Grieß) für die Fragen der Praxis nicht ausreichend ist, daß hier auch die chemische Beständigkeit der originalen Oberfläche von Interesse ist. Dies führte zu einer weiteren Prüfnorm für die hydrolytische Beständigkeit, mit der intakte, ganze Oberflächen im Anlieferungszustand geprüft werden. Als Meßgröße diente zunächst wie beim Grieß der Titrationswert für das ausgelaugte Alkali (früher DIN 52 329, jetzige DIN 52 339, Teil 1). Im Laufe der weiteren Entwicklung dieser Norm trat zum bewährten Meßverfahren der Titration das neuere der Flammenfotometrie zur direkten Bestimmung der ausgelaugten Alkali-Ionen hinzu (DIN 52 339, Teil 2). Dies ist bereits ein Beispiel für die Anwendung empfindlicher moderner Analysentechniken zur Bestimmung spezifischer Ionen, die unter bestimmten Beanspruchungsbedingungen aus dem Glas herausgelöst wurden. Ihre Menge kann als Maß für die chemische Beständigkeit herangezogen werden.

So wurde in Zusammenarbeit von Experten aus den Werkstoffgebieten Glas, Keramik und Email ein Oberflächenverfahren zur Prüfung der Abgabe von Blei- und Cadmium-Ionen aus silikatischen, das heißt Glas-, Porzellan-, Keramik- und Email-Oberflächen unter DIN 51 031 genormt. Diese Prüfung der „Bleilässigkeit" ist von Interesse für den Schutz des Verbrauchers bei der Benutzung von Gebrauchsgegenständen des täglichen Bedarfs vor gesundheitlich bedenklichen Stoffen.

Ebenfalls mit der Bestimmung spezifischer gelöster Ionen beschäftigt sich ein neuer Norm-Entwurf zur Prüfung der Säurebeständigkeit. Die Säureprüfung nach DIN 12 116 erwies sich für hochresistante Gläser als nicht optimal, da die mit dieser Norm ermittelten Gewichtsverluste sehr gering sind. Daher wurde, auf Arbeiten im Hause SCHOTT zurückgehend, an einer neuen Prüfmodifikation gearbeitet, die in internationalen Ringversuchen getestet wurde. Diese Norm lag im deutschen Normenwerk bereits im November 1974 als Gelbdruck unter DIN 12 117 vor, wurde dann aber wegen zu großer experimenteller Schwierigkeiten vorerst zurückgezogen. Durch intensive weitere Arbeit in der internationalen Glaskommission ICG (International Commission on Glass) wurde das Prüfverfahren jedoch optimiert und sicherer gestaltet. Es ist in der internationalen Normung der ISO (International Organization for Standardization) nunmehr unter der Nr. ISO 1176 erschienen und steht im DIN unter DIN ISO 1776 (Aug. 1983) zur Normung an.

Im Maße der engeren internationalen Verflechtungen wurde es notwendig, auch fremde Normen in das Deutsche Normenwerk aufzunehmen. Im Falle der Glasprüfung war dies der Fall bei der US-Glasgrieß-Prüfvorschrift nach ASTM C 225 [3]. Sie wurde bei der ISO unter der Nummer ISO 720 [4] genormt und unter DIN 28 817 in das Deutsche Normenwerk übernommen. Umgekehrt wurde die ähnliche Deutsche Prüfnorm DIN 12 111 unter ISO 719 [5] international genormt, ebenso die Laugenprüfung DIN 52 322 als ISO 695 [6].

Während im Ausland und früher bei der ISO häufig nur die Verfahren als reine Prüfnormen genormt wurden, enthalten die deutschen Glas-Prüfnormen gleichzeitig Klasseneinteilungen. Diese Handhabung hat inzwischen jedoch auch zunehmend in die ISO-Normen Eingang gefunden (ISO 719, 720, 695, geplante 4802). Dies ist für den Anwender der Normen eine wichtige zusätzliche Hilfsgröße, die eine praxisbezogene Klassifizierung zur Grundlage einer Abschätzung des chemischen Verhaltens eines neuen, unbekannten Glases zu machen gestattet.

Neben den genormten Prüfverfahren gibt es natürlich eine Reihe von internen Prüfverfahren, die für spezielle Fragen entwickelt wurden, zum Beispiel für die eigene Qualitätskontrolle. Dies gilt zum Beispiel auch für viele Gläser für die Elektrotechnik, die beim praktischen Gebrauch nicht derartigen chemischen Beanspruchungen wie siedender Chlorwasserstoffsäure 6 mol/l, oder Natronlauge 1 mol/l, ausgesetzt werden, und die auch nicht längere Zeit mit Wasser bei 100 oder 121 °C in Berührung kommen! Eine Übersicht über alle derzeitigen geltenden bzw. vorgeschlagenen Glasprüfnormen gibt die Tabelle 4.2.

4.4 Die speziellen Prüfverfahren

4.4.1 Differenzierung zwischen Prüfung von Glas „im Anlieferungszustand" und „als Werkstoff"

Mehrfach war diese Unterscheidung zwischen der Prüfung der originalen Oberfläche des Glases („im Anlieferungszustand", E: as delivered) und als Werkstoff (der Glasmasse, E: as a material) bereits angesprochen worden. Von der Prüftechnik

Tabelle 4.2: Übersicht über derzeitige Normen bzw. Normentwürfe zur Prüfung des chemischen Verhaltens von Glas. Stand 2/87.

Titel	DIN-Nr.	Ausgabe-Monat	ISO-Nr.	Norm-Grad DIN
1. Grießverfahren zur Prüfung der Wasserbeständigkeit von Glas als Werkstoff bei 98 °C und Einteilung der Gläser in hydrolytische Klassen.	12 111	5/76	719	Norm
2. Grießverfahren zur Prüfung der Wasserbeständigkeit von Glas als Werkstoff bei 121 °C.	28 817	5/76	720	Norm
3. Bestimmung der Säurebeständigkeit (gravimetrisches Verfahren) und Einteilung der Gläser in Säureklassen.	12 116	5/76	–	Norm
4. Bestimmung der Säurebeständigkeit. Spektralfotometrisches Verfahren.	1 776	8/83	1776	Entwurf
5. Bestimmung der Laugenbeständigkeit und Einteilung der Gläser in Laugenklassen.	52 322	5/76	695	Norm
6. Autoklavenverfahren zur Prüfung der Wasserbeständigkeit der Innenoberfläche von Behältnissen aus Glas und Klasseneinteilung. Teil 1: Titrimetrische Bestimmung Teil 2: Flammenfotometrische Bestimmung	52 339	12/80	4802	Norm
7. Bestimmung der Abgabe von Blei und Cadmium aus Bedarfsgegenständen mit silicatischer Oberfläche	51 031	2/86	7086 Part 1	Norm
8. Grenzwerte für die Abgabe von Blei und Cadmium aus Bedarfsgegenständen	51 032	2/86	7086 Part 2	Norm

her immer Werkstoffprüfungen sind die Grießverfahren (vgl. Abschn. 4.4.2.1). Alle anderen Verfahren prüfen zunächst originale Oberflächen, die hydrolytischen Verfahren nach DIN 52 339 ganze Behältnisse, die der Laugen- und Säureprüfnormen Glasabschnitte. Während die Behältnisprüfung im Anlieferungszustand wegen der originalen intakten Gesamtoberfläche die einzige absolute Prüfung des Glases im Anlieferungszustand ist, überschneiden sich bei der Laugen- und Säureprüfung die Eigenschaften der Originaloberfläche (die „Ober- und Unterseiten" der Glasstücke im Anlieferungszustand) mit denen der Glasmasse (die Schnittkanten, wo infolge des Schnitts die innere Glasmasse bloßliegt). Da Laugen Glas stark angreifen, fallen die normalerweise feineren Unterschiede zwischen originaler Oberfläche und Glasmasse nicht ins Gewicht, es ist also praktisch gleichgültig, wie das Verhältnis von originaler zur neugeschaffenen (Schnitt-) Oberfläche ist. Bei den im allgemeinen schwach angreifenden Säuren kann dagegen eine solche Differenzierung gelegentlich durchaus erwünscht sein. Dann ist die Norm, wie zum Beispiel die vorgeschlagene DIN ISO 1776, für die Prüfung der originalen Oberfläche nur auf solche Prüfstücke (mit einer Soll-Oberfläche von 30 − 40 cm^2) anwendbar, die nicht dicker als höchstens 2 mm sind.

In diesem Fall sind nur 10 ± 3 % der Gesamtoberfläche „Glasmassen"-Oberfläche und können vernachlässigt werden.

Andererseits kann jede Prüfnorm zur Bestimmung der Beständigkeit des Glases im Anlieferungszustand auch zu seiner Prüfung als Werkstoff herangezogen werden, wenn alle originalen Oberflächen entfernt werden. Das kann mittels Abätzen mit einem Gemisch verdünnter Fluß- und Salzsäure oder durch mechanischen Abtrag (polieren) geschehen.

4.4.2 Die hydrolytischen Prüfungen (Wasserbeständigkeit)

Hierunter fallen heute drei Norm-Verfahren:
die beiden Grießtitrations-Verfahren nach DIN 12 111 und 28 817 und
die Oberflächenprüfverfahren nach DIN 52 339 (Tabelle 4.3).

Für den wässrigen Angriff wird neutrales, frisch destilliertes Wasser verwendet, das nach nochmaligem Auskochen einen pH-Wert von etwa 5,5 zeigt. Als Temperatur wurde eine Temperatur dicht unter dem Siedepunkt des Wassers (98 °C) gewählt bzw. 121 °C bei einer Atmosphäre Überdruck. Diese Temperatur spielt für die Sterilisation in der Praxis eine Rolle. Geprüft wird entweder Glasgrieß oder die originale Oberfläche.

Tabelle 4.3: Übersicht über die Prüfverfahren für die Wasserbeständigkeit. Stand 2/87

	Norm	Norm	Norm	
DIN-Nr.	12 111	28 817	52 339 Teil 1	52 339 Teil 2
Methode	Grießtest „Glas als Werkstoff"	Grießtest „Glas als Werkstoff"	Oberflächenprüfung	
Prüfmaterial	Glasgrieß 315 – 500 μm	Glasgrieß 300 – 420 μm	ganze Glasbehältnisse	
Angriffsmedium	dest. Wasser pH 5,5	dest. Wasser pH 5,5	dest. Wasser pH 5,5	
Temperatur	98 °C	121 °C	121 °C	
Zeit	60'	30'	60'	
Analysenverfahren	Titration	Titration	Titration	Flammenfotometrie
Meßgröße	$c(HCl) = 0,01$ mol/l	$c(H_2SO_4) = 0,01$ mol/l(*)	$c(HCl) = 0,01$ mol/l	ppm Na_2O
	g Glasgrieß	g Glasgrieß	100 ml Auslauglösung	Behältnis
Bewertung	Hydrolyseklassen 1 – 5	keine	Behältnisklassen 1 – 3	
	1: bis 0,10		(entspr. Europäischem Arzneibuch Glastyp I – III)	
	2: 0,10 bis 0,20			
	3: 0,20 bis 0,85		sowie B und D	
	4: 0,85 bis 2,0			
	5: 2,0 bis 3,5		Maximalwerte abhängig vom Behältnisvolumen	
Künftige Kennzeichnung	Klasse HGB-1 usw.	Klasse HGA-1 usw.	Behältnisklasse HC1 usw.	

*) früher: 0,02 N H_2SO_4

4.4.2.1 Die beiden Grießverfahren

Sie beruhen auf prinzipiell gleicher Basis. DIN 12 111 [7] ist das alte deutsche Verfahren, DIN 28 817 [8] das übernommene US-amerikanische. In beiden Fällen wird das zu untersuchende Glas zu Glasgrieß definierter Korngröße zerkleinert, mit Wasser bei bestimmten Temperaturen eine bestimmte Zeit lang ausgelaugt und endlich das in Lösung gegangene Alkali mittels einer verdünnten Säure titriert.

Die Verfahren beurteilen also die Beständigkeit des Glases als Werkstoff, nicht die einer originalen Glas-Oberfläche, da bei der Grießbereitung eine Unzahl frischer Glasoberflächen durch Bruch geschaffen wird. Verschiedene Untersuchungen ergaben, daß 1 g Grieß der Korngröße etwa 300 − 500 μm eine so gewonnene neue Oberfläche von 100 − 200 cm^2 aufweist. Sie scheint vom Glastyp abhängig zu sein (Sewell [9], Stickstoff-Adsorption; Žagar und Mitarbeiter [10], Krypton-Adsorption).

Die Verfahren beruhen auf der Tatsache, daß die wichtigsten technischen Gläser Alkalimetall-Ionen enthalten, die von Wasser herausgelöst werden können. Wie im Abschnitt 4.2 für diesen Reaktionsmechanismus beschrieben, entspricht der Menge des herausgelösten Alkalis eine OH-Ionen-Konzentration, die titrimetrisch erfaßt wird. Bei DIN 12 111 wird dazu Salzsäure c(HCl) = 0,01 mol/l benutzt, bei DIN 28 817 Schwefelsäure, c(H_2SO_4) = 0,01 mol/l [*]. Die Menge der verbrauchten Säure ist das Maß für die hydrolytische Beständigkeit.

Dieses Verfahren ist für die Masse der normalen Gläser anwendbar, besonders für alle Gläser für die chemische Technik, wie zum Beispiel aus dem Hause SCHOTT für *Duran*®, *Geräteglas 20*®, *Maxos*® oder für die Röhrengläser für die Pharmazie, wie zum Beispiel *Fiolax*®, *Illax*® oder *AR*®. Es ist ebenso anwendbar für die Massengläser auf der Kalknatronbasis, also die gesamte Gebrauchsflaschenpalette, ferner für Fensterglas, Spiegelglas usw. Es ist aber ebenfalls verständlich, wenn man sich das anfangs über den Aufbau der Gläser Gesagte vergegenwärtigt, daß eine Reihe von Gläsern mit dieser Methode nicht aussageträchtig prüfbar ist, zum Beispiel solche speziellen Gläser, die kein oder nur sehr wenig Alkali enthalten, oder aus denen stärker saure Bestandteile herausgelöst werden können, wie zum Beispiel Phosphorsäure oder Borsäure. Derartige Spezialgläser gibt es bei optischen oder Elektrogläsern.

Wenn die Grießprüfung für Spezialgläser angewendet werden soll, muß man sich also zunächst über die Glasart im klaren sein. Dazu müssen ggf. vom Hersteller Informationen eingeholt werden. Sind die erhaltenen Titrationswerte hoch, so deutet das auf eine starke Wechselwirkung mit Wasser hin. Sofern unerwünscht ist, daß der Inhalt eines Kolbens oder einer Flasche oder ein mit Glas auf beliebige

---

[*] früher: 0,02 N H_2SO_4

Weise in Kontakt kommendes Reaktionsprodukt stärker mit Glasbestandteilen kontaminiert wird, dürfte eine solche Glasart für ein Reaktions- oder Aufbewahrungsbehältnis wenig geeignet sein. Solche hydrolytisch nicht sehr beständigen Glasarten (Hydrolyseklasse 3 und folgende) können jedoch aufgrund ihrer hydrolytischen Angreifbarkeit eine relativ blanke, klare Oberfläche behalten. Bei den resistenteren Glasarten werden aus der Oberfläche ebenfalls im Laufe der Zeit die löslichen Glasbestandteile herausgelöst, die Menge ist nur gering (Hydrolyseklasse 1 z. B.); aber das stehenbleibende Kieselsäuregerüst der Oberflächenschicht vermag dem Glas infolge eingelagerter Protonen, Hydroxid-Ionen oder Wassermoleküle ein trübes oder fleckiges Aussehen zu erteilen. Hier haben sich zum Beispiel kieselsäurereiche Schichten gebildet, die sogar die chemische Beständigkeit erhöhen, ästhetisch jedoch häufig — wenn auch bezüglich der Gebrauchsfähigkeit sehr zu Unrecht — Anstoß erregen.

Fazit:

Die Glasprüfung nach DIN 12 111 oder 28 817 ist bewährt und gibt praxisrelevante Aussagen, DIN 12 111 vor allem für Gläser ab Hydrolyseklasse 2 (> 0,10 ml HCl), DIN 28 817 vor allem für hochresistente Gläser der Hydrolyseklassen 1 beider Verfahren. Ebenso sind sehr viele technische Gläser wie Fernseh- und Röntgenkolben-Gläser prüfbar. Bei anderen Spezialgläsern wird diese hydrolytische Prüfung häufig nur als Hinweis oder Ergänzung angesehen werden dürfen. Für sich hieraus ergebende Fragen steht der Glashersteller mit seiner Beratung zur Verfügung.

4.4.2.2 Das Oberflächen-Verfahren zur Prüfung von Behältnissen

Es beruht ebenso wie die Grießverfahren auf der Extraktion löslicher Alkalimetall-Ionen mittels Wasser und der nachfolgenden Titration als Proben dienen jedoch ganze Behältnisse mit ihrer intakten Glasoberfläche. Dieses Verfahren wurde speziell für die Anforderungen der pharmazeutischen Industrie entwickelt, wo eine Prüfung von Glasbehältnisssen wie Ampullen oder Flaschen auf ihre hydrolytische Beständigkeit unter Autoklavenbedingungen notwendig war. Von dieser zunächst speziellen Prüfanforderung her läßt sich das Verfahren natürlich auf andere Glasbehältnisse ausdehnen, wenn deren hydrolytische Beständigkeit gegen Wasser bestimmt werden soll, so zum Beispiel auf Reagenzgläser, Becherrgläser, Meßkolben, Trinkgefäße o. ä. Die Klasseneinteilung der DIN 52 339[11]) gibt einen Hinweis darauf, wie die Behältnisse zu beurteilen sind (Tabelle 4.3):

— Behältnisse aus den resistentesten Borosilikatglasarten (Hydrolyseklasse 1) sollen der Behältnisklasse 1 entsprechen,

- Behältnisse aus den immer noch relativ resistenten Glasarten der Hydrolyseklasse 2 der Behältnisklasse B,
- Behältnisse aus den Glasarten des Kalknatronglases mit mittlerer Wasserbeständigkeit (entsprechend Hydrolyseklasse 3) der Behältnisklasse 3 und
- Behältnisse aus den wenig resistenten Glasarten der Hydrolyseklasse 4 der Behältnisklasse D.

Da diese Norm eine ausgesprochene Behältnis-Prüfnorm ist, sind danach keine beliebigen Glasproben prüfbar. Die frühere DIN 52 329, die diese Prüfung beschrieb, ist aufgrund der fortgeschrittenen Analysentechnik unter Einbeziehung der instrumentellen Verfahren der Flammenspektrometrie[12]) und durch internationale Vorgaben (z. B. des Europäischen Arzneibuches[13])) in der Überarbeitung so stark verändert worden, daß die neue Fassung die neue DIN-Nr. 52 339 erhielt. Die Details sind dabei so kompliziert, daß ihre Erörterung den hier gezogenen Rahmen sprengen würde[14]).

Als eine wesentliche Neuerung gegenüber DIN 52 329 enthält DIN 52 339 eine Behältnisklasse 2: sie beschreibt die Oberfläche eines Behältnisses des Glastyps Kalknatronglas (vgl. Abschnitt 5.1), dessen an sich mindere hydrolytische Beständigkeit durch gezielte Oberflächenveränderungen (vgl. „Schwefeln", erwähnt in Abschnitt 4.1) auf das Resistenzniveau einer Oberfläche des Borosilikatglastyps angehoben wurde.

Das Verfahren ist in ISO unter ISO 4802[15]) erschienen (noch ohne Grenzwerttabellen).

Fazit:

Sofern Behältnis-Oberflächen bezüglich ihrer Wasserbeständigkeit geprüft werden sollen, ist hier eine bewährte Methode an die Hand gegeben. Sie wird normalerweise auf die angelieferte Originaloberfläche angewendet. Da Behältnisoberflächen auch durch gezielte chemische Veränderungen (Ionenaustausch, Vergütung, Härtung) andere Eigenschaften als das eigentliche Grundglas erhalten können, besteht die Möglichkeit, in einem zweiten Schritt nach kräftigem Abätzen bei Anwendung des gleichen Verfahrens auch dieses Grundglas („Glas als Werkstoff") zu prüfen.

4.4.3 Die Säureprüfungen

Es handelt sich hierbei um zwei Verfahren, die beide bei erhöhter Temperatur mit halbkonzentrierter (azeotroper) Salzsäure arbeiten. Nach geltender DIN 12 116 wird die Probe 6 h gekocht und der Gewichtsverlust gravimetrisch bestimmt, nach der vorgeschlagenen DIN ISO 1776 wird die Probe 3 h bei 100 °C gehalten. Dann wird das in Lösung gegangene Alkali flammenspektrometrisch bestimmt (Tab. 4.4).

Tabelle 4.4: Übersicht über Laugen- und Säure-Prüfverfahren. Stand 2/87

	Norm	Norm	Entwurf
DIN-Nr.	52 322	12 116	1776
Methode	Oberflächenprüfung *)	Oberflächenprüfung *)	Oberflächenprüfung *)
Prüfmaterial	Glasausschnitte 10 – 15 cm^2	Glasausschnitte 300 ± 30 cm^2	Glasausschnitte 30 – 40 cm^2
Angriffsmedium	Mischlauge 50 Vol% NaOH, c(NaOH) = 1 mol/l + 50 Vol% Na$_2$CO$_3$, c(Na$_2$CO$_3$) = 0,5 mol/l (früher: 1 N NaOH + 1 N Na$_2$CO$_3$)	HCl, c(HCl) = 6 mol/l	HCl, c(HCl) = 6 mol/l
Temperatur	Siedetemperatur	Siedetemperatur	100 °C
Zeit	3 h	6 h	3 h
Analysenverfahren	Gravimetrie (Gewichtsverlust)	Gravimetrie Gewichtsverlust)	Flammenspektrometrie, Alkalioxid: Na$_2$O
Meßgröße	mg/dm^2 nach 3 h	mg/dm^2 nach 3 h	µg/dm^2 nach 3 h
Bewertung	Laugenklassen 1 – 3 1: 0 bis 75 2: 75 bis 175 3: über 175	Säureklassen 1 – 4 1: 0,0 bis 0,7 2: 0,7 bis 1,5 3: 1,5 bis 15 4: über 15	noch keine

---

*) nach Abätzen auch zur Prüfung von Glas als Werkstoff geeignet!

4.4.3.1 Die gravimetrische Methode nach DIN 12 116

Die klassische Methode[16] war, wie beim Vergleich ersichtlich ist, als Analogon zur Laugenprüfung angelegt. Sie erbrachte auch durchaus brauchbare Aussagen, denn sie war geeignet, insbesondere die Glasarten zu klassifizieren.

Die frühere Ausgabe der Norm DIN 12 116 kannte nur 3 Säureklassen, das heißt die Säureklasse 3 erlaubte nur die Aussage „Gewichtsverlust in Säure $> 1,5$ mg/dm^2 Dies war wenig befriedigend für die Prüfung der großen Palette der im letzten Jahrzehnt neu entwickelten Gläser für die verschiedensten technischen Anwendungsbereiche. Daher wurde in der letzten Revision (Ausgabe Mai 1976) die Klasse 3 mit einem Gewichtsverlust in Säure von $1,5 - 15$ mg/dm^2 neu festgelegt und eine neue Säureklasse 4 mit dem Abtragswert „> 15 mg/dm^2" angefügt.

Da jedoch die säureresistenteren Gläser der Klasse 1 einen Gewichtsverlust von nur max. 0,7 mg/dm^2 aufweisen dürfen, der Wert für ein technisches Glas wie zum Beispiel Duran aber bei 0,3 mg/dm^2 liegt, sind Absolutwerte in diesem Bereich zur Feststellung etwaiger geringerer Unterschiede zwischen den Glasarten schwierig reproduzierbar zu erhalten. Dazu trägt die Unsicherheit bei der Wägung großflächiger Glasproben, auch bei Anwendung von Tarakörpern, sowie die Meßunsicherheit der üblichen Analysenwaagen von $\pm 0,1$ mg bei. Ein Streit, ob ein realer Materialwert für die Säurebeständigkeit nach DIN bei 0,3 oder 0,4 mg/dm^2 liegt, erscheint aus der Praxis (und für die Praxis !) als unsachlich aufgebauscht und irrelevant. Daher ist die Norm 12 116 zwar geeignet, Gläser der Säureklassen 1 und 2 zu differenzieren, aber nicht Glasarten der Säureklasse 1 untereinander.

4.4.3.2 Die spektralfotometrische Methode nach DIN ISO 1776[17]

Aus den Ausführungen unter 4.4.3.1 wird ersichtlich, daß es insbesondere für die säureresistenten Gläser, aber auch unter Umständen für die anderen Gläser bezüglich der genaueren Kenntnis der Wirkungen eines Säureangriffs notwendig wurde, von der pauschalen Erfassung einer Gesamtabtragsmenge abzugehen und die real in Lösung gegangenen Glasbestandteile analytisch zu bestimmen. Hier setzte die Arbeit zu der DIN ISO 1776 ein. Die chemische Grundlage ist die gleiche wie vorher, das heißt die Glasproben werden in halbkonzentrierter Salzsäure, jedoch bei der definierten Temperatur von 100 °C, behandelt. Die eingesetzte Glasoberfläche ist merklich kleiner, sie beträgt mit ca. $30 - 40$ cm^2 nur etwa 10 % der bei DIN 12 116 verwendeten. Nach der dreistündigen Erhitzung wird in der Säure, an die bezüglich Reinheit nun besondere Anforderungen zu stellen sind, mittels Flammenspektralfotometrie auf in Lösung gegangenes Natrium und Kalium, ggf. auch andere Alkali- und Erdalkali-Elemente, geprüft. Dieses Verfahren ist noch jung und hatte noch einige methodische Schwierigkeiten, zum Beispiel die kon-

krete, über Messung sicherzustellende Reaktionstemperatur von exakt 100 °C.
So trivial dieses Detail-Beispiel auch aussehen mag, so sehr hat es für die
Reproduzierbarkeit in der Praxis Schwierigkeiten bereitet. Ähnliches galt für
das Eindampfen der Extraktionssäure zur Alkalibestimmung, das unter schärfsten Bedingungen bezüglich des Fernhaltens von Verunreinigungen zu geschehen hat.

Diese Prüfung ist sehr empfindlich und gibt direkte Aussagen, welche Glasbestandteile besonders angegriffen werden. Es gibt jedoch zur Zeit noch keine
genügend gesicherten Vergleichswerte, so daß eine Klasseneinteilung noch nicht
möglich ist.

Fazit:

DIN 12 116 dient vorrangig zur Prüfung eines unbekannten Glases und seiner
Einordnung in Säureklassen. Sie gibt die verlässliche Aussage, ob ein hochsäureresistentes Glas der Klasse 1 vorliegt und gibt konkrete Differenzierungen für
die Säureklassen 2 — 4. Sie gibt wertvolle Hinweise auf die Säureresistenz der
Glasoberfläche im Anlieferungszustand oder der Glasmasse. Aus diesem Prüfwert läßt sich die Wirkung von Glasreinigungsverfahren mit Säuren abschätzen.
Jedoch gilt ebenso, wie bereits früher festgestellt, daß die Aussage nach DIN
12 116 für wenig säurebeständige Gläser ein Aspekt ist, der wahrscheinlich zusammen mit anderen betrachtet werden muß, wenn etwas Genaueres über das
chemische Verhalten in besonderen Detailfragen abgeleitet werden soll.

Von DIN ISO 1776 wird erhofft, daß nach der Sicherung der methodischen Seite
eine supplementäre Glasprüfung möglich wird, die neue Aspekte des Glasverhaltens beim Säureangriff erkennen läßt. Es wird hier noch der Interpretation
der erhaltenen Meßergebnisse bedürfen, um für die Praxis relevante Aussagen
bezüglich konkreter Fragestellungen machen zu können. Bei dieser Methode ist
jedoch sowohl eine besondere Differenzierung zwischen der feuerpolierten Oberfläche und dem Glas als Werkstoff, als auch eine Differenzierung zwischen den
beiden hoch säureresistenten Glastypen Borosilicatglas und Kalknatronglas möglich. Die Konzentrationen an Na_2O in den Auslauglösungen betragen für das
erstere Glas $< 50 \, \mu g/dm^2$, für das letztere $> 100 \, \mu g/dm^2$.

4.4.4 Die Laugenprüfung

Wie bereits erwähnt, greifen Laugen praktisch alle Glasarten stark an. Die stärkste
Angriffswirkung für die meisten Gläser hat sich bei der Mischung von Natronlauge
1 mol/l und Natriumcarbonatlösung 0,5 mol/l ergeben. Zur Prüfung nach DIN
52 322[18] wird eine kleine Glasprobe mit einer Gesamtoberfläche von $10-15 \, cm^2$
in einem Metallbehältnis in die siedende Prüflösung eingehängt und 3h lang gekocht.
Danach wird gravimetrisch der Gewichtsverlust bestimmt. Die Abtragswerte liegen

für die Massengläser meist zwischen 70 und 175 mg/dm^2 und zeigen, daß hier ein erheblicher Angriff stattfindet. Die Ursache liegt in der bereits früher genannten Tatsache, daß Laugen das gesamte Glas abtragen. Das meist mindestens 60 — 70 % ausmachende SiO_2 wird als Silikat, Aluminiumoxid als Aluminat, Borsäure als Borat löslich.

Es soll darauf hingewiesen werden, daß gegenüber der früheren Ausgabe der Norm die Grenze des Gewichtsverlustes für die Laugenklassen 2 in der revidierten Ausgabe vom Mai 1976 verändert wurde, und zwar wurde der Grenzwert von 150 auf 175 mg/dm^2 angehoben (Tab. 4.4).

Fazit:

Hier ist also eine einleuchtende, eindeutige Parallelität zwischen Laugenbeständigkeit und Meßwert vorhanden. Mit gezieltem Einbau bestimmter Kationen in relativ einfach aufgebaute Gläser wie *Duran*® kann die Resistenz verbessert werden. Die Prüfaussage wird jedoch nur dann praxisrelevant, wenn wirklich harte alkalische Beanspruchungen des Glases möglich sind. Sonst ist das Ergebnis wiederum nur als Hinweis oder Ergänzung zu anderen Prüfparametern zu gewichten. Es kann jedoch zum Beispiel auch dahingehend interpretiert werden, daß die Oberfläche eines wenig laugenresistenten Glases wahrscheinlich mit alkalischen Lösungen gut bis sehr gut gereinigt werden kann.

4.4.5 Die Bestimmung der Schwermetallabgabe aus Oberflächen

Durch geeignete Modifikation der in Abschnitt 4.4.3.2 besprochenen Prüfnorm ist es möglich, für sehr spezielle Fragestellungen Prüfvorschriften zu entwickeln. Im Zuge des gestiegenen Umweltbewußtseins und der hohen Inkorporierung von Schadstoffen über Abluft, Pflanzenschutz- und Insektenvertilgungsmitteln, Konservierungs- und Schönungs-Stoffen usw. gerieten auch die beliebten bunten Dekore auf Glas, Keramik, Porzellan usw. in den Brennpunkt des Interesses, sofern diese Dekore auf Gebrauchsgegenstände aufgebracht sind, welche mit Stoffen in Berührung kommen, die zum menschlichen Verzehr bestimmt sind.

Diese fröhlichen gelben und roten Farben mit ihren Zwischentönen enthalten Mineralpigmente auf Blei- und Cadmium-Basis. Diese Ionen können, zum Beispiel durch langes Stehenbleiben saurer Nahrungsmittel auf solchen Dekoren, unter Umständen in nicht unerheblichem Umfang extrahiert werden. Ein 1887 verabschiedetes Gesetz (!) sah, im Zusammenhang mit der Milcherzeugung- und -verarbeitung, bereits Gefahren für die menschliche Gesundheit durch Blei und Zink.

Mit der dem modernen Stand der Analytik angepaßten Vorschrift DIN 51 031[19] wird die Ionen-Abgabe aus silikatischen Oberflächen derart geprüft, daß diese

24 h bei Raumtemperatur mit 4 %iger Essigsäure in Berührung gebracht werden und danach das ggf. in Lösung gegangene Blei und/oder Cadmium mittels Atomabsorptionsspektrometrie gemessen wird. Hier haben wir es also mit einer reinen Prüfnorm zu tun, identisch ist ISO 7086/1[20].

DIN 51 032[21] enthält die zugehörigen deutschen Grenzwertfestlegungen. International entspricht ISO 7086/2[22]. Die Grenzwerte nach ISO unterscheiden sich aufgrund der weltweiten Abstimmung geringfügig von denen nach DIN. Da dieses Gebiet jedoch sehr speziell ist, soll es hier nur der Vollständigkeit halber erwähnt werden.

4.5 Schlußbemerkungen

Es gibt eine Reihe genormter Glas-Prüf-Verfahren, welche auf die Massengläser zurechtgeschnitten sind, die beim bestimmungsgemäßen Gebrauch stärkeren chemischen Beanspruchungen ausgesetzt werden. Hier geben die hydrolytischen, alkalischen und sauren Prüfungen Meßdaten, die quantitative Aussagen über das chemische Resistenzverhalten erlauben.

Wenn es jedoch um das Gebiet der Spezialgläser zum Beispiel für die Optik oder die Elektrotechnik geht, also um spezielle Aussagen über Oberflächenreaktionen, die zum Blindwerden führen, über spezifische Angriffswirkungen wie Lochfraß oder Korrosion im wasserfreien Medium, über Brauchbarkeit chemischer Reinigungsverfahren wie Waschen oder Ätzen, dann ist dies nur möglich in Kombination der verschiedensten Informationen, meist unter Einbeziehung anderer, nicht genormter Prüfverfahren und meist auch der Zusammensetzung. Diese Zusammenschau ist jedoch zumeist nur für den Glasspezialisten möglich, und auch hier klaffen oft noch Lücken, da Verallgemeinerungen kaum statthaft sind. Deshalb müssen unter Umständen für den gegebenen Fall zurechtgeschnittene Sonderprüfungen einspringen, die nur eine spezifische Antwort auf eine spezifische Problematik geben. *Ein* einziges, im mit der normalen Bestückung gut ausgerüsteten Prüflabor, anwendbares Verfahren, das für alle Gläser das chemische Verhalten ausreichend beschreibt, gibt es aufgrund der außerordentlichen Vielfalt der Glaszusammensetzungen und der darauf beruhenden Unterschiede im chemischen Verhalten bislang nicht und es ist nicht erkennbar, daß es dies überhaupt geben könnte.

5
Gläser für technische Chemie, Pharmazie und Elektrotechnik

Glastypen und Glasarten, Begriff der Glaskorrosion, Mechanismen des Glasangriffs, Meßbarkeit des chemischen Angriffs, Beispiele für nicht qualifizierbare Korrosionen.

Dr. A. Peters

5.1 Prinzipielles zu den verschiedenen Glastypen und -arten

In das Grundgerüst eines Glases, das im Normalfall aus Kieselsäure besteht, die jedoch gleichfalls ersetzt werden kann, können praktisch alle Elemente eingebaut werden (vgl. Kapitel 4, Abschn. 4.1). Dadurch ändern sich die physikalischen und chemischen Eigenschaften der entstehenden Gläser. Versuche, in die Vielfalt eine Systematik zu bringen, gab es mehrfach, z. B. aufgrund der Verwendung, jedoch setzten sie sich nicht generell durch.

Ein sich anbietendes anderes Ordnungsprinzip beruht auf der chemischen Zusammensetzung. Rational kann damit ein gewisses Zusammensetzungsfeld, das sich in der Produktionstechnik bewährt hat, als „Glastyp" bezeichnet werden und die darunterfallenden einzelnen Gläser können als „Glasart" differenziert werden. So sind die Glastypen „Kalk-Natron-Glas" und „Borosilicatglas" bereits seit langem in den Sprachgebrauch eingegangen. Unter dem ersteren finden sich dann die verschieden zusammengesetzten Massengläser, die unter den Trivialnamen „Fensterglas", „Flaschenglas" oder „Floatglas" bekannt sind, unter dem letzteren z. B. die Begriffe *„Duran*®*-Apparateglas", „Pyrex-Laborglas", „Fiolax*®*-Ampullenglas"* u. a.

Im folgenden werden die verschiedenen Glastypen kurz charakterisiert und eine Reihe der bekannteren Glasarten für technische Chemie, Pharmazie und Elektrotechnik insbesondere bezüglich ihres chemischen Verhaltens zugeordnet.

5.1.1 Alkali-Erdalkali-Silicatgläser (Natron-Kalk-Gläser)

Zusammensetzungsfeld:		
SiO_2	71 – 75	%
$Na_2O + K_2O$	12 – 16	%
$CaO + MgO$	10 – 15	%
Al_2O_3	0,5 – 2,5	%

Zu diesem ältesten Glastyp zählen die Massengläser, wie das bereits erwähnte Fenster- und Spiegelglas, auch Hohlgläser wie Flaschen-, Konserven- und Trinkgläser.

Ausdehnungskoeffizient: $8 - 10 \cdot 10^{-6} \cdot K^{-1}$

Hydrolytische Beständigkeit: mäßig bis gering

Säure- und Laugenbeständigkeit: gut

Innerhalb der Erdalkaligruppe können besondere Gläser auch BaO enthalten (für Röntgenzwecke, auch Kristallgläser).

5.1.2 Borosilicatgläser

Wie der Name sagt, enthalten diese Gläser neben hohen Anteilen an Kieselsäure nennenswert Borsäure ($B_2O_3 > 8$ %) als Glasbildner. Durch die Höhe des Borsäuregehaltes wird insbesondere auch die chemische Resistenz stark beeinflußt: Konzentrationen zwischen 8 und 13 erhöhen die chemische Resistenz, bei mehr als 15 % B_2O_3 wird sie stark verringert. Die Ursache ist ein strukturell andersartiger Einbau von B_2O_3, wenn der Gehalt etwa 15 Gewichtsprozent überschreitet. Daher erscheint es sinnvoll, diesen Haupttyp „Borosilicatglas" in drei Untertypen zu differenzieren, damit nicht Verständnisschwierigkeiten über Definitionsprobleme auftreten.

A) Borosilicatgläser, erdalkalifrei (Borosilicatglas 3.3[1])

Zusammensetzungsfeld:
  SiO_2 um   80 %
  B_2O_3 ca. 12 − 13 %
  Na_2O (+ K_2O) um 4 %
  Al_2O_3 um   2,4 %

Ausdehnungskoeffizient: $3,3 \cdot 10^{-6} \cdot K^{-1}$
(Dieser Wert gab diesem Glastyp seinen Namen.)

Chemische Beständigkeit: sehr gut

Eine Glasart dieses Typs ist z. B. das *„Duran"*®-Apparateglas. Es besitzt eine hohe Wärmespannungsfestigkeit und damit geringe Temperaturschockempfindlichkeit. Es wird daher besonders im Großapparatebau für die chemische Industrie (Bild 5.1) verwendet[2,3]. Auch die meisten Gläser für die Labor-

Bild 5.1: Hochkonzentrier-Kolonne aus Duran® zur Salpetersäureherstellung

experimentaltechnik wie Rund-, Flach- und Erlenmeyerkolben, Bechergläser usw. werden heute aus Glas dieses Typs hergestellt.

B) Borosilicatglas, erdalkalihaltig

Zusammensetzungsfeld:

SiO_2	70 – 76 %
B_2O_3	8 – 12 %
$Na_2O + K_2O$	5 – 8 %
Erdalkalioxide	3 – 5 %
Al_2O_3	2 – 7 %

Ausdehnungskoeffizient: $4 - 5{,}5 \cdot 10^{-6} \cdot K^{-1}$

Chemische Beständigkeit: sehr gut

Diese gegenüber dem Borosilicatglas 3.3 etwas weicheren Gläser lassen sich also bei niedrigeren Temperaturen verarbeiten, sie werden u. a. zu Behältnissen für Injektabilia (Ampullen und Fläschchen) für die pharmazeutische Industrie verarbeitet. Hierher gehört z. B. das „Fiolax"®-Rohrglas.
Sie werden als farbloses oder in der Glasmasse braun gefärbtes Glas hergestellt. Die eben genannte Glasart stellt für die überwiegende Mehrzahl aller pharmazeutischen Abfüllanforderungen den optimalen Kompromiß der Faktoren chemische Beständigkeit, Verarbeitbarkeit und Preisgünstigkeit dar. Andere Glasarten sind z. B. das Geräteglas 20® von Schott, aus dem Glasteile für Kaffee-

maschinen, Teegläser usw. hergestellt werden. Andere Glasarten bilden den Werkstoff für „Suprax"®- Glasglocken für Warmwasserbereiter, für „Maxos"®-Schaugläser an Hochdruckwasserkesseln[4] und ähnliche Anwendungsgebiete mit hohen Qualitätsanforderungen.

C) Borosilicatgläser, hochborsäurehaltig (sog. Einschmelzgläser)

Zusammensetzungsfeld: SiO_2 65 − 70 %
 B_2O_3 15 − 25 %
Rest: Alkalioxide und Al_2O_3

Diese Gläser sind niedrig erweichend mit geringem Ausdehnungskoeffizienten. Sie werden insbesondere in der Elektroindustrie eingesetzt und sind auf bestimmte extreme Eigenschaften hin gezüchtet worden, z. B. auf hohe elektrische Isolation, Einschmelzmöglichkeiten für Metalle wie Mo, W und Legierungen wie Ni-Fe, Ni-Fe-Co, auf minimale dielektrische Verluste usw. Der erhöhte Borsäuregehalt ist die Ursache für eine deutliche Verringerung der chemischen Beständigkeit, diesbezüglich heben sich die Gläser dieses Untertyps deutlich von denen der Untertypen A und B ab.

Chemische Beständigkeit: mäßig

5.1.3 Erdalkali-Alumo-Silicatgläser

Zusammensetzungsfeld: SiO_2 52 − 60 %
 Erdalkalioxide   ca. 15 %
 Al_2O_3 17 − 25 %

Chemische Beständigkeit: mäßig

Diese Gläser weisen sehr hohe Transformations- und Erweichungstemperaturen auf. Sie werden daher z. B. für thermisch hoch belastete Apparaturen verwendet (z. B. „Supremax"®-Glasröhren).

5.1.4 Alkali-Blei-Silicatgläser

Zusammensetzungsfeld: SiO_2 55 − 65 %
 Alkalioxide   13 − 15 %
 Erdalkalioxide   0 − 4 %
 Al_2O_3 bis 1 %
 PbO   10 − 38 %

Ausdehnungskoeffizient: $7 - 9 \cdot 10^{-6} \cdot K^{-1}$

Chemische Beständigkeit: gut bis mäßig

Die Glasarten dieses Typs spielen als Trink- und Schmuckglas eine größere Rolle. Der höhere Bleigehalt erteilt dem Glas die charakteristische Lichtbrechung mit Brechzahlen von 1,520 bis 1,545.
Das Kristallkennzeichnungsgesetz[4)] regelt die Bezeichnungsformen, unter denen Trinkgläser dieses Typs in den Handel kommen dürfen.

Hochisolierende und damit elektrotechnisch bedeutsame Bleigläser, wie sie als „Fußgläser" in Lampen, Bild- und Fernsehröhren (Bild 5.2) usw. verwendet werden, weisen Anteile von $20-30\,\%$ PbO bei $54-58\,\%$ SiO_2 und ca. 14 % Alkalioxiden auf.
Bleioxid ist schließlich auch der maßgebliche Bestandteil in Strahlenschutzgläsern und Bildröhrenteilen als röntgenschutzaktive Komponente.

5.1.5 Hochkieselsäureglas

Dieses Glas enthält mehr als 96 % SiO_2, der Ausdehnungskoeffizient ist sehr niedrig, um $0,75 \cdot 10^{-6} \cdot K^{-1}$, womit Glasarten dieses Typs eine außerordentliche Temperaturwechselbeständigkeit erhalten, und schließlich weisen sie auch eine sehr hohe chemische Resistenz auf. Die Glasart des reinen „Quarzglases" besteht zu etwa 100 % aus SiO_2 und hat einen Ausdehnungskoeffizienten von etwa $0,5 \cdot 10^{-6} \cdot K^{-1}$.

Bild 5.2:
Fernsehröhren auf dem Transport zur Qualitätskontrolle

5.2 Glaskorrosion und ihre Wichtung

Wird Glas beim Einsatz von den mit ihm in Berührung stehenden Medien angegriffen, so spricht man analog zur Metallurgie von Glas- Korrosion. Sie kann auf Veränderungen der Oberfläche beschränkt bleiben, kann aber auch ein Glas völlig zerstören. Ob die so hervorgerufenen Glasveränderungen für die gedachte Anwendung nachteilig sind, muß je nach Glasart, Anwendungszweck und Resistenzverhalten geprüft werden.

— für eine Großanlage der chemischen Technik aus zum Beispiel *Duran*®-Glas ist es gleichgültig, ob an einigen besonders beanspruchten Stellen geringfügige Oberflächenreaktionen eine leichte Trübung hervorgerufen haben; für ein optisches Glas, wie es zum Beispiel für eine Kamera verwendet wird, würde dagegen auch eine leichte Trübung den Einsatz völlig unmöglich machen;
— veränderte Oberflächenschichten, wie sie bei zu heißer Fertigung von Ampullen für die Pharmazie entstehen können, spielen dort eine erhebliche Rolle, da solche Ampullen unbrauchbar sind; bei einem optischen Glas würde eine solche äußerst dünne Oberflächenschicht keine Rolle spielen, da sie für den Einsatz des Glases zum Beispiel als Linse durch Schleifen und Polieren radikal entfernt wird;
— ein Schauglas an einem Dampfdruckkessel kann zum Beispiel durchaus in Millimeterstärke abgetragen werden, bis es erneuert werden muß; für ein Glasrohr eines genauen Durchflußmeßgerätes spielt jedoch eine Erweiterung des inneren Durchmessers durch Abtrag bereits um zehntel Millimeter eine bedeutsame Rolle.

Aus dem Gesagten geht hervor, daß das Bild der Glaskorrosion sehr verschieden sein kann, und daß man bezüglich der Anforderungen an den Werkstoff Glas sachlich relevant prüfen muß, worauf es im Einzelfall ankommt.

5.3 Reaktionsmechanismen

5.3.1 Allgemeines

Die chemischen Vorgänge, die zu einem Glasangriff führen, sind auf zwei Grundreaktionen zurückzuführen: auf die in der Praxis fast immer vorhandene Beteiligung des Wassers in Form seiner Dissoziationsprodukte, und als Sonderfälle auf Angriffe, die im wasserfreien Medium das Kieselsäuregerüst direkt umwandeln.

5.3.2 Korrosion ohne Wasserbeteiligung

Ohne Wasser vermögen solche Verbindungen anzugreifen, die selbst glasartige Strukturen aufweisen können, wie zum Beispiel Bortrioxid, Phosphorpentoxid bzw. Borate und Phosphate. Man nennt diese Oxide daher ebenso wie Kieselsäure (Glas-) Netzwerk-Bildner. Oder solche Verbindungen, welche die bestehenden Silikatstrukturen leicht in andere umwandeln können, wie zum Beispiel Alkalioxide. Der Angriff der genannten, bei Raumtemperatur festen Verbindungen im wasserfreien Zustand wird jedoch erst bei höheren Temperaturen, also zum Beispiel im geschmolzenen Zustand, merklich. Auch Fluorwasserstoff vermag im wasserfreien Zustand Glas anzugreifen, da die Fluorid-Ionen mit Silizium leicht reagieren, wobei zusätzlich nunmehr Wasser entsteht. Wie bereits aus diesen Sonderfällen ersichtlich, handelt es sich um Reaktionen, die Glas höchst selten zugemutet werden dürften. Ansonsten greifen wasserfreie Verbindungen wie elementares Chlor, Brom, organische Verbindungen usw. Glas praktisch nicht an.

5.3.3 Korrosionen mit Wasserbeteiligung

Wie in dem Kapitel „Die chemische Prüfung von Glas" ausführlich dargelegt wurde, ist normalerweise beim chemischen Angriff von Glas Wasser in flüssiger Form, als Dampf oder auch nur als Feuchtigkeit beteiligt. Für die Korrosionserscheinungen kann die Frage, ob Wasser (mit seinen Dissoziationsprodukten) im Über- oder Unterschuß vorhanden ist, von ausschlaggebender Bedeutung sein. Zur Illustration mag das folgende Beispiel dienen: Wasser im Überschuß im Kontakt mit Fensterscheiben (Kalknatronglas) bei niedrigen Temperaturen (Raumtemperatur) ergibt auch in längeren Zeiträumen keine sichtbaren Korrosionseffekte, wie die Praxis beweist. Werden Fensterscheiben in einer feuchten Atmosphäre bei Raumtemperatur aufeinander gelegt (Wasser im Unterschuß), so wird zwischen den Scheiben der im oben genannten Kapitel (vgl. dort Bild 4.2, Gleichung 1) bzw. der im folgenden Abschnitt 5.3.3.1 beschriebene hydrolytische Angriff eingeleitet. Da die Reaktionsprodukte nicht abgeführt werden, reichert sich das Wasser an OH^--Ionen an und wird alkalisch. Diese Lauge greift das Glas stärker an, es bildet sich eine höhere Laugenkonzentration usw. Schließlich wird das Glas fleckig. Kann die Feuchtigkeit infolge Wärmeeinwirkung (Sonneneinstrahlung) etwa zwischenzeitlich wieder verdampfen, so bildet sich am Schluß über die Wechselwirkung

$$SiO_2 + 2\,NaOH \rightarrow Na_2 SiO_3 + H_2O$$

Natriumsilikat, das beim Wasserverlust eine feste Bindung beider Glasoberflächen aneinander bewirkt. Die Fensterscheiben sind so fest miteinander verbunden, daß sie nicht mehr zu trennen sind.

Aufgrund dieser Dissoziation des Wassers unterscheidet man, je nach Überwiegen des einen oder anderen Dissoziationsproduktes (Wasserstoffionen bzw. Protonen H^+ und Hydroxid-Ionen OH^-) zwischen dem sauren, dem alkalischen und dem im Zwischenbereich liegenden neutralen (hydrolytischen) Angriff. Wie verständlich ist, überschneiden sich diese Bereiche natürlich. Grob kann man sie anhand der pH-Werte wie folgt einteilen: $pH < 4$ der echte Säureangriff, $pH > 10$ der echte Laugenangriff, $pH\ 5-9$ der bevorzugt hydrolytische Angriff.

5.3.3.1 Der hydrolytische Angriff

Zwischen der stärker sauren und der stärker alkalischen Beanspruchung liegt der relativ neutrale Bereich der pH-Werte von 4 – 10. Bei resistenteren Glasarten ist der Angriff bei Temperaturen bis 121 °C (Sterilisationstemperatur in der pharmazeutischen Industrie) vernachlässigbar gering. Er führt, bei Überschuß des Wassers, in der äußersten Schicht der Glasoberfläche zum Austausch der leichter löslichen Kationen gegen solche aus der wässrigen Lösung, insbesondere H^+-Ionen. Dabei werden (wie auch beim sauren Angriff) durch OH-Bindungen am Silizium, aber auch an den mehrwertigen Kationen (Al, Ti, Ca usw.) schwerlösliche Verbindungen gebildet, die aus sterischen Gründen in der Oberflächenschicht verbleiben und den weiteren Angriff verhindern. Es ergibt sich also ein parabelförmiger Verlauf als Funktion der Zeit, wie er in Bild 4.5 des Kapitels „Die chemische Prüfung von Glas" dargestellt ist. Beim Unterschuß des Wassers kann der hydrolytische Angriff in den alkalischen übergehen und damit gravierender werden. Fleckenbildungen an der Oberfläche gehen häufig mit diesem Angriff von Wasser im Unterschuß einher.

Charakteristikum des hydrolytischen Angriffs

Bei resistenten Gläsern eine bald zum Stillstand kommende Reaktion, kaum Abtrag. Eine Ausnahme stellen neutrale wässrige Lösungen dar, die Verbindungen enthalten, die ihrerseits Glas, zum Beispiel durch Komplexbildung der Bestandteile, anzugreifen vermögen. Hierzu gehören zum Beispiel phosphat-, citrat-, titriplex-haltige Lösungen. Phosphathaltige Verbindungen können unter bestimmten Bedingungen in wässriger Lösung die geschichtete Struktur von Rohrgläsern so angreifen, daß ihre Oberflächen abblättern, was dann zum Beispiel bei Ampullen zu ernsthaften Problemen führt. Seltener, am ehesten zwischen pH-Werten von 7 und 10 und häufig bei Einwirkung von Wasser im Unterschuß, Bildung schützender, ggf. optisch erkennbarer Schichten. Bei den Elektrogläsern je je nach Zusammensetzung verschieden starke Reaktionen.

5.3.3.2 Der Säureangriff

Er ist auf die im einleitenden Abschnitt 5.1 genannten Gläser für Pharmazie und chemische Technik, die zu den sehr säureresistenten Gläsern gehören, ebenfalls vernachlässigbar gering. Bei den Spezialgläsern, wie zum Beispiel einigen optischen oder Elektrogläsern, in denen ein erheblicher Teil des Netzwerkes von Bor- oder Phosphoroxiden aufgebaut sein kann, die beide säurelösliche Verbindungen zu bilden vermögen, kann er jedoch gravierend werden. Im Extremfall wird ein solches Glas völlig aufgelöst. Dies trifft grundsätzlich zu für den Angriff von Flußsäure, die mit Silizium bekanntlich leicht lösliche Fluoride bildet. Sind im Glas Netzwerkwandler (also Kationen) in nennenswerter Menge vorhanden, die mit dem Anion der Säure schwerlösliche Verbindungen bilden, so können diese

Verbindungsbildungen in der Glasoberfläche eintreten, und vorher völlig klare, transparente Gläser werden fleckig oder trüb. Dies gilt in gleicher Weise natürlich auch für den neutralen oder leicht alkalischen Angriff. Die Intensität des Angriffs der üblichen Mineralsäuren ist etwas verschieden und eine Funktion der Konzentration. Das Maximum liegt bei etwa halbkonzentrierten Säuren. Je wasserärmer (konzentrierter) sie werden, desto mehr nimmt die Korrosionswirkung ab (Bild 5.3). Ausnahmen: H_3PO_4 mit steigender Konzentration und bei hohen Temperaturen sowie HF generell.

Charakteristikum des normalen Säureangriffs (mit Ausnahmen von HF und H_3PO_4):
Auf technische und pharmazeutische Gläser äußerst geringfügiger Angriff, der als Funktion der Zeit noch schwächer wird. Meist ohne erkennbare Veränderungen der Oberfläche, so daß er für die Praxis als gleich Null angesehen werden kann. Bei stärkerem Angriff (hohe Temperaturen, meist im Zusammenspiel mit anderen Faktoren) gelegentlich geringe Oberflächentrübungen. Alle diese Effekte beeinträchtigen die Verwendung nicht. Die Resistenz von Gläsern für die Elektroindustrie gegenüber Säuren ist von Glas zu Glas verschieden und häufig deutlich geringer, über mögliche Reaktionen muß von Fall zu Fall der Fachmann entscheiden.

Im Sonderfall von Glasloten, die zum luftundurchlässigen Verbinden von Farbfernsehschirm und -trichter zum Kolben benutzt werden, hat man sogar Glasarten entwickelt, die neben besonderen physikalisch-technischen Eigenschaften gerade

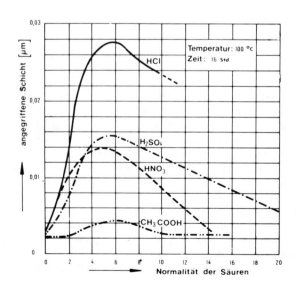

Bild 5.3:
Angriff verschiedener Säuren an Borosilicatglas 3.3 als Funktion der Konzentration

die chemische Eigenschaft der extrem geringen Säurebeständigkeit (oder positiv formuliert: der extrem guten Säurelöslichkeit) aufweisen. Dadurch können Fernsehkolben, an denen ein Fertigungsfehler aufgetreten ist, wieder in Schirm und Trichter getrennt und die Schirme nach Abätzen erneut beschichtet werden.

5.3.3.3 Der alkalische Angriff

Der alkalische Angriff pflegt die meisten Gläser erheblich stärker zu beanspruchen. Bei höheren OH-Ionen-Konzentrationen entsprechend pH-Werten > 10 werden fast alle Glaskomponenten in lösliche Verbindungen übergeführt: Kieselsäure in Silikat, Borsäure in Borat, Aluminiumoxid in Aluminat und in Bleigläsern Bleioxid in Plumbat. Alkalioxide sind sowieso löslich, Erdalkalioxide fallen, soweit ihre Löslichkeitsprodukte überschritten werden, hydroxidisch oder carbonatisch aus, das gesamte Glasgerüst wird zerstört bzw. abgetragen. Die Charakteristik des alkalischen Angriffs verläuft mit der Zeit geradlinig, nimmt aber mit steigender Temperatur stark zu. Ist er bei Raumtemperatur noch vergleichsweise gering, so wird er bei 100 °C erheblich. Beim *Duran*® wird eine Schichtdicke von 1 μm bei 20 °C in 20 Tagen, bei 100 °C in ca. 40 min. abgetragen (bei gleicher Laugenkonzentration).

Charakteristikum des stärker alkalischen Angriffs:
Meist glatt abgetragene Oberflächen, dabei seltener optisch auffallende Veränderungen wie Fleckigkeit oder ähnliches, mit der Zeit gleichmäßig fortschreitender Abtrag.

5.4 Prüfverfahren

Zur Prüfung und quantitativen Erfassung des chemischen Resistenzverhaltens von Glas wurden in Deutschland bereits sehr früh Normverfahren entwickelt. Näheres darüber wurde bereits im Kapitel „Die chemische Prüfung von Glas" ausgeführt. Dort sind die infrage kommenden Prüfverfahren beschrieben und in Tabellen dargestellt (vgl. insbesondere die Übersichtstabelle 4.2). Wie an gleicher Stelle behandelt, wird heute zwischen der Prüfung von Glas „im Anlieferungszustand" und „als Werkstoff" unterschieden.
Nur die Grießverfahren zur Bestimmung der hydrolytischen Beständigkeit (nach DIN 12 111 und 28 817) sind grundsätzlich Prüfungen von „Glas als Werkstoff", alle anderen Verfahren prüfen dem Prinzip nach zunächst die Oberflächen „im Anlieferungszustand" und werden erst nach allseitiger Entfernung der Oberflächenschichten Werkstoffprüfungen im obigen Sinne. Dies wird jedoch normalerweise erst interessant bei gezielt in technischem Maßstab hervorgerufenen Ober-

flächenveränderungen wie zum Beispiel der „chemischen Vergütung", die ebenfalls im oben genannten früheren Kapitel bereits beschrieben wurde, oder nach „chemischer Härtung". Hierbei werden Glasartikel mit Salzschmelzen höherer Temperatur in Kontakt gebracht, wobei zwischen den Glasoberflächen und der Schmelze ein Ionenaustausch stattfindet. Zum Beispiel diffundieren aus dem Glas Na-Ionen heraus und aus einer Kalium-Salz-Schmelze Kalium-Ionen in das Glas hinein (vgl. Abschnitt 10.4.3).

Neben den genormten Prüfverfahren, die ein Maß für das chemische Resistenzverhalten enthalten, gibt es Korrosionen, die sehr spezifisch und nicht oder nur unter erheblichen Schwierigkeiten zu quantifizieren sind.

Im Folgenden werden hierfür wie auch für die Anwendung des gezielten chemischen Angriffs einige Beispiele gegeben.

5.5 Beispiele

5.5.1 Wasserstandsschaugläser

Das erste Beispiel ist ein Extrem für die Anwendung eines technischen Glases bei normalerweise nicht üblichen, hohen Temperaturen unter zusätzlich harten chemischen Bedingungen, nämlich höheren OH-Ionen-Konzentrationen. Es handelt sich um eine chemisch resistente Art eines Borosilicatglases, das als Maxos®-Schauglas in Wasserstandsanzeigern von Dampfkesseln Verwendung findet (Bilder 5.4 — 5.6). Das Wasserniveau steht in halber Höhe am Glas, das heißt die untere Hälfte des Glases steht mit flüssigem, die obere mit dampfförmigem Wasser in Berührung. Da Kesselwässer meist aufbereitet und zur Vermeidung von Stahlkorrosionen alkalisch gemacht werden, tritt bei Temperaturen bis

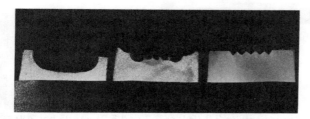

Bild 5.4: Wasserstandsschaugläser im Querschnitt: v. l. n. r.
angegriffen in Lösung (a)
in Gasphase (b) und
nicht angegriffenes Originalglas (c)

Bild 5.5: Draufsicht des bei niedriger Temperatur in Lösung angegriffenen Schauglases (a)

etwa 180/200 °C bevorzugt ein alkalischer Angriff der in der wässrigen Phase befindlichen Glashälfte ein. Wie unter Abschnitt 5.3.3.3 beschrieben, wird hierbei das Glas glatt abgetragen. Bei Temperaturen oberhalb 200 °C tritt aus verfahrensimmanenten Gründen eine starke Kondensatbildung am Glasteil im Dampfraum ein. Der nun hier eintretende Angriff fast reinen Wassers bei hohen Temperaturen wird durch Erosion erheblich verschärft, da das Kondensat in den Rillen des Schauglases mit zum Teil hoher Geschwindigkeit herabläuft [5].

Bild 5.6: Draufsicht des bei hoher Temperatur in der Gasphase angegriffenen Schauglases (b)

5.5.2 Wärmeaustauscher

Ein Wärmeaustauscher aus Borosilicatglas 3.3 (Bilder 5.7 und 5.8) wurde bei 300 – 400 °C in einer Gasatmosphäre verwendet, die neben Wasserdampf auch HF und P_2O_5 enthielt. Die Stäube lagerten sich auf den Rohren ab und die korrosiv wirkenden Verbindungen traten, zum Teil in fest-fest Reaktionen, mit dem Glas in Wechselwirkung. Die Glasrohre wurden regelrecht zerfressen (vgl. Abschn. 5.3.2), wobei

Bild 5.7 − 5.8: Wärmeaustauscher-Rohre, bei $\sim$ 350 °C in Gasphase von P_2O_5-Staub und HF in feuchter Atmosphäre angegriffen

in dem hier geschilderten Fall der Wasserdampfgehalt der Gasatmosphäre den Angriff noch verschärft.

5.5.3 Destillationsapparatur

Eine Ammoniakdestillationsapparatur aus Borosilicatglas (Bild 5.9) bestand aus einem inneren, fingerförmigen Verdampfungsgefäß in einem äußeren Glasmantel. In den Finger tauchte die Wasserdampfzuführung für die Wasserdampfdestillation ein. Zwischen Finger und äußerem Mantel des Gerätes stand unkorrekterweise längere Zeit eine − vergleichsweise unbewegte − alkalische Lösung, während innen die Wasserdampfdestillationen mit großer Turbulenz durchgeführt wurden.

Die Temperatur innen entsprach 100 °C, über die Außentemperatur ist nichts bekannt. Bei diesem Gerät fanden an der äußeren Oberfläche des Fingers punktförmig alkalische Angriffe statt, die — immer wieder am gleichen Ort einsetzend — eine Vielzahl kleiner runder Löcher zur Folge hatten. Die dicht nebeneinander liegenden Krater erscheinen dem unbewaffneten Auge auf den ersten Blick als Trübung.

Ein ähnliches Phänomen wird gelegentlich bei Kjeldahl-Kolben beobachtet. Beim Kjehldahl-Verfahren zur Bestimmung von Stickstoff wird bekanntlich in zwei Schritten gearbeitet, wobei das Glas beim alkalischen Schritt extrem beansprucht wird. Zunächst wird die zu untersuchende Probe mit konzentrierter Schwefelsäure je nach spezieller Vorschrift eine gewisse Zeit am Sieden gehalten. Danach wird die schwefelsaure Lösung mittels Natronlauge alkalisch gemacht, die pH-Werte liegen normalerweise um 14 oder darüber. Das entstandene Lösungsvolumen wird nunmehr meist auf die Hälfte eingedampft, das heißt während des Siedevorganges steigen Temperatur etwas und Alkalität deutlich an. Alle Gläser, also auch die hochresistenten Borosilicatgläser des Typs 3.3, werden, wie ausführlich erläutert, mit steigender Temperatur und steigendem pH-Wert in einem exponentiellen Verlauf zunehmend angegriffen (vgl. Kap. 4, Bild 4.3), normalerweise in einem glatten Abtrag.

Gleichzeitig neigen jedoch dicht unter dem Siedepunkt gehaltene alkalische Lösungen zum sogenannten *Siedeverzug.* Dieser entsteht durch eine lokale Überhitzung an besonderen Stellen, zum Beispiel dort, wo ein enger Metall-Glas-Kontakt stattfindet oder wo die Innenoberfläche des Kolbens — an sich unerheblich — beschädigt worden ist, zum Beispiel durch Kratzen mit einem Glasstab oder ähnliches. An solchen bevorzugten Stellen können sich Dampfblasen bilden

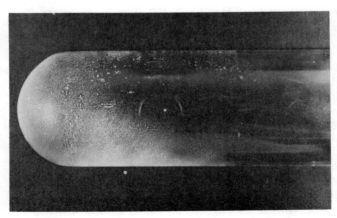

Bild 5.9: „Lochfraß" im Borosilicatglas 3.3, in alkalischer Lösung

und, dies ist das Phänomen des Siedeverzugs in alkalischen Lösungen, wieder in sich zusammenfallen. Die dabei erreichten Geschwindigkeiten liegen in der Größenordnung der Ultraschallwellen. Einen Hinweis auf dieses Phänomen stellt das im Labor wohlbekannte „singende" Geräusch dar, das solche Lösungen verursachen. Beim Zusammenfallen der Dampfblasen prallt die heiße alkalische (= korrosive) Lösung auf die Glasinnenoberfläche und bewirkt an dieser eng begrenzten Stelle einen besonders starken Glasangriff. Aufgrund der lokalen Bedingungen wiederholt sich dies am gleichen Ort, es bildet sich eine muldenförmige Korrosionsstelle. Diese ist wiederum ein bevorzugter Ansatzpunkt für den folgenden Siedeverzug. Auf diese Weise können sich an dieser Stelle sehr tiefe, kreisrunde Löcher bilden, die gelegentlich die gesamte Kolbendicke durchziehen (*Kavitation, Lochkorrosion*).

5.5.4 Entwicklung von Oberflächenschäden

Wurde eine Glasoberfläche mechanisch verletzt, zum Beispiel beim Säubern mit Scheuersand oder mit Spateln, so können diese geringfügigen Verletzungen lange Zeit optisch unbemerkt bleiben. Findet jedoch ein stärkerer hydrolytischer oder alkalischer Angriff statt, so hat er bevorzugt diese verletzten Stellen zum Ziel. Infolge der unter Abschnitt 5.3 genannten hydrolytischen Reaktionen werden nun die Oberflächenschäden entwickelt: die Risse, Kerben und Spalten, die ihrer Feinheit wegen zuvor unsichtbar waren, werden durch die chemische Wechselwirkung aufgeweitet und damit auch für das unbewaffnete Auge erkennbar. Häufig erscheinen sie dem unbewaffneten Auge als Trübung, unter dem Mikro-

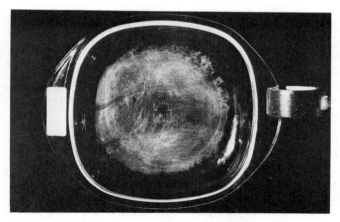

Bild 5.10: Schüssel aus Borosilicatglas 3.3, 25 x mit Haushalt-Scheuerschwamm feucht gerieben, 1 h in 0,1 %iger Na_2CO_3-Lösung gekocht

skop löst sich diese jedoch zu einer Vielzahl einzelner Kratzspuren, Kerbrisse oder Ausmuschelungen auf (Bild 5.10).

Ein solches Bild findet sich häufig an Laborgläsern, die nach längerer Handreinigung nachfolgend im Spülautomaten gereinigt werden. Interessant ist in diesem Zusammenhang folgendes: Verkratzungen, das heißt Oberflächenverletzungen, sind normalerweise die Ursache dafür, daß die theoretischen Festigkeitswerte des Glases vom Praxisglas nicht erreicht werden. Die genannten chemischen Angriffe, die gegebenenfalls zur optischen Sichtbarmachung führen, lassen durch die abtragsbedingten geometrischen Veränderungen diese Verletzungen jedoch wieder „ausheilen", das heißt die gefährlichen Kerbspannungsspitzen werden partiell abgebaut, die Glasfestigkeit wird wieder größer!

5.5.5 Schuppenbildung in Ampullen

Wenn in Ampullen wässrige Lösungen mit höheren pH-Werten (12 − 14) längere Zeit auf 121 °C erhitzt werden, kann, da die Alkalität noch nicht zur quantitativen Auflösung des Glases ausreicht, die gesamte benetzte Innenoberfläche schichtweise in der früheren Ziehrichtung des Rohres abgelöst werden. Diese Schicht hängt zunächst in streifenförmigen schmalen oder großflächigen Bahnen zusammen. Bei Bewegung der Ampullen (schütteln) zerfallen sie und geben das Bild der Schuppen[6].

5.5.6 Flitterbildung in Ampullen

Wird bei der Herstellung von Ampullen aus Rohrglas auf einem Automaten beim Anformen der Ampullenböden eine zu hohe Temperatur angewendet, so verdampfen aus einer schmal umlaufenden Oberflächenzone nahe dem Boden die leichter flüchtigen Bestandteile in extrem hohem Maße unter Hinterlassung einer dünnen, entsprechend kieselsäurereicheren Schicht. Wird eine solche Ampulle mit wässrigem Füllgut dem Autoklavenprozeß bei 121 °C unterworfen, so löst sich diese Zone ab und verbleibt nach mechanischem Schütteln in Form von Flittern, das heißt unlöslichen kleinen Glashautpartikeln, im Präparat[6].

5.5.7 Fernsehröhren

Gezielt macht man von dem Glasangriff bei der Verarbeitung von einer besonderen Gruppe von Gläsern für die Elektrotechnik, den Fernsehgläsern, Gebrauch. Bekanntlich müssen insbesondere die Farb-Fernseh-Schirme peinlichst von jeder Art Schmutz befreit sein, zum Beispiel von Fett (Fingerabdrücke), Öl (in allen großtechnischen Fabrikationsanlagen, in denen heiße Maschinen laufen, allgegenwärtig), Staub, anderen Partikeln usw., damit die diffizile Aufbringung der Leuchtschicht gelingt. Hierzu wird meist radikal vorgegangen, indem chemisch die gesamte Oberflächenschicht des Schirmglases mit allem, was sich auf ihr befindet, abgetragen wird. In vertretbaren Zeiträumen ist dies nur mit Flußsäure möglich.

Reine Flußsäure kann jedoch mit den im Glas befindlichen Erdalkalien und dem Aluminium schwerlösliche Fluoride bilden, das heißt bei nicht optimaler Ätzführung können fleckige Oberflächen entstehen. Daher sollten zu derartigen Flußsäure-Lösungen andere Mineralsäuren, bevorzugt Salpeter- oder Salzsäure, zugegeben werden, um möglichst viele Glasbestandteile in möglichst lösliche Verbindungen zu überführen und damit die Schwererlöslichen ebenfalls mit abzutransportieren. Weiter kommt hinzu, daß sich beim ersten Flußsäureangriff die im Kapitel „Die chemische Prüfung von Glas", Abschnitt 4.1 besprochene, etwas anders zusammengesetzte Oberflächenschicht in Form zusammenhängender Schollen ablösen kann. Je konzentrierter die angewendete Flußsäure ist, umso dicker wird die angegriffene Oberflächenschicht, umso schwieriger kann es aber auch werden, diese zunächst unlöslichen Schollen abzutransportieren. Sie können beim Abspülen mit Wasser auf dem Schirm oder an seinem Rand hängenbleiben und zu Störungen bei der Belegung Anlaß geben. Mit optimal gewählter und konstant gehaltener HF-Säure-Konzentration ($\sim$ 6 %) und energischem Nachspülen ist dieses Sauberätzen jedoch sicher in die Hand zu bekommen.

Die Effektivität der zum gleichen Zweck anwendbaren alkalischen Behandlung muß aufgrund der großen Unterschiede der Ätzintensitäten sehr unterschiedlich sein: in der gleichen Zeit von 30 sec. wird von einer 6 % HF (10 %ig an HCl) bei Raumtemperatur eine Schichtdicke von ca. 2 600 nm abgetragen, von einer 10 % NaOH bei 85 °C dagegen nur eine von ca. 20 nm!

Prinzipiell wäre es optimal, wenn in allen Glaskörpern, die in der Elektrotechnik für Vakuum-Röhren Verwendung finden, vor der Endbehandlung eine völlig neue, reine Oberfläche geschaffen würde. Dies wäre die beste Gewähr für das Halten eines hohen Vakuums über lange Zeit hinweg. Wie aus dem vorher Gesagten ersichtlich, ist diese Schaffung nur möglich bei Anwendung so radikaler Ätzlösungen wie Flußsäure. Dieser Schritt wird jedoch nur dann optimal, wenn er beim Anwender unmittelbar vor der Endbearbeitung getan wird, da nur dann die Gewähr gegeben ist, daß diese neue Oberfläche erhalten und nicht erneut kontaminiert wird.

5.6 Zusammenfassung

Die chemische Korrosion von Glas ist in allen praktischen Fällen an das Vorhandensein von Wasser gebunden. Ist ein Glas aus Komponenten aufgebaut, die mit den Ionen einer in Berührung stehenden Lösung leicht lösliche Verbindungen bilden, löst sich das Glas in Abhängigkeit von Temperatur und Zeit meist klarbleibend auf. Ausschlaggebend ist natürlich, wie sich der hier glasbildende Hauptbestandteil verhält. Werden nur einzelne Glasbestandteile in nennenswertem Umfang gelöst, so kann auch hier völlige Zerstörung eintreten, indem durch Herauslösen dieser Anteile das Glasgerüst so aufgeweicht und gestört wird, daß es zusammenbricht. Die Auflösung geht mit der Bildung schwerlöslischer Partikel einher, das Glas sieht auch optisch deutlich angegriffen aus (weiße, grobe Reaktionsprodukte). Können nur sehr wenige Glasbestandteile und diese nur in geringem Umfang gelöst werden, so betrifft der Angriff nur die äußerste Schicht. Die Korrosionskurve flacht als Funktion der Zeit ab, es bilden sich meist kieselsäurereiche und damit reaktionsträge Oberflächenschichten, das Glas zeigt optisch keine Angriffserscheinungen. Für die chemische Praxis können sie vernachlässigt werden, das Glas ist resistent. Beeinflußt im Anfangsstadium ein Angriff eine etwas tiefere Schicht, so kann gegebenenfalls das Aussehen, nicht jedoch der Gebrauchswert des Werkstückes beeinträchtigt werden.

Zwischen diesen relativ klaren Endpunkten gibt es eine Reihe von Übergängen, die im Einzelfall betrachtet werden müssen, da die verschiedenen Gläser sehr verschieden zusammengesetzt sind und sehr verschieden beansprucht werden können. Selten entspricht ein Medium dem anderen in der Art der gegenwärtigen Ionen, dem kinetischen Verhalten (z. B. ob strömend oder ruhend), der Temperatur, der Zeit, der Konzentration usw. Anhand von Norm-Prüfverfahren lassen sich jedoch Material-Basiswerte erhalten, die bei Fragen möglicher Glaskorrosion entscheidende Hinweise geben. Zusätzlich zur Kenntnis des Verhaltens gegenüber diesen stark vereinfachten Angriffsmedien der Normverfahren muß im konkreten Fall die Summe aller übrigen Einflußparameter mit berücksichtigt werden.

6
Wasser-, Säure- und Laugenangriff auf Wirtschaftsglas

Untersuchungen und Beobachtungen an Flaschen-, Fenster- und Haushaltsglas

Dipl.-Chem. H. Gaar

6.1 Allgemeine Gesichtspunkte

Der Werkstoff Glas zeichnet sich vor anderen Materialien durch die einzigartig hohe Transparenz im gesamten sichtbaren Spektralbereich, optische Brillanz und eine relativ große Beständigkeit gegen physikalische und chemische Angriffe aus. Die wirtschaftliche Bedeutung der verschiedenen Gruppen geht unter anderem aus einer Aufstellung des Statistischen Bundesamtes (Tabelle 6.1) hervor [1].

— (Die angeführten Werte gelten für die BRD im Zeitraum Januar bis September 1974).

Die Übersicht zeigt, daß den Gruppen Flachglas sowie Hohlglas einschließlich Haushalts- und Wirtschaftsglas nach Produktionsmenge und -wert die größten Anteile zukommen.

In der Folge soll das gebrauchsbedingte chemische Verhalten der genannten Produktgruppen am Beispiel von Fensterglas, Flaschenglas und Haushaltsglas beschrieben werden.

6.2 Strukturbedingtes Korrosionsverhalten der Glasoberfläche

Bei normalen Gebrauchsbedingungen treten an Fensterscheiben, Glasflaschen oder Haushaltsglas in der Regel keine merklichen Schäden durch Oberflächenkorrosion auf. Es gelingt, die Glaszusammensetzungen so abzustimmen, daß die Artikel den unterschiedlichen, normalen Angriffsbedingungen gewachsen sind. Das Glas hat daher den Ruf eines inerten Werkstoffes.

Während organische Flüssigkeiten Glas praktisch nicht angreifen, ist ein außerordentlich starker Unterschied des Angriffs bei Wasser und Dämpfen sowie

Tabelle 6.1: Glaserzeugung nach Angabe des Statistischen Bundesamtes

Gruppe	Produktionsmenge * [Mio. t]	Produktionswert * [Mrd. DM]	Wertmäßiger Anteil * an der Gesamtproduktion [%]
Flachglas	1,24	1,59	30,46
Hohlglas	2,82	2,85	54,60
Glasfasern	—	0,78	14,94
Summe	—	5,22	100,00

* einschließlich Veredelung

wässrigen Salzlösungen in Abhängigkeit vom pH-Wert festzustellen. Die Erklärung für die Tatsache, daß die Lösearten im alkalischen Medium (> pH 7) den zehn- bis hundertfachen Wert gegenüber einem Angriff in saurer oder neutraler Flüssigkeit erreichen, ist im strukturellen Aufbau der Silicatgläser und den dadurch bedingten unterschiedlichen Reaktionsmechanismen des Lösevorgangs zu suchen. Die Deutung gelingt durch Einbeziehung der Glasstruktur nach den Arbeiten von Zachariassen [2] und Warren [3].

6.2.1 Hydrolytische Oberflächenreaktionen der Gläser

Gemeinsamkeiten zeigen:

— wässrige Neutrallösungen
— Wasser und Wasserdampf „im Überschuß"
— saure Lösungen (bis auf noch zu erwähnende Ausnahmen).

Der Angriff beruht in der Regel darauf, daß die oberflächennahen, im Vergleich zu -O-Si-O-Bindung wesentlich schwächer gebundenen Alkali-Sauerstoffbrücken durch eine Ionenaustauschreaktion zwischen Alkalien (z. B.: Na^+, K^+) und Protonen (aus dem Wasser, bzw. der Säure) aufgesprengt werden. Das gilt, wenn auch im wesentlich geringeren Maße, von den an Sauerstoff doppelt gebundenen Erdalkaliionen wie Ca^{++}, Mg^{++} und Ba^{++}.

Nach Charles [4] und Holland [5] erfolgt in wässrigen Lösungen und Säuren (z. B. HCl) folgende Reaktion (Bild 6.1):

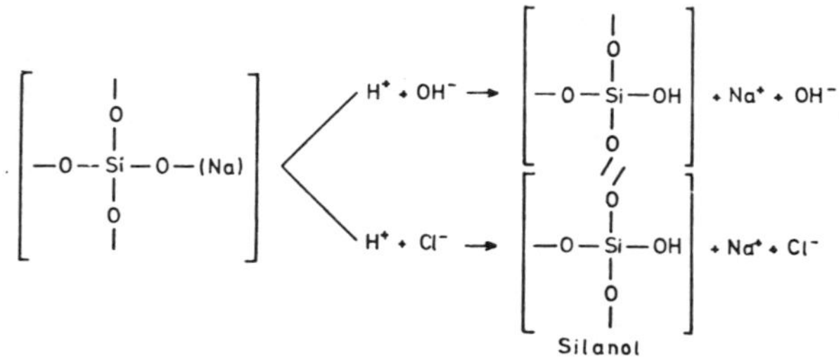

$$\begin{bmatrix} | \\ O \\ | \\ -O-Si-O-(Na) \\ | \\ O \\ | \end{bmatrix} \begin{matrix} H^+ + OH^- \rightarrow \\ \\ \\ H^+ + Cl^- \rightarrow \end{matrix} \begin{matrix} \begin{bmatrix} | \\ O \\ | \\ -O-Si-OH \\ | \\ O \\ | \end{bmatrix} + Na^+ + OH^- \\ \\ \begin{bmatrix} // \\ O \\ | \\ -O-Si-OH \\ | \\ O \\ | \end{bmatrix} + Na^+ + Cl^- \end{matrix}$$

Silanol

Bild 6.1: Wasser- und Säureangriff auf Glas

Das Glas verhält sich gegen Wasser wie das Salz einer schwachen Säure und erleidet Hydrolyse.

Falls ein ausreichendes Angebot an Wasser vorliegt („Wasser im Überschuß"), erfolgt keine wirksame pH-Werterhöhung.

In Gegenwart von starken Säuren entsteht ein Neutralsalz, wodurch der massive Glasangriff auf die O-Si-O-Struktur unwirksam wird. Die Lösungsrate an Alkali wird bei diesem Vorgang überwiegend bestimmt durch:

— das Angebot an Alkaliionen auf der Glasoberfläche
— den Alkaligehalt im Glas
— die Glaszusammensetzung allgemein
— das Verhältnis der Alkaliionen zueinander
— die Temperatur

Der Transport der Alkaliionen aus den Gläsern gehorcht meist einem Parabel-Gesetz [6], wobei Protonen in das Glas diffundieren und zur Neutralisation der aus dem Glasinnern an die Glasoberfläche wandernden Alkaliionen führen. Die Reaktion wird von der langsameren Diffusionsgeschwindigkeit der Alkaliionen bestimmt.

Der diffusionsgesteuerte Lösungsvorgang kommt darin zum Ausdruck, daß die Lösegeschwindigkeit unter konstanten Bedingungen abnimmt. — Zunächst werden die oberflächennahen Alkaliionen ausgetauscht. Mit fortschreitender Hydrolyse verlängern sich die Diffusionswege durch die ausgelaugte, resistentere, silikatreiche Quellschicht. Die Abnahme der Löserate gehorcht neben parabolischen auch logarithmischen Gesetzen (Berger [7]).

Soweit bei steigenden Lösetemperaturen die Si-O-Bindungen noch nicht aufgebrochen werden, gilt für die Temperaturabhängigkeit der Löserate die Arrheniusbeziehung:

$$D = A \cdot e^{-E/RT}$$

wobei

D der Diffusionskoeffizient
E die Aktivierungsenergie
A eine Konstante
R die allgemeine Gaskonstante
T die absolute Temperatur

ist.

Eine logarithmische Zunahme der Lösungsgeschwindigkeit mit linear steigender Temperatur konnte von verschiedenen Autoren nachgewiesen werden (Berger, Leyle [7,8]). Die beschriebene Reaktion korrodierender Salzlösungen und Säuren kann zur Bildung von kristallisierenden Verbindungen auf der Glasoberfläche führen. Bei hohen Temperaturen wird jedoch auch die Si-O-Bindung gesprengt und das gesamte Glas zerstört.

Der Säureangriff sowie der Angriff durch sauer reagierende Salze auf Silicatgläser bedarf noch einer Ergänzung: Während es unter Gebrauchsbedingungen bei den zu behandelnden Glasgruppen auch durch starke Säuren wie H_2SO_4, HCl oder HNO_3 nicht zur Sprengung der SiO_2-Bindungen kommt, können Gläser mit geringem SiO_2-Gehalt aufgelöst werden, wodurch kolloidale SiO_2-Lösungen neben den entsprechenden Metallsalzen entstehen. Flußsäure und ihre wasserlöslichen Salze reagieren mit dem SiO_2 des Glases schon in der Kälte und zerstören Glas vollständig. Bei erhöhter Temperatur wird das SiO_2-Gerüst auch durch Phosphorsäure und Fluorborsäuren (HBF_3OH, HBF_4) zerstört. Beim Säureangriff auf weniger säurefeste Gläser ist der Dissoziationsgrad der Säure maßgebend. Eine Verbesserung der Säure-Resistenz wird durch Erhöhung von Netzwerkbildnern wie SiO_2, B_2O_3 oder Al_2O_3, ZrO_2 und TiO_2 erreicht, während Netzwerkänderer wie BaO und PbO zu einer Erhöhung der Säureempfindlichkeit führen.

6.2.2 Korrosion durch alkalische Lösungen

Alkalisch reagierende Lösungen entstehen durch die Reaktion von Basen mit Wasser bzw. durch Hydrolyse alkalisch reagierender Salze. Sie sprengen nach Adsorption von OH'-Ionen an der Glasoberfläche die sehr festen Si-O-Si-Bindungen (Bild 6.2):

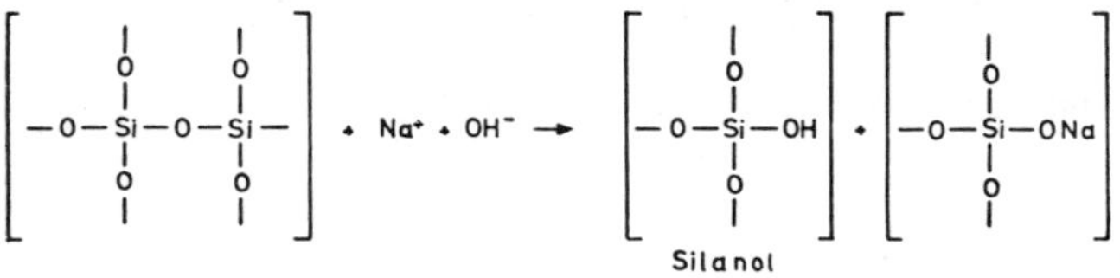

$$\left[\begin{array}{c} | \quad | \\ O \quad O \\ | \quad | \\ -O-Si-O-Si- \\ | \quad | \\ O \quad O \\ | \quad | \end{array}\right] + Na^+ + OH^- \rightarrow \left[\begin{array}{c} | \\ O \\ | \\ -O-Si-OH \\ | \\ O \\ | \end{array}\right] + \left[\begin{array}{c} | \\ O \\ | \\ -O-Si-ONa \\ | \\ O \\ | \end{array}\right]$$

Silanol

Bild 6.2: Alkaliangriff auf Glas

Da auch in alkalischer Lösung H^+-Ionen vorhanden sind, werden gleichzeitig die nicht brückenbildenden Bindungen gesprengt (Zagar [9]). Bei starker Bewegung und dauernder Erneuerung des alkalischen Mediums ist die gelöste Glasmenge der Zeit proportional. Es entsteht keine schützende Gelschicht, da die freiwerdenden Kieselsäuren im alkalischen Medium löslich sind und nicht polymerisieren. — In gleicher Art reagiert neutrales Wasser, falls es in kleinen Mengen mit der Glasoberfläche in längerem Kontakt steht (z. B. tropfenförmig kondensiertes Wasser, Glas in Berührung mit feuchtem Verpackungsmaterial [10]). Das durch den hydrolytischen Angriff des Wassers freigesetzte OH'-Ion (vgl. die Reaktion in Abs. 6.2.1) greift nun die Si-O-Brückenbindung von außen an, wobei weitere Alkaliionen durch das Ausbrechen der Kieselsäuremoleküle frei werden und den Angriff verstärken.

6.3 Die Korrosion von Flaschen-, Fenster- und Haushaltsglas

Die Entwicklung und Differenzierung der unterschiedlichsten Gläser ist ein komplexer Vorgang, in dem

— die geforderten Gebrauchseigenschaften (physikalische, chemische, ästhetische Anforderungen),
— die Produktionsmöglichkeiten (Schmelze, Formgebung und Nachverarbeitung),
— die wirtschaftlichen Gesichtspunkte

miteinander abzustimmen sind.

Die Korrosion der genannten Produktgruppen führt zunächst oft zur ästhetischen Qualitätsminderung durch Oberflächentrübungen oder Anfressungen. In Extremfällen werden die Gläser unbrauchbar. Die Abgabe von gelösten Glasbestandteilen im Kontakt mit Flüssigkeiten oder Wasserdampf spielt dagegen zum Beispiel bei Apparategläsern, Ampullen oder Laborglas die entscheidende Rolle.

Das strukturbedingte Verhalten soll zunächst am Beispiel von Flaschenglas (Hohlglasgruppe) und an Fensterglas (Flachglasgruppe) beschrieben werden.

Tabelle 6.2 bringt Mittelwerte typischer Zusammensetzungen.

6.3.1 Korrosion von Flaschenglas

Grünes Flaschenglas enthält in der Regel 1 – 9 Gew.-% Al_2O_3 und zur Färbung 1 – 2 % Fe_2O_3 und Mn_2O_3. Mit steigendem Al_2O_3-Gehalt steigt die hydrolytische und Säurebeständigkeit. Während Flaschen mit 0,9 % Al_2O_3 meist zur 2. hydrolytischen Klasse gehören, sind Flaschen mit 7 % Al_2O_3 als wasserbeständig zu bezeichnen (hydrolytische Klasse 1) (nach Salmang [11]).

Tabelle 6.2: Glaszusammensetzungen in Gew.-% (Mittelwerte)

Oxid	Getränkeflaschen		Geräteglas(flaschen)	Flachglas
	Saugsystem +	Tropfsystem++	Chemie/Pharmazie	Fensterglas
SiO_2	63	73	74,7	71,5
B_2O_3	–	–	7,4	–
Al_2O_3	7	2	5,3	1,5
Fe_2O_3	2	Spuren	Spuren	Spuren
CaO+MgO+BaO	13	8	4,6	12,0
Na_2O+K_2O	12	16	8,0	15,0
MnO	2	–	–	–

+ grünes Flaschenglas
++ farbloses Flaschenglas

Nur Flaschengläser mit ungünstiger Glaszusammensetzung geben merkliche Mengen an Gelöstem zum Beispiel an alkoholische Wassermischungen ab (Bacon [12]) und Kochetkova [13]).

Während Flaschen mit guter hydrolytischer Beständigkeit auch bei der Langzeitlagerung von neutralen und sauren Flüssigkeiten alle gestellten Anforderungen erfüllen, sind zur Aufbewahrung von Chemikalien und Medikamenten oft nur Borosilicatgläser (Geräteglas, Ampullenglas) mit höchster Resistenz geeignet (Hydrolytische Klasse und Säureklasse 1, Laugenklasse 2). Alkalische Lösungen sollten jedoch selbst in diesen Gläsern nicht aufbewahrt werden, da der Inhalt durch das gelöste Glas schnell verunreinigt wird. Neben einer Glastrübung quellen Schliffstopfen und -verbindungen und sind nicht mehr zu benutzen.

In diesem Zusammenhang soll auf Untersuchungen über die Bleilässigkeit von Bleikristallglas hingewiesen werden. Nach Scholze [24] lösen sich bei 20 °C in 24 Stunden maximal 0,9 mg Pb/1000 cm^2 Glasoberfläche oder 0,75 mg Pb/l Auslaugelösung. Andere Säuren verhalten sich ähnlich, höhere pH-Werte lassen die Löslichkeit weiter absinken. Es bestehen also keinerlei gesundheitliche Bedenken.

An Flaschenglas können durch „Wasser im Unterschuß", während der Lagerung in feuchten Räumen bei Kondenswasserbildung oder im Kontakt mit feuchtem Verpackungsmaterial Flächentrübungen auftreten (Salmang [11]; Jebsen-Marwedel [10]).

6.3.2 Korrosion an Fensterglas

Flachglas unterscheidet sich in seiner Glaszusammensetzung nur unwesentlich vom Flaschenglas. Trübungen bei Normalbeanspruchung, das heißt von „Wasser im Überschuß", sind bei fehlerfreier Produktion ausgeschlossen. Industrielle Schadgase wie H_2SO_3, H_2SO_4 oder H_2CO_3 greifen das Glas nicht an. Flußsäuredämpfe führen jedoch schon in sehr geringer Konzentration zur Mattierung. Trübungen werden auf Baustellen verursacht, falls stark alkalische Lösungen von Kalkspritzern, frischem Mauerwerk, Betonflächen oder Asbestzementplatten auf die Scheiben gelangen. Irreparable Trübungen entstehen außerdem durch unsachgemäße feuchte Lagerung, durch Kondenswasserbildung sowie während des Transportes im Kontakt mit feuchtem Verpackungsmaterial [10,14]. Als Sonderformen einer beginnenden Zersetzung mit „Wasser im Unterschuß" beschreibt Jebsen-Marwedel [10] sogenannte Fadenkristalle oder Krähenfüße, die sich jedoch als Alkalisalze wieder von der Glasoberfläche abwaschen lassen.

6.3.3 Latente Oberflächenänderungen an Wirtschaftsglas

Bei den bisherigen Betrachtungen wurde von der Annahme ausgegangen, daß die (feuerpolierten) Glasoberflächen einer bestimmten Glaszusammensetzung völlig gleiche Eigenschaften besitzen. Wie zum Beispiel die Messung der Randwinkel von Wassertropfen zeigt [10], ist das nur ausnahmsweise der Fall. Formungs-, Kühl- und Veredlungsprozesse sowie die Schlierenbildung führen zu chemischen und physikalischen Oberflächenveränderungen, die sich unter ungünstigen Gebrauchsbedingungen zu Glasschäden auswachsen können. Als Beispiel soll hier an das in einem der folgenden Kapitel von L. Žagar behandelte „Verhalten von Haushaltsgläsern in Geschirrspülmaschinen" angeknüpft werden.

6.3.3.1 Die Auswirkung von Oberflächenverletzungen auf Haushaltsglas in Haushaltsgeschirrspülmaschinen (HGSM)

Oberflächenverletzungen wie Kratzer und Schleifspuren können im Anschluß an die Formgebung, während der Nachverarbeitung und Veredelung sowie beim Ge-

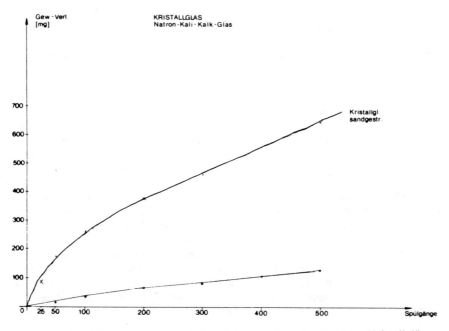

Bild 6.3: Gewichtsverlust von unbehandelten und sandgestrahlten Kristallgläsern

brauch und der Reinigung auftreten. Unter Spülmaschinenbedingungen werden jedoch auch unsichtbare Mikrorisse und -kratzer „entwickelt" und zu Trübungszentren, die auch als „kratzerförmige Anfressungen" oder „Flusen" bezeichnet werden [15 – 22]. Es scheint, daß diese Kratzerentwicklung von der jeweiligen Glaszusammensetzung weitgehend unabhängig ist. Sie ist bei Bleikristallgläsern, Kali-Natron-Silicat-Kristallgläsern, Natron-Kalk-Preßgläsern und selbst an Borosilicatgläsern zu beobachten.

Zur Ermittlung der Ursache für diesen Angriff wurden Kristallgläser (Natron-Kali-Kalk-Silicatgläser) und Bleikristallgläser (mit 24 % PbO) durch Sandstrahlen aufgerauht und ihre Gewichtsabnahme in einer HGSM mit dem unbehandelten Vergleichsmuster verfolgt (Bild 6.3).

Wie ein Vergleich zwischen Bild 6.3 und Bild 6.4 zeigt, ist der erhöhte Gewichtsverlust der aufgerauhten Gläser zum größten Teil auf die vergrößerte Oberfläche zurückzuführen, da die Kurve des sandgestrahlten Glases in Bild 6.4 die Oberflächenvergrößerung mit berücksichtigt (Oberflächenmessung des Gesteinshütteninstitutes der TH Aachen). Wie Bild 6.4 zeigt, liegt die Löserate der verletzten

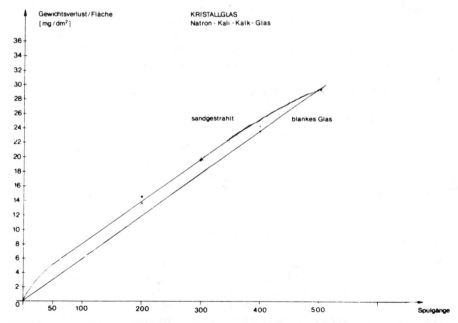

Bild 6.4: Korrigierter Gewichtsverlust von unbehandelten und sandgestrahlten Kristallgläsern (mg/dm^2)

Oberflächen auch unter Berücksichtigung ihrer Vergrößerung immer noch deutlich über der der blanken Oberflächen.

Aus den Untersuchungen ist zu schließen:

— An verletzten Glasoberflächen tritt gegenüber feuerpoliertem Glas, besonders im Bereich bis zu 100 Spülgängen, eine wesentlich größere Glaslösung auf.
— Die unterschiedlichen Werte der beiden Löseraten ergeben sich durch unterschiedliche Oberflächengrößen sowie einen weiteren, weniger stark wirksamen Faktor, der entweder als „Glasaktivierung" gedeutet werden kann oder auf eine weniger beständige Glaszusammensetzung im Glasinnern hinweist.

Nach Holland [5] muß auch eine mechanisch mit optischer Qualität polierte Glasoberfläche nur bis zu einem bestimmten Grad geglättet werden. Polierte Oberflächen, die immer noch einen zu vernachlässigenden Anteil Licht streuen, beweisen nicht, daß die Oberfläche völlig frei von Kratzern ist. — Es lag nahe, daß die Trübungsanfälligkeit mechanisch polierter Glasdekore in der HGSM auf derartigen Oberflächenverletzungen beruht. Der Nachweis konnte mit sorgfältig geschliffenen und mechanisch polierten Bleiglasplatten aus sehr unterschiedlichen Glaszusammensetzungen geführt werden. — Nach kurzzeitiger Spüldauer in einer HGSM zeigten sich an sämtlichen Platten charakteristische, vergleichbare Trübungsbilder, die von der spezifischen Druckverteilung während der Politur herrührten [23]. Nach der Säurepolitur der getrübten Glasplatten und wiederholtem Spülversuch blieben die Trübungen aus.

Als Schlußfolgerung ist für die Praxis zu beachten:

— Mechanisch poliertes Glas ist in HGSM trübungsanfällig.
— Eine Säurepolitur aureichender Intensität trägt verletzte Oberflächenschichten ab und ebnet Mikrorisse vom Schleifvorgang oder Kratzer völlig ein.
— Partielle Trübungen geschliffener und säurepolierter Gläser im Bereich des Schliffes deuten darauf hin, daß die Säurepolitur nicht ausreiche, alle Mikrorisse des Schleifvorganges aufzuheben.

6.3.3.2 Latente Glasschäden durch thermische Nachbehandlung von Trinkgläsern

Neben den schon beschriebenen Glasschäden durch HGSM treten an Trinkgläsern unterschiedlicher Form und Glaszusammensetzung, zuweilen erst nach längerer Spüldauer, scharf abgesetzte oder diffuse Trübungen oder Anfressungen auf. Sie sind durch einen symmetrischen Verlauf parallel zum Mundrand des Glases und/oder einem zweiten Parallelring im unteren Teil an Kelchgläsern charakterisiert. An noch vorhandenen Restspannungen in solchen Gläsern konnte nachgewiesen werden, daß diese Trübungen auf die thermische Nachbehandlung zurückzuführen sind. In der Hauptsache werden symmetrische Oberflächenveränderungen durch die Randverschmelzung der Gläser hervorgerufen, wobei der geschliffene Rand des Kelches mit einer scharfen Flamme rundgeschmolzen wird. Eine ähnliche nachträgliche, weniger ausgeprägte Temperaturbelastung erfahren die Glaskelche beim Ansatz des Stieles. Die spezifische Trübungsanfälligkeit dieser Glaszonen beruht nicht auf einem Spannungsunterschied im Vergleich zum übrigen Glas. Als Ursache werden partielle Änderungen des Alkalianteils in den nachträglich erhitzten Teilgebieten der Gläser oder die Bildung von Mikrosprüngen angenommen. Zumindest an Bleikristallgläsern konnte nachgewiesen werden, daß solche latenten Glasschäden durch eine Erhitzung mit reduzierend wirkender Flamme hervorgerufen werden [23]. Die Randverschmelzung sollte deshalb immer stark oxydierend eingestellt werden. Bei Schliffgläsern treten ringförmige Trübungen nicht auf, falls die Gläser nach der Randverschmelzung allseitig eine ausreichende Säurepolitur erfahren.

Die vorliegenden Ausführungen sollten nicht als Pathologie des Glases verstanden werden, sondern als eine Prophylaxe. Der Werkstoff Glas ist in seiner großen Vielseitigkeit bei rechter Auswahl und materialgerechter Behandlung für viele Zwecke unersetzlich.

7
Verhalten von Gläsern in Geschirrspülmaschinen

Dr. Dr. L. Žagar

7.1 Einleitung

Gläser zählen bekannterweise zu den korrosionsbeständigen Werkstoffen. Sie werden trotzdem von wässrigen Lösungen angegriffen. Aus diesem Grunde werden die sogenannten Wasser-, Säure- und Laugenbeständigkeiten besonders bei Hohlgläsern in der Produktion laufend kontrolliert. Es kommt bei einem derartigen Angriff zwar nur in seltenen Fällen zu einer völligen Zerstörung des Glases, da jedoch die Klarheit und die Durchsichtigkeit des Glases zu den wichtigsten Merkmalen dieses Werkstoffs gehören, bedeutet die durch den Angriff getrübte Oberfläche eine beträchtliche Wertminderung des Glases. Hinzu kommt, daß die aus der Glasoberfläche ausgelaugten Bestandteile auch eine Änderung der in solchen Gefäßen aufbewahrten Waren herbeiführen können, was besonders beim medizinischen Glas ins Gewicht fällt. Man darf auch nicht übersehen, daß die technische Festigkeit der Gläser wesentlich von der Beschaffenheit der Oberfläche abhängt. Die Festigkeit des Glases ist somit zum großen Teil ein Oberflächenproblem.

Die Grundvorgänge beim Angriff verschiedener wässriger Lösungen auf Glasoberflächen sind schon lange Gegenstand systematischer Untersuchungen [1]. Man weiß, daß die Intensität des Angriffes nicht nur von der chemischen Zusammensetzung des Glases, sondern auch vom pH-Wert der Lösung und von der Temperatur abhängig ist. Obwohl die Vorgänge im einzelnen noch kein klares Bild ergeben, so steht doch fest [2–4], daß bei Temperaturen unter etwa 60 °C der Angriff des Wassers in Form eines Ionenaustausches vor sich geht, während bei Temperaturen oberhalb dieser Grenze die Diffusionsvorgänge durch direkte Abtragung der Glassubstanz von der Oberfläche überlagert werden.

Zwei Einflußgrößen wurden bisher in erster Linie berücksichtigt: die chemische Zusammensetzung der korrodierenden Lösungen und der Einfluß der Temperatur. Untersuchungen über die mechanisch-chemische und mechanisch-thermische Wirkung verschiedener wässriger Lösungen auf Glas sind dagegen nur vereinzelt bekannt geworden. Die Wichtigkeit hydromechanischer Faktoren steigt jedoch in dem Ausmaße an, wie dem Werkstoff Glas neue Anwendungsgebiete erschlossen werden. Auf einige solcher Gebiete soll kurz hingewiesen werden:

Gläser werden als Fenster in Waschautomaten und Aquarien benutzt, wo sie einer erodierenden Wirkung des Mediums ausgesetzt sind. Die Spülautomaten, die im Haushalt, in klinischen Anstalten, in medizinischen und chemischen Labors benutzt werden, stellen hohe Anforderungen an die Oberflächenbeschaffenheit der Gläser. Glas wird in immer stärkerem Ausmaße im Bau eingesetzt. Ganze Wände werden durch entsprechende Fensterfronten ersetzt, die einer mechanischen Wirkung der Atmosphärilien ausgesetzt sind. Hinzu ist die sich anbahnende Entwicklung zu zählen, das Glas stärker als bisher beim Bau von Unterseefahrzeugen und Unterseebauten zu benutzen [5—7]. Bei Verwendung von Gläsern an Flugkörpern und sich schnell bewegenden Fahrzeugen kommt es oft zu einer Regentropfen-Erosion [8], wodurch die Gläser in kurzer Zeit stark beschädigt werden.

Geht man von der statischen Korrosion im ruhenden Medium aus und verschärft man bei konstanten chemischen und thermischen Bedingungen schrittweise die hydromechanische Beanspruchung des Werkstoffes, so kommt man im Grenzfall zu Zerstörungserscheinungen, die als Kavitation bezeichnet werden. Kavitationserscheinungen an Metallen sind verhältnismäßig gut bekannt [9]. Von Gläsern weiß man lediglich, daß deren Kavitationsfestigkeit wesentlich schlechter als die der Metalle [10—12] und merkwürdigerweise sogar schlechter als die der Kunststoffe ist [8,13] (Bild 7.1).

Die vorliegende Arbeit beschränkt sich auf das Problem des Verhaltens von Glä-

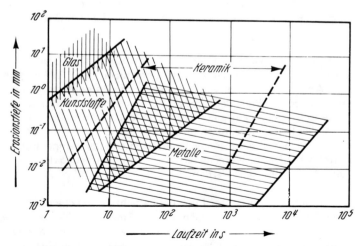

Bild 7.1: Tropfenschlagbeständigkeit von festen Körpern [22]

sern in Geschirrspülmaschinen und soll bewußt auf jene Zwischenstadien begrenzt werden, bei denen Kavitation noch nicht auftritt.

Die Herstellung von Geschirrspülautomaten ist ein relativ junger Industriezweig, dem aber eine bedeutende Zukunft vorausgesagt werden kann [14-19]. Den wirtschaftlich statistischen Berichten zufolge sind in der Bundesrepublik erst 5 % der Haushalte mit Geschirrspülautomaten ausgerüstet.

Nichtsdestoweniger hat man auf diesem Gebiet mit Schwierigkeiten zu kämpfen, von denen eine darin besteht, daß Gläser, die länger in Spülautomaten einer Reinigung unterzogen wurden, mit der Zeit ihren Glanz verlieren, stellenweise mit Trübungen und auch Kratzern bedeckt werden. Da die klare Durchsichtigkeit und der Glanz der Oberfläche zu den Eigenschaften gehören, die man beim Haushaltsgeschirr besonders schätzt, ist es durchaus berechtigt, wenn diese Erscheinungen einer gründlichen Untersuchung unterzogen werden, um den Gründen für das ungünstige Verhalten von Gläsern in Reinigungsautomaten auf die Spur zu kommen.

Im entsprechenden Untersuchungsplan wurden zwei Richtungen vorgesehen.

In einer Richtung sollte man sich mehr an Bedingungen halten, die in der Praxis gegeben sind. Eine Reihe von Gläsern soll in handelsüblichen Spülautomaten mit verschiedenen Spülmitteln so behandelt werden, wie dies üblicherweise in einem Haushalt vor sich geht. Es handelt sich um Versuche, die man als technologische Untersuchungen bezeichnen kann.

Die zweite Richtung soll bewußt auf unmittelbare Anwendung der Ergebnisse verzichten und sich mit grundlegenden Fragen der Phänomenologie, der Kinetik und des Einflusses einzelner Faktoren befassen. Die Untersuchungen sollen so geführt werden, daß der Einfluß von chemischen, thermischen und mechanischen Faktoren möglichst klar zu Tage kommt. Solche Untersuchungen können nur im Labor unter vereinfachten und übersehbaren Bedingungen durchgeführt werden.

7.2 Technologische Untersuchungen

Für die Durchführung der technologischen Untersuchungen wurde eine Arbeitsgemeinschaft gebildet, die aus Herstellern von Spülmaschinen, von Spülmitteln und von Gläsern bestand.

Für die Durchführung dieser Untersuchungen wurden 5 Prüfstellen B 1 bis B 5 eingerichtet. Die Untersuchungen wurden an jeder dieser Stellen mit drei Geschirrspülmaschinen M 1, M 2 und M 3 von verschiedenem Typus durchgeführt. Drei verschiedene Spülmittel S 1, S 2, S 3 in bestimmter Konzentration wurden vereinbart.

Die Glasindustrie stellte 8 Glassorten (G 1 bis G 8) von Haushaltsglas zur Verfügung, die in Hinsicht auf die chemische Zusammensetzung, äußere Form, Herstellungsart und Provenienz voneinander unterschiedlich waren.

Die in Spülautomaten behandelten Gläser wurden nach einem bestimmten Spülzyklus einer visuellen Untersuchung nach etwaigen Schäden unterworfen. Für diese Zwecke wurde ein „Schwarzer Lichtkasten" mit so eingestellter Lichtquelle entwickelt, daß Risse, Kratzer und mattgewordene Stellen klarer zu erkennen sind. Die am häufigsten auftretenden Schadensarten wurden in 4 Hauptgruppen eingeteilt:

1 Risse und Kratzer, 2 Schillern, 3 Trübungen, 4 Sprünge

Die Bewertung der Schäden erfolgte in Noten von 1 bis 4 in jeder Schadensgruppe. Die höchsten Benotungen in der Schadensgruppe wurden addiert und durch die Anzahl der Schadensgruppen dividiert. Die Gesamtbewertung der Schäden lag auf diese Weise bei Gläsern, die noch als benutzbar betrachtet werden, bei 1,0.

Die Benotung unter 1,0 bedeutet, daß das Glas noch brauchbar ist. Die Note 0 bedeutet, daß das Glas keinen Schaden erlitten hat.

Auf diese Weise ist ein sehr großes Zahlenmaterial zusammengetragen worden, das jedoch keine streng statistische Auswertung ermöglicht, da die einheitlichen Bedingungen nicht in allen Fällen konsequent eingehalten wurden.

Trotzdem ist eine Gegenüberstellung der Versuchsergebnisse verschiedener Beobachter mit verschiedenen Maschinen und Spülmitteln an untersuchten Gläsern recht aufschlußreich. Eine Zusammensetzung der Ergebnisse vermittelt die Tabelle 7.1.

Anhand dieser Tabelle ist festzustellen, daß quer durch verschiedene Glasarten von Maschine zu Maschine Unterschiede in der Größe der entstandenen Schäden zu Tage treten. Es wäre mißlich, mit Hilfe dieser Zahlen mit großer Streuung eine Rangordnung unter den Maschinen aufstellen zu wollen. In diesem Zusammenhang interessiert nur die Feststellung, daß die Konstruktion und die Arbeitsweise einer Maschine offensichtlich nicht ohne Einfluß auf das Verhalten des Spülgutes ist. Diese Feststellung wurde fast ausnahmslos auch von den einzelnen Beobachtern zum Ausdruck gebracht.

Geht man zu der Betrachtung der Anfälligkeit der untersuchten Glassorten über, so ist anhand der Tabelle 7.1 ohne Rücksicht auf die benutzte Maschine folgende

Reihenfolge der Gläser mit zunehmenden Beschädigungserscheinungen festzustellen:

G 8; G 5; G 7; G 1; G 2; G 4; G 3; G 6.

Dies bedeutet, daß die Bleigläser am resistentesten sind. Weniger resistent sind die Kalk-Natron-Gläser, und die größte Anfälligkeit ist bei den Kaligläsern gefunden worden. Es ist eigentlich nicht ganz konsequent, von einer Resistenz der Bleigläser zu sprechen, denn eine gleichmäßige Abtragung der Oberfläche wäre durchaus denkbar. Diese könnte aber nur durch Gewichtsverluste festgestellt werden.

Was den Einfluß der Spülmittel anbelangt, so ist dieser aus der vorliegenden Auswertung weniger deutlich. Er kommt aber in den Einzelberichten klarer zum Vorschein.

Die übereinstimmenden Bemerkungen dieser Stellen lassen sich in folgenden kurzen Sätzen zusammenfassen: Im Bereich der stärksten Wölbung eines Kelches wurde die größte Konzentration an Schäden beobachtet. Die Trübungen blieben

Tabelle 7.1: Zusammenfassung der Versuchsergebnisse

Glas Nr.	Glasart	Maschine			Mittel
		M 1	M 2	M 3	
1	Kalknatron	0,85 ± 15 %	0,66 ± 16 %	1,13 ± 42 %	0,88 ± 15 %
2	Kalknatron	0,95 7	0,92 13	0,88 25	0,92 2
3	Kaliglas	1,22 14	1,30 11	1,13 14	1,21 4
4	Kaliglas	1,17 15	0,95 33	0,95 19	1,02 7
5	Bleiglas	0,78 14	0,74 14	0,75 ϕ	0,76 2
6	Kaliglas	1,23 12	1,09 12	1,56 14	1,29 11
7	Kalinatron	0,64 28	0,59 16	1,13 40	0,79 22
8	Bleiglas	0,24 47	0,34 31	0,38 31	0,32 13
	Mittel	0,88 ± 14 %	0,82 ± 13 %	0,99 ± 12 %	

vornehmlich auf die Außenseite der Gläser beschränkt, nur bei einem Erzeugnis lagen die Trübungen auch auf der Innenseite. Man hatte den Eindruck, daß maschinengefertigte Gläser widerstandsfähiger als die mundgeblasenen sind. Zwischen Spannungen im Glas und der Lage der Trübungen konnte kein Zusammenhang festgestellt werden. Dazu kommt das einheitliche Ergebnis der Versuche, daß die Kaligläser am stärksten, die Natron-Kalk-Gläser weniger und Bleigläser am wenigsten angegriffen wurden.

Es drängt sich somit die Vermutung auf, die Ursachen der Anfälligkeit bei den Alkalien zu suchen. Einerseits werden die Alkalien im Zuge eines Ionenaustausches leicht aus der Glasoberfläche herausgelaugt, wodurch die chemische Zusammensetzung der Oberfläche sich ändert und eine gewisse Auflockerung des Netzwerkes auftritt. Auf der anderen Seite könnte man zur Klärung auch die Tatsache heranziehen, daß Alkalien stärker als andere Komponenten aus dem heißen Glas verdampfen. Nach vorhandenen spärlichen Angaben [20,21] verdampft K_2O stärker als Na_2O. Auch Bleiverbindungen sind leicht zu verflüchtigen. Die Verarbeitung von Bleigläsern erfolgt allerdings bei niedrigeren Temperaturen als bei anderen Gläsern. Es kommt hinzu, daß Bleikristallgläser in der Regel eine Säurepolitur erhalten, wodurch die inhomogen gewordene Oberfläche abgetragen werden kann.

Wenn das Kelvin'sche Gesetz in Betracht gezogen wird, wonach an gekrümmten Oberflächen Änderungen des Dampfdrucks gegenüber dem normalen Dampfdruck über einer ebenen Oberfläche auftreten, so kann die Verdampfung von Glaskomponenten lokal unterschiedlich sein. Die Verdampfung ist an Stellen mit positiver Krümmung der Oberfläche intensiver als an ebenen Flächen und hier wiederum stärker als an Oberflächenpartien mit negativer Krümmung. Die Verdampfung wird somit in Bereichen der stärksten Wölbung eines Glaskelches auf der Außenseite (positive Krümmung) begünstigt. Demgegenüber wird der Verdampfungsvorgang auf der Innenseite eines Glasgefäßes aufgrund der negativen Krümmung zurückgedrängt. Da mundgeblasene Gläser länger bei der Verarbeitungstemperatur behandelt werden als maschinell hergestellte, ist es denkbar, daß die Oberfläche bei mundgeblasenen Gläsern mehr an Alkalien als die maschinell bearbeitete Oberfläche verliert. Eine nachträgliche thermische Behandlung der Gläser, wie zum Beispiel beim Absprengen von Rändern und deren Verschmelzung oder beim Garnieren verschiedener Glasteile, kann mit einer zusätzlichen Verarmung der Glasoberfläche an Alkalien verbunden sein.

Diese Überlegungen können natürlich höchstens als eine Arbeitshypothese für die Anstellung von weiteren Versuchen betrachtet werden, da über die Verdampfung von einzelnen Glaskomponenten recht wenig bekannt ist und darüber hinaus die vorhandenen Informationen an die untersuchten Zusammensetzungen gebunden sind und nicht verallgemeinert werden können.

Bei handgespülten Gläsern reichen die relativ milden Behandlungsbedingungen (Temperatur, Spülmittel) offensichtlich nicht aus, um eine Heterogenität der Glasoberfläche in Form von Schäden in Erscheinung treten zu lassen.

Es wurden in unserer Glasabteilung auch eigene Versuche technologischer Art durchgeführt. Hierfür wurde eine vollautomatisch arbeitende Geschirrspülmaschine der Firma Miele so umgebaut, daß sie durch eine eingebaute elektronische Steuerung eine beliebig einstellbare Anzahl von Spülzyklen durchlaufen kann. Zwischen zwei aufeinanderfolgenden Spülzyklen kann die Fronttür für eine einstellbare Zeit automatisch geöffnet werden, um den Wasserdampf abzulassen. Die für jeden Spülzyklus benötigte Menge an Spülmitteln wird aus einem Vorratsgefäß über eine pneumatisch gesteuerte Dosiervorrichtung automatisch zugeführt.

Für Versuche in einer Charge wurden 12 Kali- und 12 Blei-Trinkgläser so eingesetzt, daß sie gegenseitig nicht in Berührung kommen konnten. Je 4 Stück dieser Gläser erhielten eine Säurepolitur, die restlichen 8 Stücke behielten die ursprüngliche Feuerpolitur.

Die Versuche mit einer Charge wurden über 1000 Zyklen fortgesetzt, ohne die Gläser zwischendurch aus der Maschine zu entnehmen.

Bei der zweiten Charge wurde der Versuch nach jeweils 100 Zyklen unterbrochen und die Gläser wurden für Untersuchungszwecke für 1 bis 2 Tage aus der Maschine genommen.

Die behandelten Gläser wurden im „Schwarzen Lichtkasten" untersucht. Die aufgetretenen Schäden sind morphologisch denen ähnlich, die schon bei den Gemeinschaftsversuchen beobachtet wurden. Es handelt sich um Risse, Kratzer und Trübungen.

Tabelle 7.2: Bewertung der Schäden nach 1000 Spülzyklen. Ununterbrochener Spülvorgang. Spülmittel Finish.

Glasart	Oberfläche	
	feuerpoliert	säurepoliert
Bleiglas	0,92	0,94
Kaliglas	1,34	1,00

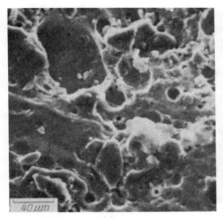 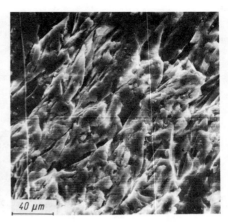

Bild 7.2:
Oberfläche eines Bleiglases nach 1000 Spülzyklen (REM-Aufnahme)

Bild 7.3:
Oberfläche eines Kaliglases nach 1000 Spülzyklen (REM-Aufnahme)

Der wesentliche Unterschied zwischen den Blei- und Kaligläsern bestand darin, daß die Schäden bei Kaligläsern später (d. h. nach einer größeren Anzahl von Spülzyklen) auftraten als bei Bleigläsern. Aus den Tabellen 7.2 und 7.3 geht hervor, daß bei ununterbrochenem Spülvorgang die Bleigläser, bei unterbrochenem die Kaligläser besser abschneiden. Die säurepolierte Oberfläche erscheint resistenter als die feuerpolierte.

Die entstandenen Schäden wurden lichtoptisch und mit dem Rasterelektronenmikroskop untersucht. Das Erscheinungsbild ist fast immer das gleiche. Beispiele zeigen die Bilder 7.2 und 7.3.

Tabelle 7.3: Bewertung der Schäden. Spülvorgang alle 100 Spülzyklen unterbrochen. Spülmittel Finish mit 10 % TPP.

Glasart	Oberfläche			
	feuerpoliert	säurepoliert	feuerpoliert	säurepoliert
	nach 500 Spülzyklen		nach 1000 Spülzyklen	
Bleiglas	0,75	0,56	1,36	1,19
Kaliglas	0,68	0,75	1,14	0,82

7.3 Mechanochemische Untersuchungen

In Anlehnung an die in der Literatur beschriebenen Versuchsanordnungen, die zum Studium der Kavitationsvorgänge an verschiedenen Werkstoffen konstruiert wurden, wurde eine Apparatur aufgebaut, deren Funktionsweise aus Bild 7.4 hervorgeht.

Es handelt sich um einen Metallarm, der um eine vertikale Achse in Rotation versetzt werden kann. Der Arm trägt in gleichen Abständen von der Achse auf beiden Seiten je drei Glasproben. Oberhalb des Armes sind 6 Düsen so angebracht, daß der senkrecht nach unten aus der Düse austretende Wasserstrahl bei jedem Durchgang des Armes auf die Glasoberfläche aufprallt.

Aufgrund von vielen Vorversuchen wurde dieses Prinzip in der Ausführung stufenweise vervollständigt und ausgebaut (Bild 7.5). Die Anlage bildet einen geschlossenen Kreislauf, in dem das Wasser von einem thermostatisierten Reservoir über eine Pumpe zu den Düsen im Probenraum gelangt und von dort in das Vorratsgefäß zurückfließt. Eine Trennwand und ein Sieb im Reservoir verhindern das Eindringen von Blasen in die Pumpe. Beim Absinken des Wasserspiegels im Reservoir wird über einen Schwimmer ein Magnetventil geöffnet, wodurch Leitungswasser über einen Ionenaustauscher in das Reservoir zurückfließt. Beim Erreichen des vorgesehenen Wasserstandes wird der Zufluß über das Magnetventil abgeschaltet. Um bei höherer Temperatur Wasserverluste zurückzudrängen, ist das Reservoir mit einer wassergekühlten Platte abgedeckt.

Der Arm wird von einem Motor mit horizontaler Achse angetrieben. Der Antrieb erfolgt über Kegelräder, die in ein Ölbad eingetaucht sind. Die Anordnung be-

Bild 7.4: Tropfenschlagvorrichtung

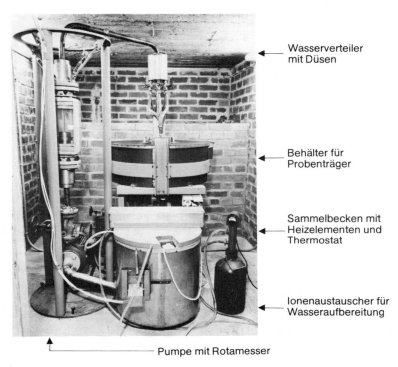

Bild 7.5: Tropfenschlaganlage

findet sich in einem abgeschlossenen Raum und wird von außen bedient und geregelt.

Die Drehzahl wird an einem Meßinstrument mit induktivem Meßkopf angezeigt. Es lassen sich Drehzahlen von 400 bis 2400 U/min einstellen. Die obere Grenze entspricht einer Umfangsgeschwindigkeit von 72,8 m/s. Die Durchflußmenge wird mit einem Rotameter gemessen. Der Meßbereich liegt zwischen 2,5 und 23 m^3/h. Der Winkel zwischen dem senkrechten Flüssigkeitsstrahl und der Rotationsebene des Armes kann zwischen 0° und 90° beliebig eingestellt werden.

Diese Anordnung ermöglicht, folgende Parameter zu variieren: Lösungsmitteltemperatur, Aufprallwinkel, Durchflußmenge und Umdrehungsgeschwindigkeit des Probenträgers.

Für die geplanten Untersuchungen wurde ein bleihaltiges, ein kalihaltiges und ein Kalk-Natron-Glas gewählt.

Die Gläser hatten folgende chemische Zusammensetzung:

	Bleiglas %	Kaliglas %	Natron-Kalk-Glas %
SiO_2	60,0	70,5	72,7
Al_2O_3	0,25	0,7	1,3
CaO	–	5,6	7,7
MgO	–	–	5,1
BaO	1,5	–	–
PbO	24,3	2,3	–
Na_2O	2,0	9,0	12,2
K_2O	11,2	11,0	0,5
Dichte	3,005 g/cm^3	2,474 g/cm^3	2,484 g/cm^3
Hydrol Klasse	3	4	3
Laugenklasse	2	2	1

Als Spülmittel wurde destilliertes Wasser eingesetzt, das im Kreislauf durch einen Ionenaustauscher gereinigt wurde. Als ein weiteres Spülmittel wurde 0,1 %-ige Lösung von Tripolyphosphat (TPP) und schließlich auch ein handelsübliches Spülmittel mit der Bezeichnung „Finish" ebenfalls in 0,1 %-iger Konzentration verwandt.

Bei den Hauptversuchen betrug die Spülmitteltemperatur 60 °C. Der Arm rotierte bei einer Versuchsserie mit 1200 U/min. Dies entspricht Umfangsgeschwindigkeiten an den drei Orten der Proben von v_1 = 36,4 m/s; v_2 = 26,8 m/s; v_3 = 17,3 m/s. Die Austrittsgeschwindigkeit des Flüssigkeitsstrahls lag bei 15 m/s. Bei einer zweiten Versuchsserie wurde die Drehzahl des Armes auf 1500/min erhöht, was den Umdrehungsgeschwindigkeiten v_1 = 45,5 m/s; v_2 = 33,6 m/s und v_3 = 21,6 m/s entspricht.

Bei dieser Serie wurden auch die Proben unterschiedlich vorbehandelt. Eine Gruppe enthielt säurepolierte Bleiglasplättchen, die andere mechanisch polierte Proben aus Bleiglas. Die Austrittsgeschwindigkeit des Wasserstrahls und der Aufprallwinkel von 45° wurden konstant gehalten.

Nach 200 Stunden Versuchsdauer wurde die Anlage abgestellt, und die Proben wurden für Untersuchungszwecke abgenommen. Sie wurden lichtoptisch und gewichtsmäßig untersucht.

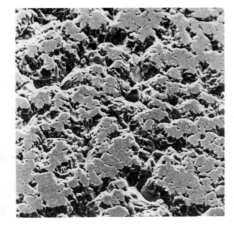

Bild 7.6:
Beschädigte Oberfläche von Bleiglas
(REM-Aufnahme)

Die Messung der Rauhigkeit der Oberfläche mit einem Tastgerät gelang nicht, da der Auflagekopf selbst Kratzer an der Oberfläche erzeugt hat.

Da die Fläche und die Abmessungen der einzelnen Proben unterschiedlich waren, wurden die Gewichtsabnahmen auf eine mittlere Abtragungsstufe aufgrund der Beziehung

$$E_m = \frac{\Delta m}{F \cdot d} \cdot 10^{-7} \, \mu m$$

umgerechnet.

Hier bedeutet:

E_m — mittlere Abtragungstiefe in μm
Δm — Gewichtsabnahme in mg
F — beanspruchte Glasoberfläche in cm^2
d — Dichte des Glases in g/cm^3

Die beschädigten Glasproben wurden elektronenoptisch und mit dem Rasterelektronenmikroskop untersucht. Als Beispiel soll hier nur das Bild einer durch Tropfenschlag beschädigten Bleiglasoberfläche angeführt werden (Bild 7.6).

Wie bei den technologischen Versuchen lassen sich diese Bilder in kein einheitliches Schema bringen.

Die Ergebnisse der Versuche wurden graphisch dargestellt, indem die jeweilige Erosionstiefe in µm über der Versuchsdauer in Stunden aufgetragen wurde. Bild 7.7 zeigt in dieser Darstellung die Versuchsergebnisse am Bleiglas, das mit reinem Wasser behandelt wurde. Der Aufprallwinkel betrug 45°.

Die Geschwindigkeit, mit der die einzelnen Proben den Flüssigkeitsstrahl durchqueren, die Art des benutzten Spülmittels und die Glassorte fungieren bei dieser Darstellung als Parameter. Auf diese Weise entstand eine Reihe von Diagrammen, von denen hier nur die wichtigsten Bilder zur Diskussion aufgeführt werden können.

Wie Bild 7.7 zeigt, wird die Erosionstiefe mit ansteigender Behandlungsdauer immer größer. Dies ist bei allen Versuchen festgestellt worden. Die Art des Anstieges zeigt jedoch wesentliche Unterschiede in Abhängigkeit von der Größe des Aufprallwinkels.

Beim Neigungswinkel von 45° (Bild 7.7) ergeben die Meßpunkte eine parabolische Kurve. Diese Kurvengestalt ist bei allen Versuchen mit dem Aufprallwinkel 45° gefunden worden. Die Abtragung erfolgt somit bei diesem Aufprallwinkel am Anfang relativ schnell, sie wird aber nach und nach verlangsamt und geht bei längerer Versuchsdauer in einen linearen Ast über.

Bild 7.7 bezieht sich auf Wasser als Spülmittel. In Bild 7.8 sind analoge Ergebnisse mit 0,1 %-igem Finish dargestellt. Wie aus der Ordinate zu erkennen ist, wirkt Finish stärker korrodierend als reines Wasser.

(Umdrehungsgeschwindigkeit in m/s: ○ 17,3; △ 26,8; ● 36,4)

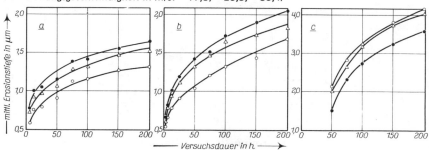

Bild 7.7: Abhängigkeit der Erosionstiefe von der Versuchsdauer. Bleiglas behandelt mit Wasser. $\varphi = 45°$

Bild 7.8: Abhängigkeit der Erosionstiefe von der Versuchsdauer. Bleiglas mit Finish behandelt. $\varphi = 45°$

Bild 7.9: Abhängigkeit der Erosionstiefe von der Versuchsdauer. Bleiglas mit TPP behandelt. $\varphi = 45°$

In Bild 7.9 ist die Wirkung von Tripolyphosphat dargestellt.

Dieses Spülmittel greift am stärksten an. Während bei der Verwendung von reinem Wasser oder Finish als Spülmitteln die Abtragung um so stärker je größer die Umfangsgeschwindigkeit der Proben ist, ist es beim TPP umgekehrt: bei größter Geschwindigkeit ist die Korrosion am schwächsten (Bild 7.9). Dies wird verständlich, wenn man bedenkt, daß die Abtragung von mechanischen und chemischen Faktoren abhängt. Bei chemischen Faktoren spielt die Verweilzeit der Spüllösung auf der Probe eine Rolle. Nun ist bei geringeren Geschwindigkeiten die Verweilszeit der Lösung auf der Probe länger als bei großen Geschwindigkeiten. Daraus geht auch hervor, daß beim TPP die chemische Wirkung stärker als der mechanische Einfluß ist, während bei reinem Wasser und Finish die mechanischen Faktoren überwiegen.

Die abgestufte Wirksamkeit der verwendeten Spülmittel geht auch aus Bild 7.10 hervor.

Bei längerer Versuchsdauer nimmt die Wirksamkeit von reinem Wasser über Finish zu Tripolyphosphat eindeutig zu.

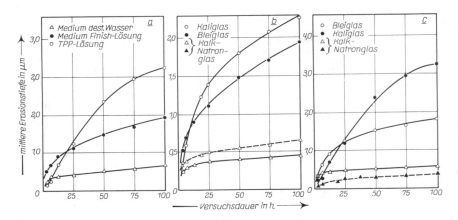

Bild 7.10: Abhängigkeit der Erosionstiefe von Versuchsdauer. Wirkung der Spülmittel. Bleiglas, $\varphi = 45°$

Bild 7.11: Erosionstiefe in Abhängigkeit von Versuchsdauer. Verhalten verschiedener Gläser. Finish, $\varphi = 45°$

Bild 7.12: Erosionstiefe in Abhängigkeit von Versuchsdauer. Verhalten verschiedener Gläser in TPP, $\varphi = 45°$

Schließlich ist die Stärke der Abtragung von der chemischen Zusammensetzung des Glases abhängig. Dies geht aus den Bildern 7.11 und 7.12 klar hervor.

Bei Bild 7.11 handelt es sich um Versuche mit Finish, bei Bild 7.12 um solche mit TPP. Bei der Verwendung von Finish steigt die Anfälligkeit der Gläser in der Reihenfolge Kalk-Natron-Glas, Bleiglas, Kaliglas an. Im Tripolyphosphat ist dagegen Kaliglas resistenter als Bleiglas.

Ändert man nun den Einfallswinkel des Wasserstrahls von 45° auf 0° und wiederholt die Versuche, so zeigen die Kurven eine andere Gestalt.

Aus den Bildern 7.13 bis 7.15 ist zu entnehmen, daß die Kurven nunmehr einen exponentiellen Verlauf zeigen.

Die Abtragung steigt in der Anfangsperiode zögernd an. Ab einer bestimmten Versuchsdauer verläuft sie dagegen mit zunehmender Geschwindigkeit.

Dies ist darauf zurückzuführen, daß beim Aufprallwinkel von 45° zunächst die untere Kante der Probe vom Flüssigkeitsstrahl getroffen wird, dessen Wirkung auf kleine Oberflächen konzentriert ist. Ist die Kante gewissermaßen durch den Wasserstrahl „abgeschliffen", so besitzt der schräg einfallende Wasserstrahl geringere mechanische Energie als beim senkrechten Aufprall. Beim senkrechten Aufprall besteht die Wirkung des Wasserstrahls zunächst darin, die Härte der glatten Glasoberfläche zu überwinden, wobei die schwachen oder defekten Stellen der Oberfläche zuerst nachgeben. Sobald auf diese Weise die erste Rauhigkeit der Oberfläche in Erscheinung tritt, wird die Angriffsfläche lawinenartig vergrößert und die Zersetzung verläuft immer schneller.

Im übrigen zeigen die Ergebnisse die gleiche Abhängigkeit von anderen Faktoren, wie Umfangsgeschwindigkeit und Spülmittelart, wie beim Aufprallwinkel von 45°.

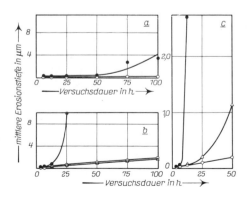

Bild 7.13:
Abhängigkeit der Erosionstiefe von Versuchsdauer. Bleiglas behandelt mit Wasser bzw. Finish. $\varphi = 0°$
(Umdrehungsgeschwindigkeit in m/s: ○ 21,6; △ 23,6; ● 45,5)

Bild 7.14:
wie Bild 7.13, aber mit 0,1 %-igem Finish

Bild 7.15:
Abhängigkeit der Erosionstiefe von Versuchsdauer. Bleiglas behandelt mit TPP. $\varphi = 0°$

Bei der hier benutzten Tropfenschlagvorrichtung ist durch die Anzahl der variablen Parameter die Anzahl der möglichen Kombinationen von Versuchsbedingungen sehr groß. Um eine derartige Apparatur völlig auszunutzen, würde man viel mehr Zeit brauchen, als zur Verfügung stand. Der wichtigste Parameter Temperatur ist zum Beispiel gar nicht variiert worden.

Trotzdem lassen diese Versuche erkennen, daß der Einfluß von mechanischen Faktoren auf das Verhalten von Gläsern in Geschirrspülautomaten nicht vernachlässigt werden darf. Das Natriumtripolyphosphat ist ein besonders aggressives Mittel. Was die Resistenz von untersuchten Glassorten anbelangt, haben die Tropfenschlagversuche eine andere Reihenfolge als die technologischen Untersuchungen gebracht. Bei den technologischen Versuchen haben sich die Bleigläser, bei den Tropfenschlagversuchen die Kalk-Natron-Gläser am resistentesten erwiesen.

Diese Diskrepanz läßt deutlich erkennen, daß wir trotz vieler Arbeit auf diesem Gebiet noch weit davon entfernt sind, das Verhalten von Gläsern in Geschirrspülmaschinen zu verstehen.

8
Reaktionen mechanisch beschädigter und chemisch veränderter Glasoberflächen mit Spüllösungen

Prof. Dr. S. Lohmeyer

Die Reaktionen zwischen Glasoberflächen und Wasser sind mindestens schon solange Gegenstand der Forschung, wie Glas großtechnisch produziert wird. Mit Entwicklung neuerer und genauerer Untersuchungsmethoden [12,16] konnten diese Wechselbeziehungen immer weiter geklärt, aber noch nicht überblickt werden. Neben der immer detaillierteren Kenntnis von den Vorgängen im Glas und an seiner Oberfläche bedarf es zum Verständnis der Reaktionen auch der verfeinerten Kenntnis der Eigenschaften des Wassers und seiner Lösungen.

Wasser ist erst, seit es Robert Boyle [10] als Lösungsmittel in die analytische Chemie eingeführt hat, Gegenstand naturwissenschaftlicher Forschung geworden. Etwa zweieinhalb Jahrhunderte später haben Röntgen und Tammann die ersten vorsichtigen Deutungsversuche seiner Struktur zur Diskussion gestellt. Durch die späteren Arbeiten von Eucken und schließlich Wicke, Hertz, Ackermann, Eigen [11] und vielen anderen wurden nicht nur die Strukturen des Wassers erkannt, sondern auch die Veränderungen dieser Strukturen durch gelöste Stoffe. Die vielfältigen Lösungseigenschaften des Wassers basieren danach auf den mindestens vier Effekten:

— Polymerisation,
— Hydratation,
— Hydratation 2. Art und
— negative Hydratation.

Die umstrittenen Versuche von Deryagin [13] und die Kondensation von völlig unstrukturiertem Wasser durch Rice und Olander [14,21] beweisen das große Interesse an der weiteren Aufklärung der Wassereigenschaften.

Der dritte zum ausreichenden Verständnis noch nicht genügend erforschte Reaktionspartner ist schließlich die aus Glas, Wasser und den im Wasser gelösten Stoffen gebildete Quellschicht auf der Glasoberfläche. Sie ist als Transportschicht zwischen Glasoberfläche und Wasser von größter Wichtigkeit und für den Ablauf der Reaktionen zwischen den beiden Partnern entscheidend. Gegenstand dieser Arbeit ist die Darstellung einiger Effekte, die sich beim Spülen von Trinkgläseroberflächen einstellen, welche vorher mechanisch geritzt oder chemisch verändert worden waren.

8.1 Oberflächenveränderungen durch mechanische Verletzungen

8.1.1 Modellversuche

Dr. Werner Klemm, Heidenheim an der Brenz, führte 1941 damals nicht veröffentlichte Versuche durch, in denen er Glasoberflächen mit einer Grammophonnadel unter der Belastung von 400 g ritzte. Die so erzeugten Ritzspuren, auch als Kettensprünge oder Rattermarken bezeichnet, wiesen in regelmäßigen Abständen angeordnete, etwa halbkreisbogenförmige Sprünge auf, deren konvexe Seiten der Ritzrichtung entgegen zeigten (Bild 8.1).

Die Radien dieser Kreisbögen entsprachen dem Radius des ritzenden Gegenstandes (1, 2, 3, 4, 5, 6, 9). Klemm konnte weiter nachweisen, daß Ritzspuren, die durch rollende Körner verursacht werden, ebenfalls derartige Kreisbögen besitzen, nur mit dem Unterschied, daß hier die konvexe Seite des Bogens in Rollrichtung des Kornes zeigt. Damit ist es möglich zu bestimmen, ob ein Kratzer von einem ritzenden Gegenstand oder von einem rollenden Körnchen stammt, sofern die Bewegungsrichtung des angreifenden Gegenstandes über die Glasoberfläche bekannt ist.

Die Untersuchungen solcher Ritzspuren zeigen ferner, daß im Aufsetzpunkt der ritzenden Nadel zunächst ein fast geschlossener Kreisbogen entsteht (Bild 8.2),

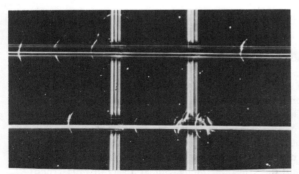

Bild 8.1: Ritzspuren auf einer Glasoberfläche, erzeugt mit einer Grammophonnadel, Belastung 400 g. Ritzrichtung von links nach rechts. Durchlicht-Dunkelfeld, V = 370 : 1

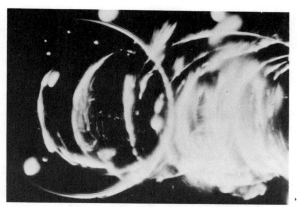

Bild 8.2: Beginn einer Ritzspur, erzeugt mit abgenutzter Grammophonnadel, 400 g.

der nach der entgegengesetzten Seite wie die sich an ihn anschließenden, offenbar periodisch auftretenden Sprünge geöffnet ist. Der Grund für die periodische Anordnung der Sprünge ist noch nicht näher untersucht worden. Es ist möglich, daß sie die Stellen maximaler Amplitude einer beim Ritzvorgang erzeugten stehenden Welle markieren. Es ist aber auch denkbar, daß die bei dem Ritzvorgang wellenförmig zusammengeschobene Oberflächenhaut des Glases die ritzende Nadel zu kleinen Sprüngen zwingt. Das Aufrißbild einer solchen Ritzspur mit Sprüngen zeigt, daß die Sprünge in die Tiefe des Glases hinein ebenfalls gebogen verlaufen [7], und zwar entgegen der Ritzrichtung (Bild 8.3). Diese Sprünge sind häufig mit dem Auge noch nicht erkennbar, weil sie zwar im Gefüge vorhanden sind, ihre beiden Sprungseiten jedoch noch optischen Kontakt miteinander halten. Sie

Bild 8.3: Tiefenverlauf der Risse in Ritzspuren, besonders deutlich im linken Bildteil. Auflicht-Hellfeld, V = 650 : 1

können unter bestimmten Bedingungen sogar wieder verheilen [8]. Erst durch das kapillare Einsaugen oder die Kapillarkondensation von Feuchtigkeit oder durch Spülvorgänge werden sie zunächst durch Lichtbrechung an dem so hineingelangten zweiten Medium und später durch Herauswaschen von Glasbestandteilen immer deutlicher sichtbar.

Zur quantitativen Beschreibung dieser Vorgänge wurden in Zusammenarbeit mit Dr.-Ing. Klaus Großkopf, Carl Zeiß, Oberkochen, Forschungsgruppe Optische Werkstoffe, die folgenden Ritz- und Spülversuche durchgeführt.

Als Testobjekte dienten zwei Rundscheiben I und II (Durchmesser 55 x 8 mm) aus DESAG-Tafelglas. Während die eine Seite der Proben noch die Feuerpolierung und die Ziehriefen aus der Hütte zeigte, wurde jeweils die Rückseite mechanisch nachpoliert, so daß kein Oberflächenrelief mehr sichtbar war. Dann wurden auf jeder der vier Prüfflächen mit einer fixierten Rubin-Kugel (ϕ 5 mm) Kugelschrammen erzeugt:

Konstante Lasten:	6, 7 und 8 kp
Vorschubgeschwindigkeit:	10 und 50 μm/s
Vorschublänge:	10 mm

Die während des Schrammversuches deutlich sichtbaren Kettensprünge waren nach der Entlastung zum großen Teil wieder geschlossen und damit auch bei stärkster Vergrößerung kaum zu erkennen.

Jede Seite trug mindestens 2 x 3 parallele Schrammbahnen, die an Hand von Markierungen auf den Mantelflächen lokalisiert werden konnten. Die anschließenden Spülversuche erfolgten in einer Haushaltsgeschirrspülmaschine zusammen mit Geschirrteilen. Jeder Spülzyklus gliederte sich in

1) Vorspülen, 6 Min. kalt ohne Spülmittel
2) Reinigen mit Somat-Reiniger, 40 g/10 l, und den Zusätzen von 10 g Rindertalg und 3 g Kochsalz, Temperatur in ca. 25 Min. bis 65 °C ansteigend.
3) Zwischenspülen mit langsamer Temperaturabsenkung auf 50 °C in ca. 5 Min.
4) Zwischenspülen kalt (etwa 30 °C durch Restwärme)
5) Klarspülen mit Somat S, ca. 4 ml/10 l, Temperatur in 20 Min. bis 65 °C ansteigend.
6) Trocknen in Dampfatmosphäre, 10 Min. bei 65 °C.
7) Langsames Abkühlen auf 40 °C.

Nachdem Prüfkörper I zunächst einem Spülzyklus und Prüfkörper II fünf Spülzyklen unterworfen worden waren, erfolgte der erste mikroskopische Vergleich der Schrammbahnen mit ihrem Zustand vor dem Spülen, um

Bild 8.4: Kugelschrammspur, mit beschädigter Kugel erzeugt, in einer polierten Tafelglasoberfläche (Probe II), ohne Spülung. Linear polarisiertes Durchlicht, V = 150 : 1

a) den Einfluß der Art der Politur auf die Ausbildung von Kettensprüngen und ihre Entwicklung im Spülprozeß und
b) den Einfluß wiederholter Spülmaschinendurchgänge auf die Sichtbarkeit der Oberflächenschäden festzustellen.

Anschließend wurden der Prüfling I in noch 20 weiteren Zyklen und Prüfling II in nur einem weiteren Zyklus gespült und mikroskopisch untersucht. Die Resultate dieser Versuche sind:

A. Die erzeugten Schrammbahnen in polierten Tafelglasflächen sind bei Vergrößerungen zwischen 50 : 1 und 500 : 1 nur im durchfallenden polarisierten Licht erkennbar. Im auffallenden oder durchfallenden unpolarisierten Licht unterscheiden sich die Spuren nicht von ihrer Umgebung. Erklärt wird diese Erscheinung damit, daß sich die unter der schrammenden Kugel erzeugten Bogensprünge unmittelbar nach der Entlastung wieder schließen und ein optischer Kontakt zwischen den Bruchufern hergestellt wird. Nach dieser Rückfederung bleiben in den betroffenen Glasbereichen aber erhebliche Verspannungen zurück, die auf den Bildern 8.4 und 8.8 im durchfallenden, linear polarisierten Licht als wolkige Zonen zu beiden Seiten der Schrammspuren wie auch in Andeutung der Bogenrisse sichtbar sind.

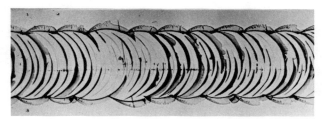

Bild 8.5: Spur nach Bild 8.4 nach dem 5. Spülzyklus. Hellfeld-Durchlicht, V = 150 : 1

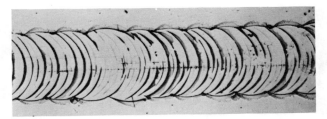

Bild 8.6: Spur nach Bild 8.4 nach dem 6. Spülzyklus. Hellfeld-Durchlicht, V = 150 : 1

Bild 8.7: Wie Bild 8.6, polarisiertes Durchlicht

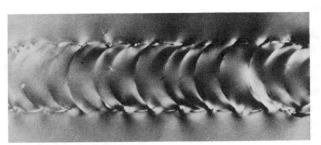

Bild 8.8: Kugelschrammspur mit unbeschädigter Kugel, erzeugt in einer polierten Tafelglasoberfläche (Probe II), ohne Spülung. Polarisiertes Durchlicht, V = 150 : 1

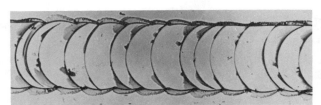

Bild 8.9: Spur nach Bild 8.8, nach dem 5. Spülzyklus. Hellfeld-Durchlicht, V = 150 : 1

B. Die Spülmaschinenbehandlung öffnet die geschlossenen Bogensprünge in der erwarteten Weise, wobei die Erkennbarkeit im nichtpolarisierten Licht mit wachsender Anzahl der Spülgänge zunimmt. Die Entwicklung der Sprünge hat nach einmaligem Spülen kaum merklich begonnen und ist nach dem fünften Spüldurchgang annähernd abgeschlossen. Dieses Ergebnis folgt aus einem Vergleich der Bilder 8.5 und 8.6 bzw. 8.9 und 8.10. Nach dem 25. Spülen hat sich die Rißverteilung im Vergleich mit dem Aussehen nach fünfmaligem Spülen nur unwesentlich verändert. Die stärkere Schwärzung der Rißlinien und Bruchflächen deutet auf eine mit der Anzahl der Spülgänge größer werdende Veränderung der Oberflächenschichten innerhalb der offenen Bruchflanken hin. Eine Gegenüberstellung der Bilder 8.4 und 8.7 bzw. 8.8 und 8.11 läßt den Abbau der Spannungen durch das maschinelle Spülen erkennen: Die elastisch aufgestaute Energie findet sich als Grenzflächenenergie innerhalb der geöffneten Brüche wieder bzw. ist durch die gleichzeitig wirksame elastische Nachwirkung sowie die thermische Spannungsrelaxation während des mehrmaligen Spülens abgebaut worden.

C. Wie Aufnahme 8.12 zeigt, bietet eine entwickelte Schrammspur im durchfallenden Licht ein recht komplexes Bild unterschiedlich gerichteter Sprungsysteme und Bruchflächen. Die Ausdehnung der senkrechten Bogensprünge ist am oberen und unteren Spurrand von waagerechten Sprüngen begrenzt, die ein Weiterlaufen der Kettensprünge nach oben und unten verhindern. Auffällig sind auch die etwas ver-

Bild 8.10: Spur nach Bild 8.8, nach dem 6. Spülzyklus. Hellfeld-Durchlicht, V = 150 : 1

Bild 8.11: Wie Bild 8.10, polarisiertes Durchlicht

schwommenen gezahnten und ausgelappten Bereiche in der Nachbarschaft der Oberflächensprünge. Diese, die Bogensprünge begleitenden, Bruchflächen werden durch eingedrungene Spülflüssigkeit oder durch chemisch veränderte Oberflächenschichten des Glases mit zunehmender Spüldauer immer deutlicher hervorgehoben.

Diese Folgen der Einwirkung einer Spülmaschinenbehandlung auf polierte Tafelglasflächen mit systematisch ausgelösten Oberflächenverletzungen bestätigen, daß die chemische und physikalische Beanspruchung im Spülvorgang zwar verdeckte Fehler im Glas ans Licht bringt, in der Regel aber unmittelbar keine Strukturschäden in der Glasoberfläche erzeugen kann.

8.1.2 Beobachtungen an haushaltüblich gespülten Trinkgläsern

Hier werden Gläser betrachtet, die in zwei Haushalten drei bis vier Jahre lang in Haushaltsgeschirrspülmaschinen gleicher Art gespült wurden. In beiden Haushalten wurden handelsübliche Reiniger und Klarspüler verwendet. Die Maschinen wurden mit 60 − 70 °C heißem Wasser gespeist, so daß Temperaturschocks zwischen den einzelnen Spülgängen wegfielen. Die Gläser wurden täglich gebraucht. Sie waren also nicht nur den Anforderungen der Maschinenspülmittel und -temperaturen ausgesetzt worden, sondern auch den normalen Anforderungen, die in jedem Haushalt an ein Trinkglas durch die verschiedenen Füllungen, durch das Servieren, Anstoßen usw. gestellt werden.

8.1.2.1 Oberflächenveränderungen durch mechanische Verletzungen und nachfolgendes Spülen

Die in einer Glasoberfläche mechanisch erzeugten mikroskopisch feinen Sprünge biegen während ihrer Fortpflanzung in der Tiefe der Glaswand allmählich um

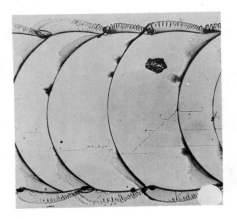

Bild 8.12:
Spur nach dem 6. Spülzyklus. Hellfeld-Durchlicht, V = 360 : 1

(Bild 8.3) und erweitern sich in den meisten Fällen wieder in Richtung zur Glasoberfläche. Schließlich fällt das vom Sprung allseitig umschlossene Glasstück heraus, es entsteht ein Muschelbruch. Die weitere Auslaugung dieser Muschelbrüche mit Spüllösungen oder nur mit Wasser allein führt schließlich zu einer im Mikrobereich deutlich sichtbaren Wabenstruktur der Oberfläche, die häufig mit Belägen bedeckt ist. Auf diese Weise ausgelaugte und dann wieder eingetrocknete Sprungfelder (Bild 8.13) geben den betroffenen Glasoberflächen ein besonders unschönes Aussehen.

8.1.2.1.1 Oberflächenveränderungen als Folge mechanischer Beschädigungen im Gebrauch

Bei den meisten untersuchten Glasoberflächen waren die Spuren von Stößen, muschelartige Aussprengungen, Kettensprünge und Auslaugungen deutlich zu sehen (Bild 8.14). Modellversuche zeigten, daß bei stoß- und kratzerartigen Verletzungen am Auftreffpunkt des stoßenden Gegenstandes meistens sofort

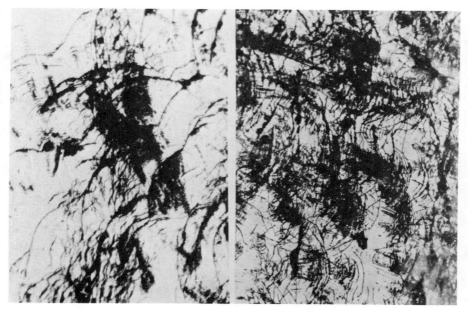

Bild 8.13: Ausgelaugte und wieder eingetrocknete Sprungfelder. Auflicht-Hellfeld, V = 260 : 1 (Analyse M in Tabelle 8.4)
(links)

Bild 8.14: Spuren von Stößen, Kettensprünge, Muschelbrüche und Auslaugungen. Auflicht-Hellfeld, V = 280 : 1 (Analyse E in Tabelle 8.4)
(rechts)

ein Bruch mit Muschelbildung auftritt (Bild 8.15). Auch hier entsprechen die Radien der kreisförmigen Sprünge den Radien der verletzenden Körper. An derartig erzeugte Zertrümmerungsstellen schließt sich dann meistens noch ein Kettensprung an, der die weitere Ritzrichtung des beschädigenden Gegenstandes anzeigt. Die einzelnen Bögen der Kettensprünge haben zunächst häufig so enge Sprungufer, daß man sie im Auflichthellfeld kaum, im Auflichtdunkelfeld nur als feinste helle Striche erkennen kann. Der Angriff des Wassers oder der Spüllösungen setzt bevorzugt an den Kanten der Sprungfelder ein und weitet die Sprünge auf, bis eine torpedoförmige Figur entsteht, derart, daß der Schwanz des Torpedos dem Beginn der Ritzspur entspricht, der Kopf dem Ende (Bild 8.16). Die einzelnen bogenförmigen Sprünge werden schließlich soweit aufgeweitet, daß die Korrosionsfläche sich über das ganze Gebiet vom Anfang bis zum Ende der Ritzspur und in der Breite von einem Ende bis zum anderen Ende der einzelnen Bögen der Kettensprünge erstreckt (Bild 8.17). Während die ausgelaugten Kettensprünge in ihrer äußeren Form den von Trier und Schwiete veröffentlichten

Bild 8.15: Bruch mit Muschelbildung im Auftreffpunkt eines stoßenden Gegen-
(links) standes und weiterführende Rattermarken. Auflicht-Dunkelfeld,
V = 260 : 1

Bild 8.16: Kettensprünge, zum Teil ausgelaugt, und flusenartige Sprünge. Auf-
(mitte) licht-Hellfeld Achromat 10/0,20. V = 340 : 1

Bild 8.17: Jüngere und ältere ausgelaugte und nicht ausgelaugte Kettensprünge
(rechts) in einem widerstandsfähigerem Glas. Auflicht-Hellfeld, V = 330 : 1
(Analyse G in Tabelle 8.4)

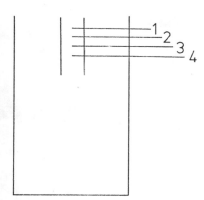

Bild 8.18 a:
Skizze zur Festlegung der Detailbilder von Bild 8.18

Bild 8.18: Bereich höherer Lichtbrechung und Mikro-Aufrauhung auf einer Glasoberfläche in Randnähe (Analyse H in Tabelle 8.4)

Bild 8.19: Detailvergrößerung aus Bild 8.18 von Punkt 1 in der Skizze nach Bild 8.18 a, Auflicht-Hellfeld, V = 330 : 1

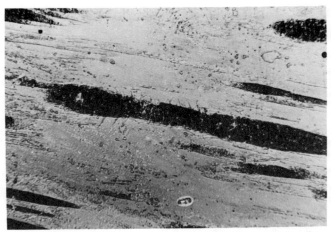

Bild 8.20: Detailvergrößerung aus Bild 8.18 von Punkt 2 in der Skizze nach Bild 8.18 a, Auflicht-Hellfeld, V = 330 : 1

Bild 8.21: Detailvergrößerung aus Bild 8.18 von Punkt 3 in der Skizze nach Bild 8.18 a, Auflicht-Hellfeld, V = 330 : 1

Bildern entsprechen [15], fanden wir auch die mikroskopisch feinen flusenartigen Sprünge (Bild 8.16), die bereits von Trier und Schwiete diskutiert wurden.

8.1.2.1.2 Oberflächenveränderungen als Folge mechanischer Verletzungen durch fertigungsbedingte Grate und nachfolgendes Spülen

Viele der in Haushaltsgeschirrspülmaschinen in reinen Testspülgängen gespülten Gläser, also Gläser, die niemals im Gebrauch waren, zeigten vereinzelt 1/2 bis 1 mm breite und 5 bis 10 mm lange Bereiche höherer Lichtbrechung oder besonderer Rauhigkeit (Bild 8.18). Unter dem Mikroskop entpuppten sie sich als eine Anhäufung parallel ausgerichteter ausgelaugter Kettensprünge in Form der oben besprochenen Torpedo- oder Zigarren-Struktur (Bild 8.17). Sie bestanden immer aus zwar parallel gerichteten, aber sehr verschieden alten, und daher sehr verschieden stark ausgelaugten Kettensprüngen. Der Grad der Auslaugung, aber nicht ihre Dichte, nahm in allen beobachteten Fällen in Richtung zum Glasrand ab (Bilder 8.19 bis 8.22). Eine weitere Abhängigkeit vom Ort des Glases konnte nicht festgestellt werden, außer der, daß sie grundsätzlich auf der Außenseite der Gläser auftraten. Auch sind die Schäden, das heißt die Auslaugungen bereits vorhandener Kettensprungfelder bei dem später noch zu besprechenden Senfglas (Bild 8.36) erheblich geringer als bei anderen Gläsern, vergleiche Bilder 8.23 und 8.19 und Tabelle 8.1. Manche Kettensprungfelder zeigen deutlich den Radius eines ritzenden Gegenstandes, der noch einmal mit kleineren Buckeln oder Spitzen erheblich kleinere Radien besetzt war (Bild 8.23), die sich auch durch sekundäre Kettensprungfelder verraten. Nach genügend langer Auslaugung und Erweiterung der Kettensprungfelder bedeckten auch sie sich mit Ablagerungen.

8.1.2.1.3 Oberflächengrate auf Trinkgläsern

Als nächstes war zu untersuchen, welche Gegenstände die Ritzspuren erzeugt haben. Wegen der erläuterten Abhängigkeit der Sprungbogenradien vom Radius des ritzenden Gegenstandes müssen die Ränder anderer benachbarter Trinkgläser und Geschirrteile in der Geschirrspülmaschine als Erzeuger dieser Ritzspuren ausscheiden, weil deren Radien viel zu groß sind. Als Lieferanten glasritzender Bestandteile waren daher Speisenreste, Wasser und Spülmittel zu untersuchen. Jedoch sind zur Ritzung von Glas bei nur einmaliger Berührung Mindesthärten nötig, die bei Speisenresten nicht auftreten. Das Wasser wird beim Durchströmen des Ionenaustauschers von mitgerissenen Sandkörnchen befreit, so daß es nur vom Regeneriersalz erneut verschmutzt werden könnte. Diese Möglichkeit scheidet aber bei den hier benutzten HGSM aus, da die Ionenaustauscher nur mit Salz behandelt worden waren, das der DIN 19 604 [17] entspricht. Die Vermutung, daß bei der Fülle der abwechselnd verwendeten Spülmittel internationaler Provenienz ungelöste oder schwer lösliche silikatische Reinigerbestandteile kleinster Korndurchmesser in die Spülflotte gelangt seien, wurde experimentell widerlegt. Bei der Abmusterung von Gläsern fanden wir in den anscheinend glatten Glas-

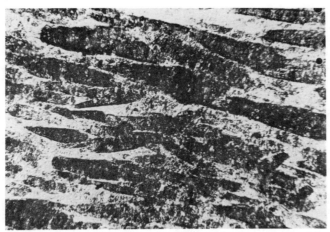

Bild 8.22: Detailvergrößerung aus Bild 8.18 von Punkt 4 in der Skizze nach Bild 8.18 a, Auflicht-Hellfeld, V = 330 : 1

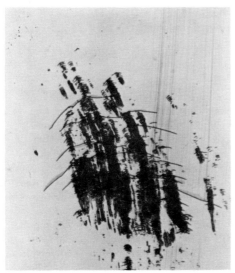

Bild 8.23: Primäre und sekundäre Kettensprünge durch einen mit feinen Spitzen besetzten Gegenstand erzeugt. Auflicht-Hellfeld, V = 260 : 1 (Analyse K nach Tabelle 8.4)

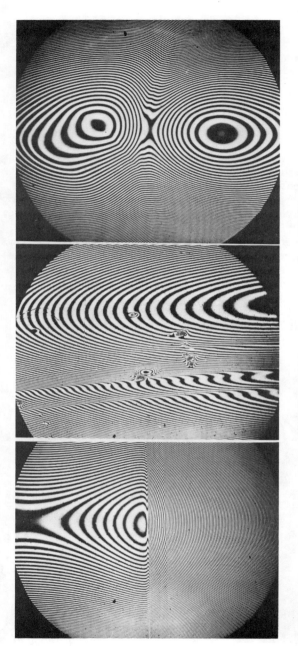

Bild 8.24:
Nachweis eines Oberflächengrates durch Interferenzmikroskopie. V = 75 : 1 (Analyse F in Tabelle 8.4)

Bild 8.25:
Nachweis von Oberflächengraten und Einschmelzungen durch Interferenzmikroskopie. V = 75 : 1 (Analyse H in Tab. 8.4)

Bild 8.26:
Nachweis eines Oberflächengrates durch Interferenzmikroskopie. V = 75 : 1 (Analyse I in Tabelle 8.4)

Tabelle 8.1: Zusammensetzung der Gläser in den Bildern 8.23 und 8.19

Glas im Bild Nr.	Gewichts-%								
	SiO_2	Na_2O	K_2O	CaO	MgO	BaO	PbO	Al_2O_3	B_2O_3
8.23	72,8	12,5	1,6	5,2	3,7	0	0,5	1,1	0
8.19	71,7	7,5	9,0	4,1	<0,1	3,0	2,8	0,2	0

oberflächen kaum erkennbare und mit dem Finger noch nicht fühlbare feine Grate, die bogenförmig oder auch als gerade Linien parallel, senkrecht oder in willkürlichen Winkeln zur Achse der Trinkgläser auf ihren Außenoberflächen angeordnet waren. Da die Makro- und Mikrophotographie dieser Stellen sehr schwierig ist, haben sich hier die Mikrointerferenzaufnahmen im Auflicht außerordentlich gut bewährt (Bilder 8.24 -- 8.26). Diese Aufnahmen zeigen, daß die genannten Oberflächenerscheinungen über Radien verfügen, die in die Größenordnung der Radien der ritzenden Gegenstände gehören. Ein Beweis ist hiermit nicht erbracht, die angestellten Überlegungen sollen vielmehr dazu anregen, diese und ähnliche noch nicht eingehend untersuchten Fehlermöglichkeiten intensiver zu bearbeiten.

Nach W. Trier [27] Kommt es beim Aneinanderpressen zweier Gläser im Mikrobereich zur Ausbildung lokaler Temperaturspitzen und zum Verschmelzen beider Oberflächen. Während der sofort darauf folgenden Trennung werden kleinste

Bild 8.27:
Durch Spülvorgänge sichtbar gemachte Schleifschäden (Analyse C in Tab. 8.4)

Glasteilchen aus dem Oberflächenverband gerissen, sie hinterlassen ähnlich aussehende Fehlerstellen.

8.1.2.1.4 Oberflächenschäden als Folge vermuteter Herstellungsfehler

Da selbst jahrelang gespülte Gläser häufig nur ein, ganz selten zwei derartige Kettensprungfelderfehler aufweisen, nehmen wir an, daß Gläser, die bei gleicher Zusammensetzung, aber schon nach viel kürzeren Testspülzeiten eine Fülle solcher Kettensprungfelder aufweisen, von vornherein mit Fehlern behaftet waren. Manche der häufig auftretenden Kettensprungfelder lagen eindeutig symmetrisch angeordnet in Verlängerung von eingepreßten „Schliffen" (Bild 8.27). Gerade in diesem Bereich sind die Gläser nach innen gewölbt, weshalb dieser Oberflächenangriff nicht auf Reiben an den Haltestäben im Korb der Geschirrspüler zurückgeführt werden kann. Nach neueren Arbeiten [28] ist die Möglichkeit der Kavitation näher zu untersuchen. Natürlich können derartige Schädigungen aus den anfangs genannten Gründen häufig im Herstellungswerk gar nicht beobachtet werden, da sie erst bei Spülvorgängen durch das Herauslösen von Material sichtbar werden.

8.2 Entwicklung von Oberflächenveränderungen auf mechanisch nicht vorgeschädigten Gläsern

Beim Spülen mechanisch nicht beschädigter Oberflächen treten als häufigste Fehler Flächenschäden, wie Quellschichten oder Abtragungsgebiete auf, deren Ursachen meistens in stofflichen Veränderungen, Spannungen und der hydrolytischen Festigkeit des Glases zu suchen sind. In vielen Fällen legen die Spülvorgänge nur längst vorhandene aber verborgene Mängel frei [20]. Spülvorgänge führen jedoch zu völlig anderen Erscheinungen als die jahrhundertelange Wirkung von Regenwasser oder Bodenfeuchte, die W. Geilmann [18] untersucht hat.

8.2.1 Flächentrübungen

Flächentrübungen können auf der Bildung von Quellschichten, wie auch auf der Abtragung der Glasoberfläche beruhen. Die Untersuchungen von trüben Belägen, wie temperaturabhängigen Einlagerungen von Phosphorverbindungen, und das Nachmodellieren vorhandener Oberflächenstrukturen des Glases durch eine aus mehreren Lagen bestehende Schicht, lassen vermuten, daß sie aus Glas- und Spüllösungsbestandteilen bestehen, und daß sie den Materialtransport von der Spüllösung zum Glas hin ermöglichen. Die einzelnen Wachstumsphasen sind in [12] und [16] beschrieben. Weitere Untersuchungen führen wir zur Zeit noch durch.

8.2.2 Belag- und Rißbildungen in Spannungsbereichen, chemisch veränderten Bereichen und als Folge von Herstellungsfehlern

Schlecht entspannte Gläser haben etwa einen Zentimeter unterhalb des oberen Randes einen Spannungsbereich, der im polarisierten Licht sichtbar ist. Hier besteht eine Schubspannung zwischen dem im polarisierten Licht beispielsweise gelben und dem blauen Gebiet, die bei entsprechender Belastung zum Bruch führen kann. Diese Schubspannung überlagert sich der Eigenspannung und der Temperaturspannung. Im Maximum dieser Schubspannung kann es, wenn kleine Risse vorliegen, zum Initialsprung kommen. Diese Spannungsunterschiede bei der Schubspannung verteilen sich also parallel zur Längsachse des Glases. Es können auf diese Weise auch oberflächliche Risse in der Oberflächenhaut entstehen. In etwa einem Zentimeter Abstand neben der zum Rundverschmelzen des Glases verwendeten Flamme erfolgt Verdampfung. Sie führt zur Änderung der Glaszusammensetzung. Der Ring liegt meistens im oxydierenden Flammenrand, im reduzierenden Teil herrschen ganz andere Verhältnisse. Auch durch Verdampfen des Wassers kommt es zur Schrumpfung der Quellschicht, zur Buckelbildung. Diese OH^--gruppenhaltige Quellschicht, auch Beilby-Schicht genannt, erzeugt beim Glasblasen oft matte Stellen. Der häufige Beginn der Korrosion am oberen Rand und an der stärksten Ausbuchtung der untersuchten Gläser ließ

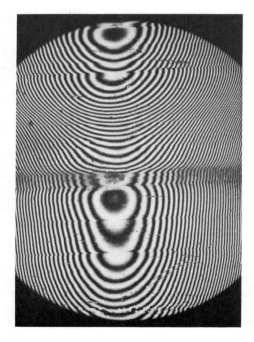

Bild 8.28:
Angelöste Formgebungsringe. Interferenzaufnahme V = 95 : 1 (Analyse M in Tabelle 8.4)

einen Zusammenhang zwischen der Anfälligkeit und lokaler Alkaliverdampfung beim Randverschmelzen und den verbleibenden Restspannungen in der ausgebauchten Zone vermuten, was wir mit der Elektronenmikrosonde zumindestens für den Randbereich bewiesen haben [12]. Es sei aber darauf hingewiesen, daß wir keine Alkalikonzentration gefunden haben, die über den normalen Gehalt des Glases hinausgeht. Hingegen hat Peters [22] nach der Bearbeitung von Glasrohren im Inneren der Rohre verständlicherweise eine Alkalianhäufung gefunden, weil die Alkalien hier nicht von der Umgebungsluft bzw. mit den Verbrennungsgasen weggeführt werden konnten.

Wie weit die oben erwähnten mechanischen Spannungen des Glases in irgendeiner Weise das Verhalten beeinflussen, das sich nach den Oberflächenspannungsverhältnissen der einzelnen Ionen richtet, ist uns nicht bekannt. Es ist uns weiterhin nicht bekannt, ob diese Kräfte überhaupt in vergleichbaren Größenordnungen auftreten.

Eine deutliche Mattierung der Glasoberfläche fanden wir immer in Bereichen von Formgebungsringen (Bilder 8.28 und 8.29). Auch hier wurden die Korrosionen mit Hilfe der Interferenzauflichtaufnahmen eindeutig den Formgebungsringen zugeordnet. Einige Gläser mit besonders starken Dickenunterschieden wiesen im

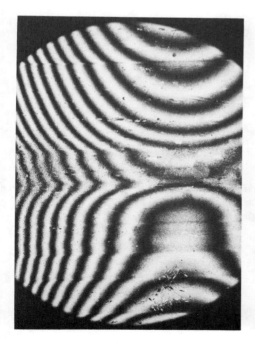

Bild 8.29:
Detailbild aus Bild 8.28, V = 330 : 1

Bild 8.30: Auslaugung im dünnwandigen Bereich eines Trinkglases (Analyse E in Tabelle 8.4)

Bild 8.31: Flammenförmige Anordnung von Oberflächenschäden durch ausgelaugte Inhomogenitätsbereiche (Analyse B in Tabelle 8.4)

Bereich der dünnwandigen Stellen Flächenschäden auf, die mit zunehmender Glasdicke immer schwächer wurden und schließlich in dem dickwandigen unteren Dritteln der Gläser ganz aufhörten (Bild 8.30). Zu ihrer Deutung muß eine Änderung der hydrolytischen Klasse innerhalb desselben Trinkglases angenommen werden: Es ist selbstverständlich, daß in den dickwandigen Bereichen das Glas beim Abkühlen länger heiß blieb und deshalb aus diesen Bereichen größere Alkalimengen verdampft sind als aus den dünnwandigen Bereichen. Hier hatte sich also die Glaszusammensetzung der Oberfläche in Richtung der hydrolytisch weniger anfälligen Zusammensetzung des Quarzglases verschoben. Wie weit hier auch die angewandten Spülmittel eine Rolle spielen, ist noch nicht geklärt. Es sei aber darauf hingewiesen, daß man zum Beispiel auf optischem Glas nach einstündiger Lagerung in 50 °C heißer Phosphatlösung bereits einen blauschimmernden Belag erzielen kann.

Andere der untersuchten Gläser zeigten eine flammenförmige Anordnung von Oberflächenschäden parallel zur Ziehrichtung (Bild 8.31), die sich auch auf den Böden der Gläser fortsetzen (Bild 8.32) und sich in einer Linie quer über dem Boden des Glases vereinigten. Einige Fachleute deuten das als Folge der Einwirkung von Trennmitteln in der Form, da die Trennmittel sowohl in metallischen als auch in hölzernen Formen je nach Druck und Temperatur, die an der betreffenden Stelle herrschen, ein wenig in die Oberfläche eindringen. Andere bezeichnen es als Folge des Scherenschnittes und der Schlierenbildung durch partiell abgekühlte Anteile und mitgezogene Partikel. In einigen Fällen verliefen die Mattierungen parallel zu deutlich sichtbaren Schlieren und Graten und in

Bild 8.32: Durch Spülvorgänge sichtbar gewordene Scherenschnitt-Spuren. (Analyse M in Tabelle 8.4)

Bild 8.33:
Stark korrodiertes Trinkglas mit durch Spülvorgänge nachmodellierten Glas-Inhomogenitäten (Analyse A nach Tabelle 8.4)

Bild 8.34:
Schwächer korrodiertes Trinkglas (Analyse B in Tabelle 8.4)

Tabelle 8.2: Zusammensetzung der Gläser in den Bildern 8.33 bis 8.36

Gewichts-%

Glas im Bild Nr.	SiO_2	Na_2O	K_2O	CaO	MgO	BaO	PbO	Al_2O_3	B_2O_3
8.33	67,7	12,6	3,5	10,2	0,1	3,7	0,1–0,5	0,4	0,6
8.34	70,9	15,0	<0,1	10,5	0,1	0	0,1–0,5	1,5	0,6
8.35	70,3	13,7	1,8	6,1	4,2	0,6	0,5	1,2	0
8.36	72,8	12,5	1,6	5,2	3,7	0	0,5	1,1	0

deren Verlängerung. Diese Frage ist unseres Wissens noch nie systematisch untersucht worden. Die Bilder 8.33 – 8.36 zeigen extrem wenig bzw. extrem stark korrodierte Gläser, Tabelle 8.2 ihre chemischen Zusammensetzungen. Auffällig ist die besondere Resistenz des Senfglases (Bild 8.36). Ob die Resistenzunterschiede zwischen den einzelnen Gläsern auf die unterschiedlichen Gehalte an Si, Mg und B zurückgehen (Tabelle 8.4, hiernach würde die Spülfestigkeit durch Si und Mg erhöht, durch B erniedrigt), ist sehr fraglich.

Von Angehörigen der Glasindustrie [24–26] wird der auffällige Unterschied mit den Herstellungs- und Nachbehandlungsverfahren begründet. Das ursprüngliche Hydrolyseverhalten der Oberflächen konnte nach den jahrelangen Veränderungen nicht exakt bestimmt werden. In Zusammenarbeit mit Dr. Arnd Peters, Schott Glaswerke, Mainz wurden unbehandelte Zweitstücke nach den Bildern 8.33 und 8.34 untersucht:

Neben dem Grießtest, der Durchschnittswerte über die ganze Wanddicke liefert, wurde auch die Alkaliabgabe von der Oberfläche allein bestimmt. Die gefundenen Werte entsprechen sehr genau einem Glasfluß, der in Spülversuchen, nach Aussehen und Gewichtsveränderung beurteilt, mittlere Resistenz zeigt und folgende Zusammensetzung hat (Gew. %):

Si Hauptbestandt.	Fe <1	Mg 5–10	Ba 0,3	Ti 0,05
Na ∼12	Ca ∼7	Cr 0,5–1	As 0	Sr 0
Pb 1	Al 1	Mn ∼0,5	B 0	Sn 0

Bild 8.35:
Nur im dünnwandigen Bereich korrodiertes Trinkglas (Analyse E in Tabelle 8.4)

Bild 8.36:
Besonders spülresistentes Senfglas (Analyse K in Tabelle 8.4)

Bild 8.37:
Resistenzunterschiede auf vormals dekorierten Stellen. Auflicht-Hellfeld, V = 260 : 1 (Analyse M in Tabelle 8.4)

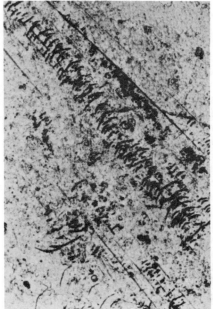

Bild 8.38:
Nicht ausgelaugte Rattermarke im vormals dekoriert gewesenen Bereich. Auflicht-Hellfeld, V = 250 : 1 (Analyse M in Tabelle 8.4)

Tabelle 8.3: Oberflächenzusammensetzung des Glases in den Bildern 8.37 und 8.38

Gewichts-%

	Si	K	Na	Ca	Pb	S	F
Glasoberfläche	60	<1	13	8	–	0,1	ca. 0,2
Dekor-Rest	50	0,1–0,5	11	7	5	0,1	ca. 0,1

8.2.3 Belag- und Rißbildung im Bereich abgetragenen Dekors und ehemaliger Etiketthaftstellen

Unter den jahrelang im Haushalt gespülten Gläsern fanden sich mehrere, die anfangs dekoriert waren. Das Dekor verschwand in allen Fällen in den ersten Wochen, aber selbst nach vier Jahren waren im spiegelnden Licht noch die Stellen zu erkennen, an denen das Dekor gesessen hatte. Hier traten keine Flächenkorrosionen auf. An den Dekorspuren eines Blattes, dessen Blattrispen ausgespart, also nicht dekoriert waren, hatten die Flächenschäden diese Blattrispen genau nachmodelliert (Bild 8.37), während die Blattflächen völlig korrosionsfrei geblieben waren.

Im Gegensatz zu diesen Flächenschäden überzogen die Kettensprungfelder selbstverständlich auch die früher dekoriert gewesenen Bereiche (Bild 8.38). Die Auslaugung dieser Kettensprungfelder war jedoch erheblich schwächer als in den vormals nicht dekoriert gewesenen Bereichen. Um Anhaltspunkte für diesen Oberflächenschutz zu erhalten, wurden die ehemals dekorierten und die nicht dekorierten Teile dieser Gläser mit der Elektronenmikrosonde analysiert: Tabelle 8.3. Der einzige signifikante Unterschied besteht in den 5 Gew. % Blei, welche die Oberfläche im Bereich vormals dekorierter Stellen aufweist. Hieraus kann mit einer gewissen Vorsicht geschlossen werden, daß das Dekor aus dem üblicherweise verwendeten Drei-Komponenten-Grundglas mit wenig Silikat aber Bor und viel Blei bestanden haben muß, nicht aber aus den viel billigeren mit Pigmenten versetzten Silikonverbindungen. Die gleiche glaskonservierende Wirkung von Dekoren fand G. Frenzel [19] auf mittelalterlichen Glasfenstern. Auch die Reste von Etiketten-Klebern verhindern das Auslaugen von Glasoberflächen. In Bild 8.39 ist ein Glas dargestellt, von dem ein Etikett mit dem Messer abgekratzt worden war. Kratzspuren und Haftstellen sind deutlich zu erkennen. Nach zweijährigem Spülen im Haushalt sind diese Risse in dem vormals nicht vom Etikett bedeckten Bereich stark ausgelaugt, in dem vom Etikett bedeckten Bereich überhaupt nicht. Dafür ist in diesem Bereich die plastische Verformung der Glasoberfläche besonders deutlich. Die Bilder 8.40 – 8.42 sind Mikroaufnahmen der nach Bild 8.39 a eingeteilten Oberflächenbereiche. Weder mit chemischen Verfahren noch mit der Mikrosonde ließen sich jedoch Unterschiede zwischen den Ober-

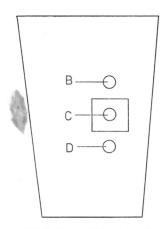

Bild 8.39 a: Skizze zu den Detailbildern aus Bild 8.39

Bild 8.39:
Ehemalige Etikett-Haftstelle mit Kratzspuren (Analyse N in Tabelle 8.4)

Bild 8.40:
Detailbild aus Bild 8.39. Bereich B nach Skizze in Bild 8.39 a, ausgelaugte Kettensprünge. Durchlicht-Hellfeld, V = 260 : 1

Tabelle 8.4: Analysenwerte der geprüften Gläser

Probe	Korrosion*	% SiO$_2$	% Na$_2$O	% K$_2$O	% CaO	% MgO	% BaO	% PbO	% Al$_2$O$_3$	% B$_2$O$_3$	% Fe	Σ
A	stark	67,7	12,6	3,5	10,2	0,1	3,7	0,1 – 0,5	0,4	0,6	<0,2	99,1 –
B	stark	70,9	15,0	<0,1	10,5	0,1	0	0,1 – 0,5	1,5	0,6	<0,2	99,0 –
C	schwach	70,2	15,2	<0,1	8,7	3,1	0	0	1,2	0	<0,2	98,7
E	schwach	70,3	13,7	1,8	6,1	4,2	0,6	0,5	1,2	0	<0,2	98,6
F	mittel	57,9	2,3	10,6	<0,3	0	1,2	26,6	0,1	0	<0,2	99,2
G	mittel	71,2	8,0	9,0	4,2	<0,1	3,1	2,7	0,2	0	<0,2	98,7
H	mittel	71,7	7,5	9,0	4,1	<0,1	3,0	2,8	0,2	0	<0,2	98,6
I	stark	57,6	1,5	11,1	<0,3	0	1,4	26,6	0,1	0	<0,2	98,8
K	schwach	72,8	12,5	1,6	5,2	3,7	0	0,5	1,1	0	<0,2	97,6
M	stark	70,7	13,3	<0,1	11,2	0,1	0	0	1,4	0,6	<0,2	97,6
N	schwach	71,9	11,6	0,75	13,3	0,05	0	0	1,5	–	0,15	99,3

* Nach 3- bzw. 4-jähriger Spülzeit

Bild 8.41:
Detailbild aus Bild 8.39. Bereich C nach Skizze in Bild 8.39 a, nicht ausgelaugte Kettensprünge, aber starke plastische Verformung
Durchlicht-Hellfeld V = 250 : 1

Bild 8.42:
Detailbild aus Bild 8.39, Bereich D nach Skizze in Bild 8.39 a, stärker ausgelaugte Kettensprünge und Oberflächenstreifen. Durchlicht-Hellfeld, V = 240 : 1

flächenbereichen feststellen. Auch die im Kleber zu vermutenden C- und N-Verbindungen hat die Sonde nicht nachgewiesen (Nachweisgrenzen für C etwa 0,5 %, für N etwa 2 %).

8.2.4 Oberflächenveränderungen durch schroffe Temperaturwechsel in Abhängigkeit von der Form der Gläser

Trinkgläser haben im allgemeinen außen eine Druckvorspannungshaut, im inneren der Glaswand herrscht die kompensierende Zugspannung. Bei Temperaturschocks, zum Beispiel Abkühlung, die das gleichmäßig durchwärmte Glas treffen, entsteht außen tangential eine Zugspannung, während innen Druckspannung herrscht. Für bestimmte Glaszusammensetzungen läßt sich in Abhängigkeit von Form und Wanddicke diejenige Temperaturdifferenz angeben, bei der das Glas geschädigt wird. Ausgezeichnete Hinweise hierüber finden sich in GIT 6 [23]. Hier sind für verschiedene Gläser mit dem mittleren Ausdehnungskoeffizienten als Parameter die Temperaturunterschiede gegen die Wanddicken aufgetragen, welche die Gläser gerade noch ohne zu springen aushalten.

Die vorstehenden Untersuchungen wurden zum großen Teil in [29] publiziert.

Herrn Dr. Werner Klemm, Heidenheim, Herrn Dr.-Ing. Klaus Großkopf in der Fa. Carl Zeiß, Oberkochen, Herrn Erich Greil von der Forschungsgemeinschaft für Techn. Glas der Versuchs- und Beratungsstelle Wertheim am Main und Herrn Dr. Peters von der Firma Schott Glaswerke in Mainz danke ich für wertvolle Untersuchungen und Diskussionen. Der Firma Carl Zeiß in Oberkochen, Forschungsgruppe Optische Werkstoffe, danke ich für die Anfertigung der Bilder 8.1 bis 8.26, 8.28 und 8.29, 8.37 und 8.38, 8.40 bis 8.42.

9 Zerstörung von Glasoberflächen und ihre Messung

Dr.-Ing. H. Dannheim

9.1 Einleitung

Die mechanische Festigkeit von Glas wird entscheidend beeinflußt durch Fehler in der Oberfläche. Oberflächenverletzungen lassen sich fast immer auf Glasgegenständen finden. Ihre Stärke bestimmt in der Praxis die Festigkeit. Als Beispiele werden Verletzungen an der Außenseite von Autowindschutzscheiben gezeigt [1] (Bilder 9.1 und 9.2).

Gleichzeitig vermindert sich bei schweren Schäden die optische Qualität von Glasscheiben. Um den Einfluß der Beschädigungen auf die Festigkeit und die

Bild 9.1:
Stoßverletzungen an der äußeren Oberfläche einer Windschutzscheibe

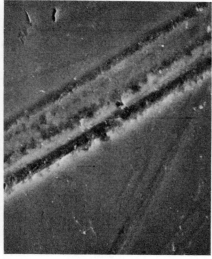

Bild 9.2:
Spurenverletzung an der äußeren Oberfläche einer Windschutzscheibe

optische Qualität von Glas zu untersuchen, muß man in Größe und Form definierte Verletzungen erzeugen. Daher werden kurz die möglichen Verfahren zur mechanischen Zerstörung von Glasoberflächen im Laborversuch aufgezeigt. Ausführlicher wird auf die Messung eingegangen, wobei 3 Verfahren, nämlich das mechanische Abtasten, die Stereoauswertung von REM-Aufnahmen und die optische Streuung, genauer diskutiert werden.

9.2 Verfahren zur mechanischen Zerstörung

Die folgende Graphik (Bild 9.3) gibt einen Überblick über Laboratoriumsmethoden, die zum Verschleißen und Zerstören von Glasoberflächen geeignet sind [2]. Es werden jedoch nicht alle in der Praxis eingesetzt. Die einzelnen Verfahren erzeugen in Größe und Form verschiedene Defekte, wobei beide in Bild 9.1 und 9.2 gezeigten Typen von Verletzungen, nämlich Stoß- und Schleifverletzungen auftreten können.

9.3 Ätzen

Bei der optischen Betrachtung wird zur Verdeutlichung und Vertiefung der entstandenen Defekte oft die Oberfläche angeätzt. Hier hat sich am besten 10 %ige

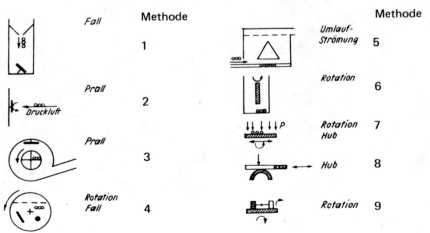

Bild 9.3: Zusammenstellung von verschiedenen Abrieb- und Verschleißverfahren

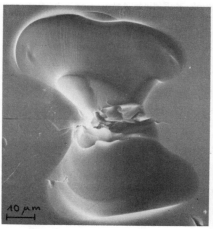 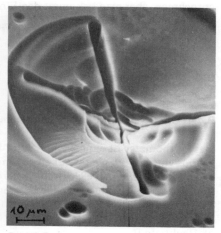

Bild 9.4:
Eine mit 100 µm-SiC-Korn verursachte Oberflächenverletzung eines Glasstabes

Bild 9.5:
Eine mit 100 µm-SiC-Korn verursachte Oberflächenverletzung, die in 15%iger HF — 15%iger H_2SO_4-Lösung für 30 s geätzt wurde

HF-Lösung oder die Mischung aus 15 %iger HF- und 15 %iger H_2SO_4-Lösung bewährt. Dies wird in den Bildern 9.4 und 9.5 an einem Beispiel gezeigt. Die Ätzung beginnt bevorzugt an scharfen Ecken, aber auch an Stellen erhöhter innerer Spannung. Ansonsten erfolgt der Ätzabtrag in gleichmäßigen Schichten.

Bild 9.4 zeigt als typisches Beispiel eine mit 100 µm-SiC-Korn verursachte Verletzung. Glasproben wurden nach Methode 4 in Bild 9.3 zusammen mit SiC in einer Trommel gedreht. Auffallend sind die muschelartigen Abplatzungen, die mit flachem Winkel von der Stoßstelle ausgehen. Ganz typisch ist dabei die komplizierte Gestalt der eigentlichen Stoßstellen. Jeweils an dieser Stelle entstehen senkrecht zur Oberfläche Tiefenrisse. Diese lassen sich nur andeutungsweise erkennen. Sie können aber durch Anätzen mit Flußsäure sichtbar gemacht werden.

Bild 9.5 zeigt die Oberfläche einer Probe, die zunächst mit 100 µm-SiC beschädigt wurde und anschließend in 15 %iger HF — 15 %iger H_2SO_4-Lösung für 30 s geätzt wurde. Die sehr kleinen Schadensstellen sind, wie auch in Bild 9.4 zu sehen ist, durch diese Behandlung schon zu Ätzlöchern abgerundet worden. Das Ätzen hat die Tiefenrisse, die früher nur als schmale Linie zu sehen waren, wesentlich verbreitert und offengelegt. Zwar ist die Tiefe dieser Risse nicht aus dem Bild zu entnehmen, aber man bekommt den Eindruck, daß diese Ätzgruben sehr tief im Vergleich zu ihrer Breite sind.

9.4 Messung der Zerstörung

9.4.1 Oberflächenmeßgerät Perthometer

Das Perthometer ist ein mechanisches Abtastgerät. Eine Tastspitze mit einem Radius von $1 - 5 \mu$ gleitet auf einer Linie über die Oberfläche. Die Schwingungen der Spitze werden elektrisch verstärkt (Piezokristall oder magnetinduktiv) und aufgezeichnet. Das folgende Diagramm erläutert die Meßwerte, die in der Praxis verwendet werden (Bild 9.6):

a) Rauhtiefe R_t ist der Abstand der höchsten Profilspitze vom tiefsten Talpunkt nach Abtrennen der Welligkeit

b) Welltiefe W   ist die maximale Tiefe der Welligkeit nach Abtrennen der Rauhtiefe

c) Glättungstiefe R_p ist der mittlere Abstand des Hüllprofils vom Istprofil. Sie wird ermittelt durch ideales Einebnen der Rauheitsberge in die Täler

d) Durchschnittliche Rauhtiefe R_v ist der mittlere Abstand zwischen den fünf höchsten und den fünf tiefsten Punkten

e) Mittenrauhwert R_a: arithmetischer, R_s: quadratischer

9.4.2 Visuelle Meßmethoden – Auswertung von Stereo-REM-Bildern

Um die Tiefe einer Verletzung zu messen, kann man mit dem Rasterelektronenmikroskop ein Bildpaar unter 2 verschiedenen Winkel ($30°$ und $45°$) anfertigen. Die sich dabei ergebende perspektivische Verkürzung kann elektronisch entzerrt werden. Das nächste Diagramm veranschaulicht die dann folgende mathematische Auswertung (Bild 9.7).

Ein Objekt, bestehend aus den Punkten OPQ ergibt unter dem Kippwinkel α ein ebenes Abbild OP'Q'. Die elektronische Entzerrung bewirkt, daß der Abstand der Punkte auf gleicher Höhe O und Q konstant gehalten wird. Der tiefer liegende

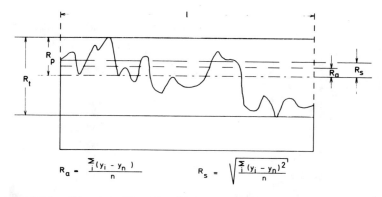

Bild 9.6: Übersicht über Oberflächenmeßgrößen

Punkt P, dessen Abbild P' ist, wird durch die Entzerrung zu P''. Die Entzerrung erfolgt nach der Gleichung

$$d'' = d'/\cos a$$

Weiter lassen sich leicht geometrisch die gesuchten Strecken berechnen:

$$h = \frac{d''_2 - d''_1}{\tan \alpha_1 - \tan \alpha_2} \qquad d = \frac{d''_1 + d''_2}{2} + h \cdot \frac{\tan \alpha_1 + \tan \alpha_2}{2}$$

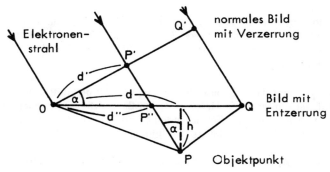

Bild 9.7: Zur mathematischen Auswertung von Stereobildpaaren

 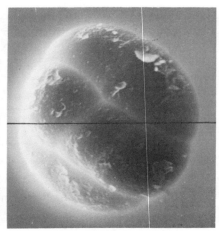

Bild 9.8: Stereographische Aufnahmen von einer Verletzung an der Glasoberfläche (5 s Sandstrahlen mit SiC, 10 min Ätzen mit 10%iger HF)

Diese Gleichungen gelten nur für Punkte entlang einer Linie. Die Auswertung wird anhand einer ellipsenförmigen Vertiefung auf der Glasoberfläche demonstriert [4] (Bilder 9.8 und 9.9).

9.4.3 Optische Meßmethoden — Messung der charakteristischen Lichtstreuung einer rauhen Oberfläche

Die folgende schematische Darstellung zeigt die Apparatur für eine solche Messung (Bild 9.10).

Hier dreht sich die Probe um eine Achse senkrecht zur Zeichenebene, während der Laser und die Fotodiode unter einem Winkel ß fixiert sind. Zusätzlich dreht man die Probe noch um eine Achse parallel zum Laserstrahl, um über einen großen Oberflächenanteil zu mitteln.

Zur Auswertung wird in [3] eine Theorie beschrieben, die von der geometrischen Optik ausgeht, sie ist daher nur gültig für Defekte, die größer als die Lichtwellenlänge sind. Es wird eine Zerlegung der reflektierenden Oberfläche in lauter kleine Winkelspiegel angenommen, wie es die nächste Abbildung zeigt (Bild 9.11).

Für die gestreute Intensität als Funktion des Winkels α (siehe Bild 9.10) ergibt sich dann:

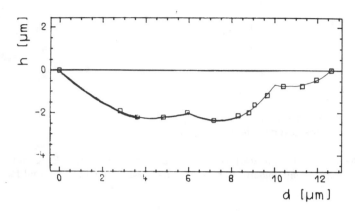

Bild 9.9: Profil der Oberflächenverletzung von Bild 9.8

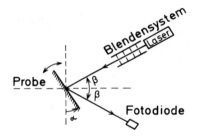

Bild 9.10: Schematische Darstellung einer Apparatur für Lichtstreuungsexperimente

Bild 9.11: Idealisiertes Oberflächenprofil

$$I(\alpha) \sim \frac{\cos \beta \cdot FR(\beta)}{\sin 2\alpha} \cdot W(\alpha) \cdot \int_0^\alpha W(\alpha') d\alpha'$$

wobei

FR(ß) = Fresnelsche Formeln
W(α) = Verteilungsfunktion der kleinen Spiegel

Für die spezielle Annahme, daß die Verletzungen rotationssymmetrische Ellipsoide sind (wie die REM-Aufnahmen zeigen), kann man eine etwas einfachere Formel für I (α) ableiten:

$$I(\alpha) = W_o f^2 \, FR(\beta) \, (1 + (f^2 - 1) \sin^2 \alpha)^{-2}$$

Formfaktor f: Verhältnis von Durchmesser zu Tiefe des Ellipsoids
Maximalintensität: $I(o) \sim W_o f^2$

Zur experimentellen Verifizierung wurden Schweißerschutzglas und Fensterglas verschieden lange mit SiC-Pulver bestrahlt und anschließend in 10%iger HF geätzt. Das Fensterglas wurde mit einer dünnen Silberschicht bedampft, um Reflexionen von der Rückseite der Proben zu vermeiden. Das folgende Bild zeigt schematisch die sich bei diesen Proben ergebende Lichtstreuungskurve (Bild 9.12).

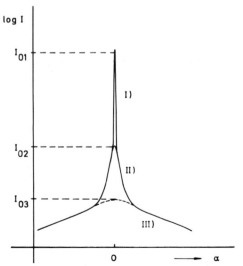

Bild 9.12: Schematische Lichtstreuungskurve von rauhen Oberflächen

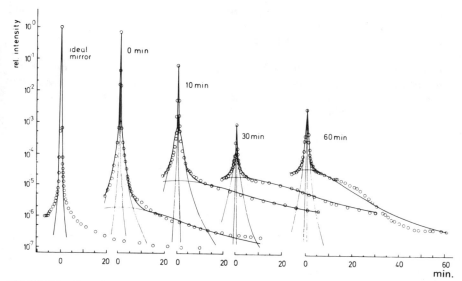

Bild 9.13: Streukurven von zerstörtem Fensterglas, 1 sec sandgestrahlt, 0 bis 60 min geätzt

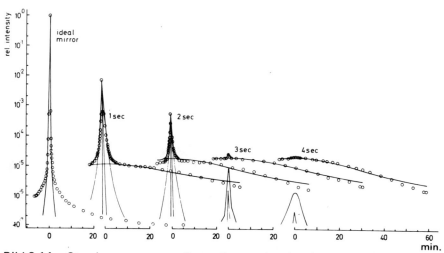

Bild 9.14: Streukurven von zerstörtem Fensterglas, 1 − 4 sec sandgestrahlt, 10 min geätzt

Der Bereich I gehört zu dem Anteil unzerstörter Oberfläche. Die Bereiche II und III charakterisieren zwei verschiedene Typen von ellipsenförmigen Verletzungen, die verschiedene Formfaktoren f haben.

Anhand der beiden Darstellungen (Bilder 9.13 und 9.14) erkennt man den Fortschritt der Zerstörung der Glasoberfläche durch Sandstrahlen mit SiC bzw. Ätzen. Die Verletzungen nehmen an Größe und Tiefe zu, bis schließlich keine unzerstörte Oberfläche mehr vorhanden ist [4].

10
Hochfeste Gläser, ihre Herstellung und Anwendungsmöglichkeiten

Dr. rer. nat. W. Kiefer

10.1 Einleitung

Glas hat neben seiner großen Anzahl wünschenswerter Eigenschaften, wie beispielsweise hohe Transparenz, Härte, chemische Resistenz, Alterungsbeständigkeit, elektrische Isolation und gute Verformbarkeit, auch die Eigenschaft, daß es leicht zerbricht, was seine Einsatzmöglichkeiten beschränkt. In der Glasindustrie wurde daher in der Vergangenheit eine Vielzahl von Verfahren zur Erhöhung der Festigkeit entwickelt, die teils speziell auf den jeweiligen Bedarfsfall abgestimmt wurden.

Im folgenden werden die einzelnen Verfahren zur Herabsetzung der Bruchgefahr kurz beschrieben und auf ihre Vor- und Nachteile beim Einsatz in der Praxis hingewiesen.

10.2 Mechanische Festigkeit des Glases

10.2.1 Theoretische Festigkeit und Grundfestigkeit von Glas

Glas ist ein fast ideal elastischer und hoch spröder Werkstoff. Da Glas keine Gleitebenen besitzt, kann ein Bruch nur durch die Trennung von Molekülen erfolgen. Aus den atomaren Bindungskräften läßt sich eine theoretische Festigkeit von 5×10^3 bis 10×10^3 N/mm^2 berechnen. Diese Berechnungen konnten durch Festigkeitsmessungen an Glasproben mit unverletzten Oberflächen weitgehend bestätigt werden. So wurden an Glasfasern Biegezugfestigkeiten bis zu $3,5 \times 10^3$ N/mm^2 gemessen.

Die Grund- oder Gebrauchsfestigkeit von Glas beträgt bei kurzzeitiger Belastung mit 35 bis 70 N/mm^2 nur knapp ein Prozent der theoretischen Festigkeit. Bei einer Langzeitbeanspruchung muß schon bei einer Belastung von über 8 N/mm^2

mit einem Bruch gerechnet werden. Unter der Grund- oder Gebrauchsfestigkeit wird im allgemeinen seine Festigkeit gegenüber einer Schlag- oder Biegezugbeanspruchung verstanden. Die große Differenz zwischen der theoretischen und praktischen Festigkeit ist auf die in der Oberfläche vorhandenen Risse zurückzuführen, da die Spannung in der Rißspitze wesentlich höher ist, als die an der gesamten Oberfläche angelegten Spannung. Griffith [1] zeigte, daß die Spannung in der Rißspitze sowohl von der Länge des Risses als auch von dem Radius der Rißspitze abhängt:

$$\sigma_{R\,(max)} = 2\,\sigma\,(l/(2 \cdot r))^{1/2} \text{ N/mm}^2 \qquad (1)$$

$\sigma_{R\,(max)}$ = maximale Spannung in der Rißspitze
σ = angelegte Spannung
l = Rißlänge
r = Radius der Rißspitze

Sobald die Spannung in der Rißspitze größer ist als die Bindungsenergie der Atome (theoretische Festigkeit), läuft der Riß weiter bzw. kommt es zum Bruch des Glases.

Da alle technischen Gläser im wesentlichen aus einem Silicatgerüst bestehen, ist ihre Festigkeit weitgehend unabhängig von der Glaszusammensetzung.

Das Glas als spröder Werkstoff zeigt bei Dauerbelastung im allgemeinen keine Ermüdungserscheinungen. Liegt die Höhe der Belastung jedoch in der Nähe der Festigkeit, dann kann sie zu einer Weiterbildung des Risses führen. Durch die Verlängerung des Risses erhöht sich die Spannung in der Rißspitze, so daß der Riß zunächst langsam und mit zunehmender Rißlänge immer schneller wächst bis es endlich zum Bruch des Glases kommt. Dieser Vorgang macht sich bereits bei Biegezugversuchen bemerkbar. Bei langsamer Erhöhung der Belastung werden etwas geringere Biegezugfestigkeiten gemessen als bei rascher Erhöhung.

10.2.2 Bestimmung der mechanischen Festigkeit von Glas

Das Glas besitzt gegenüber einer Druckbelastung eine um den Faktor zehn höhere Festigkeit als gegenüber einer Zugbelastung. In der Praxis wird daher in erster Linie die Festigkeit eines Glases gegenüber einer Schlag- oder Biegezugbeanspruchung geprüft, wobei die Prüfbedingungen teils stark praxisbezogen sind.

Sicherheitsgläser für die Fahrzeugverglasung werden durch Kugelfallversuche (DIN 52 306) oder Pfeilfallversuche (DIN 52 207) geprüft.
Bei einem Kugelfallversuch wird eine Kugel aus einer bestimmten Höhe auf eine am Rand aufliegende, festgespannte Glasscheibe fallen gelassen. In Bild 10.1 ist

die Abhängigkeit zwischen der Fallhöhe und der Dicke der Glasproben aufgetragen. Dünne Scheiben biegen sich beim Aufprall stark durch, wodurch eine hohe Zugspannung entsteht, die zum Bruch der Scheibe führt.

Mit zunehmender Glasdicke wird die Glasscheibe starrer, so daß zu ihrer Zerstörung eine größere Fallhöhe nötig wird. Ab einer bestimmten Glasdicke verursacht die Kugel in der Glasoberfläche nur noch einen „Kegelbruch". Dieser „Kegelbruch" tritt umso rascher ein, je dicker und damit je starrer die Glasplatte ist.

Vorgespannte Gläser (z. B. oberflächenkristallisierte Gläser) widerstehen dem Kugelschlag wesentlich länger als nicht vorgespannte Gläser.

Glas, insbesondere Sicherheitsglas für die Verglasung baulicher Anlagen, wird mit dem Pendelschlagversuch nach DIN 52 337 geprüft. Der Pendelschlagversuch

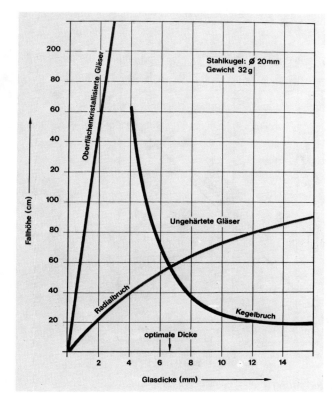

Bild 10.1: Kugelfalltest

dient zur Ermittlung des Verhaltens von Glas bei stoßartigem Auftreten eines massigen, verformbaren Körpers.

Die Prüfung von Hohlglasgefäßen auf Innendruck, insbesondere von Behälterglas, wie zum Beispiel Flaschen, erfolgt durch Abdrückversuche nach DIN 52 320.

Zur Bestimmung der Biegezugfestigkeit wird entweder ein Glasstab bzw. eine Glasscheibe auf 2 Schneiden aufgelegt und in der Mitte mit einer dritten Schneide belastet (DIN 52 303) oder eine Scheibe wird auf einen Ring von einzelnen Fingern aufgelegt und in der Mitte belastet.

In Bild 10.2 sind die Biegezugfestigkeiten von einer großen Anzahl von Glasproben auf einem Summenhäufigkeitspapier aufgetragen. Die mittlere Biegezugfestigkeit der Glasproben ohne Abrieb liegt bei 100 N/mm^2.

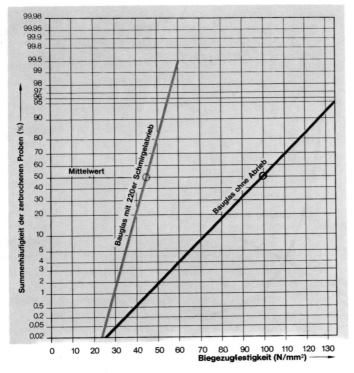

Bild 10.2: Festigkeitsverteilung

Es werden aber auch Festigkeiten von 40 N/mm² und 130 N/mm² gemessen. Die zweite Kurve zeigt Glasproben, die vor dem Biegezugfestigkeitsversuch einem Abrieb unterworfen wurden. Die Proben wurden dabei an der Oberfläche absichtlich gleich stark mit einem 220er Schmirgel verletzt. Hierdurch sinkt der Mittelwert auf 45 N/mm² ab, aber die Kurve verläuft steiler. Aus Sicherheitsgründen wird bei normalen Gläsern meist mit einer Biegezugfestigkeit von 30 N/mm² gerechnet.

10.2.3 Berechnung der Belastbarkeit

Aus der Biegezugfestigkeit eines Glases läßt sich die Belastbarkeit des Glaskörpers berechnen. Bei Gebäudeverglasungen zum Beispiel treten meist mehrere Belastungen gleichzeitig auf. Die dabei zu veranschlagenden Belastungen gehen aus DIN 1055, Blatt 1 —5 hervor.

Die bei gleichförmiger Belastung auftretenden maximalen Biegezugspannungen lassen sich unter Annahme einer allseitigen, freien Auflage am Rand nach folgenden Gleichungen berechnen [2]:

für kreisförmige Scheiben (Bild 10.3)

$$\sigma_{max} = 0{,}31 \cdot p \cdot \frac{d^2}{h^2} \quad kp/cm^2 \qquad (2)$$

für quadratische und rechteckige Scheiben (Bild 10.3)

$$\sigma_{max} = 0{,}25 \cdot p \cdot \frac{b^2}{h^2} \quad kp/cm^2 \qquad (3)$$

σ_{max} = maximal zulässige Biegezugspannung in kp/cm²
p = gleichmäßige Belastung in kp/cm²
d = Durchmesser der runden Scheibe in cm
a = Längsseite der Scheibe in cm
b = Breitseite der Scheibe in cm
h = Dicke der Scheibe in cm
x = dimensionslose Zahl, die sich aus folgender Tabelle ergibt:

$\frac{a}{b}$	1,0	1,5	2,0	3,0	4,0	∞
x	1,15	1,95	2,44	2,85	2,96	3,00

Aus Sicherheitsgründen sollte die höchste zulässige Biegezugspannung bei normalen Gläsern 200 bis 300 kp/cm² nicht überschreiten.

Durch Umformen der Gleichungen (2) und (3) lassen sich auch die benötigten Scheibendicken abschätzen bei vorgegebener Belastung (DIN 1055) und Glasabmessungen:

für kreisförmige Scheiben

$$h = d \sqrt{0{,}31 \frac{p}{\sigma_{max}}} \quad cm \tag{4}$$

für quadratische und rechteckige Scheiben

$$h = b \sqrt{0{,}25 \cdot x \cdot \frac{p}{\sigma_{max}}} \quad cm \tag{5}$$

Zur Vereinfachung sind in DIN 18 056, Seite 3 (Bild 10.4) die zu wählenden Scheibendicken in Abhängigkeit von der Scheibenlänge und Scheibenbreite aufge-

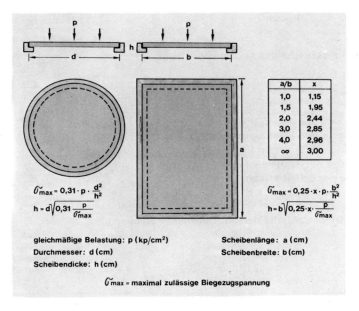

Bild 10.3:   Plattenbiegung bei gleichförmiger Belastung (frei aufliegende Platten)

tragen. Bei dieser Berechnung wird von einer gleichförmigen Belastung p von 60 kp/m² (= 60 · 10⁶ kp/cm²) und einer maximalen Biegezugfestigkeit σ_{max} der Glasscheiben von 380 kp/cm² ausgegangen.

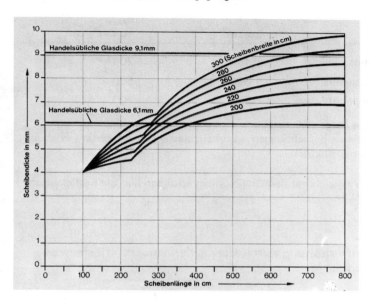

Verglasungs-höhe über Gelände m	Normales Bauwerk (Beiwert c = 1,2)		Turmartiges Bauwerk (Beiwert c = 1,6)	
	Windlast $w = q \cdot c$ kp/m²	Faktor	Windlast $w = q \cdot c$ kp/m²	Faktor
0 bis 8	60	1,00	80	1,16
8 bis 20	96	1,27	128	1,46
20 bis 100	132	1,48	176	1,72
über 100	156	1,61	208	1,8⁻

Der Berechnung liegt ein σ_{max} von 380 kp/cm² zugrunde.

Bild 10.4: Diagramm zur Dickenwahl von ebenen allseitig aufliegenden Glasscheiben unter Berücksichtigung der Seitenabmessungen. Verglasungshöhe 0 bis 8 m über Gelände. *

Für die Berechnung der statischen Festigkeit der vorgespannten Gläser können folgende Werte eingesetzt werden:

Glas	$\bar{\sigma}$ kp/cm²	σ_{max} kp/cm²
nicht vorgespannt	450	200
thermisch vorgespannt	1.800	500
chemisch vorgespannt	3.500	700

$\bar{\sigma}$ mittlere Biegezugfestigkeit
σ_{max} für statische Berechnungen maximal zulässige Biegezugbeanspruchung (Sicherheitsfaktor!)

(Zum besseren Vergleich mit den DIN-Normen erfolgten hier die Festigkeitsangaben in kp/cm².)

10.3 Festigkeitserhöhung durch Vermeiden von Oberflächenverletzungen

Es wurde bereits dargelegt, daß der Bruch von den in der Oberfläche vorhandenen Rissen ausgeht. Eine Rißbildung auf der Glasoberfläche läßt sich im allgemeinen nicht vermeiden, da die Glasartikel bei der Herstellung angefaßt und transportiert werden müssen.

Vorhandene Risse lassen sich jedoch durch Abätzen mit Flußsäure beseitigen. Beim Abätzen wird der Riß nicht weiter vorangetrieben, sondern der Radius der Rißspitze vergrößert. Ein Ausheilen der Oberflächenrisse kann auch durch Aufheizen der Glasproben auf die Erweichungstemperatur erfolgen. Glasproben mit säurepolierter oder feuerpolierter Oberfläche können Festigkeiten von $1{,}5 \times 10^3$ bis 3×10^3 N/mm² erreichen. Für die Praxis sind jedoch beide Methoden nur von geringem Wert, da eine erneute Verletzung der Oberfläche die Biegezugfestigkeit wieder auf den Wert der Gebrauchsfestigkeit von etwa 45 N/mm² herabsetzt.

Bei einigen Fertigungsverfahren wird versucht, die Glasoberfläche bereits kurz nach der Herstellung des Glasartikels durch Aufbringen von Schutzschichten vor Verletzungen zu bewahren.

Die hohe Festigkeit von glasfaserverstärkten Kunststoffen ist zum Beispiel darauf zurückzuführen, daß die unverletzten Glasfasern in Kunststoff eingebettet werden.

Bei der Herstellung von Leichtgewichtsflaschen werden die Flaschen unmittelbar nach der Blasfertigung mit einer Schutzschicht aus Kunststoff überzogen oder mit Zinntetrachlorid besprüht, das sich auf der noch heißen Glasoberfläche zu Zinndioxid umsetzt. Der Kunststoffüberzug schützt die Flasche in erster Linie gegen Schlagverletzungen, während das Zinndioxid besonders die Gleitfähigkeit der Flaschen aneinander erhöht. Bei starker Beanspruchung ist eine Verletzung der Glasoberfläche durch die dünne Schutzschicht oder den weichen Kunststoff hindurch oft nicht zu vermeiden.

10.4 Festigkeitserhöhung durch Druckvorspannung

In der Praxis kann im allgemeinen die Entstehung von Oberflächenrissen nicht vermieden werden. Die einzige Möglichkeit, hochfeste Gläser herzustellen, besteht daher in der Erzeugung einer Druckvorspannung in der Oberflächenschicht des Glases. Durch die Druckvorspannung in der Oberflächenschicht werden die dort vorhandenen Risse zusammengepreßt. Erst wenn die angelegte Biegezugspannung die in der Oberflächenschicht vorgegebene Druckvorspannung übersteigt, kann sie auf die Risse einwirken und zum Zerbrechen der Scheibe führen. Die Gesamtfestigkeit eines vorgespannten Glases setzt sich daher aus der Grundfestigkeit und der Druckvorspannung zusammen.

10.4.1 Überfangverfahren

Bereits 1891 gelang es Otto Schott, ein hochfestes Glas herzustellen. Hierzu überschichtete er ein Glas hoher Wärmeausdehnung mit einer dünnen Schicht eines Glases niedriger Wärmeausdehnung. In der Fachsprache heißt dieser Vorgang „Überfangen". Bei der Temperatur, bei der das Überfangen stattfindet, kann sich keine Spannung aufbauen, da beide Gläser im plastischen Zustand vorliegen. Während des Abkühlens, das auch langsam erfogen kann, zieht sich das innere Glas mit der höheren Wärmeausdehnung stärker zusammen als die äußere dünne Schicht, hierdurch gerät letztere unter Druckvorspannung und das Glasinnere unter Zugvorspannung. Die maximale Biegezugfestigkeit von 200 bis 300 N/mm^2 wird daher erst bei Zimmertemperatur erreicht. Überfanggläser können mehrmals und für längere Zeit bis auf die Transformationstemperatur erhitzt werden, ohne daß sich die Biegezugfestigkeit nach dem Abkühlen verändert.

In den letzten Jahren ist diese Technologie intensiv weiter entwickelt worden, so daß es heute möglich ist, bis zu sieben Glasschichten übereinander zu ziehen. Aus übereinandergezogenen, mehrschichtigen Platten wird beispielsweise durch Absenken sehr dünnwandiges, hochfestes Tischgeschirr hergestellt.

10.4.2 Vorspannen durch thermisches Abschrecken

Die gebräuchlichste und am häufigsten angewandte Methode zur Erzeugung einer Druckvorspannung ist das thermische Vorspannen, auch ,,thermische Härtung" genannt. Die Vorspannmethode wird großtechnisch seit etwa 1930 benutzt.

Beim thermischen Vorspannen werden die Glasartikel auf eine Temperatur zwischen der Transformations- und Erweichungstemperatur erhitzt, die einer Viskosität von etwa 10^8 Pa · s entspricht. Bei dieser Temperatur muß das Glas zum einen noch fest genug sein, so daß es gehandhabt werden kann ohne zu deformieren, und zum anderen plastisch genug sein, so daß innere Spannungen rasch relaxieren können. Nach dem Aufheizen wird das Glas rasch abgekühlt. Vor Beginn des Abkühlprozesses ist das Glas spannungsfrei. Durch das rasche Abkühlen ensteht zwischen der Glasoberfläche und dem Glasinneren eine Temperaturdifferenz (Bild 10.5), bedingt durch die Wärmeübergangszahl Glas-Abschreckmedium und der Wärmeleitung des Glases. Beim Abkühlprozeß gefriert zunächst die Glasoberfläche ein, während das Glasinnere noch plastisch ist. Hierdurch können vorübergehend (in den ersten beiden Sekunden) an der Glasoberfläche Zugspannungen auftreten (Bild 10.5 a). Im weiteren Verlauf der Abkühlung wird die Zugspannung wieder abgebaut und es baut sich eine Druckspannung in der Oberfläche auf (Bild 10.5b). Nach einigen Sekunden wird die maximale Temperaturdifferenz zwischen Glasoberfläche und Glasinnerem erreicht (Bild 10.5 c). Die nach dem Abkühlprozeß

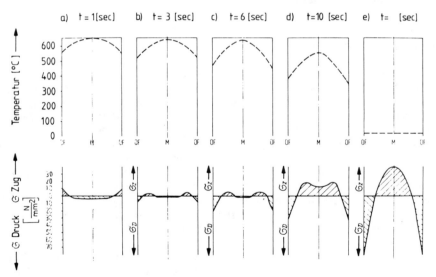

Bild 10.5: Änderung des Temperatur- und Spannungsprofils beim Abschreckprozeß des thermischen Vorspannens

in der Oberflächenschicht ausgebildete Druckspannung ist etwa doppelt so hoch wie die Zugspannung im Glasinneren (Bild 10.5 d). Die Dicke der Druckspannungsschicht beträgt jeweils 1/6 der Gesamtdicke.

Die beim thermischen Vorspannen von Glasscheiben zu erzielende Druckvorspannung läßt sich nach der folgenden Gleichung abschätzen[4]:

$$\sigma_v = \frac{\alpha' \cdot h/2}{\lambda + \alpha' \cdot h/2} \cdot \frac{\alpha \cdot E}{1-\mu} \cdot (Tg - T\infty) \tag{6}$$

σ_v = Druckvorspannung in N/mm^2
α' = Wärmeübergangskoeffizient Glas-Kühlmittel in W/(m · K)
h = Scheibendicke in m
λ = Wärmeleitkoeffizient in W/(m^2 K)
α = linearer Wärmeausdehnungskoeffizient in K^{-1}
E = Elastizitätsmodul in N/mm^2
μ = Poisson Zahl
$T\infty$ = Temperatur des Kühlmittels in °C

Die Höhe der durch das thermische Vorspannen erzielten Druckvorspannung beträgt bei Bauglas ($\alpha = 9,2 \times 10^{-6}$ K^{-1}) zwischen 160 und 200 N/mm^2. Sie ist durch die innere Festigkeit des Glases begrenzt.

Die innere Festigkeit des Glases soll der theoretischen Festigkeit des Glases mit etwa $4 \times 10^3 - 5 \times 10^3$ N/mm^2 nahekommen. Dies setzt jedoch ein vollständig homogenes Glas voraus. Bei technischen Gläsern müssen wir jedoch auch im Glasinneren mit Fehlstellen und Inhomogenitäten rechnen, so daß die Zugvorspannung im Glasinneren bei technischen Gläsern 80 –100 N/mm^2 nicht überschreiten sollte. Befinden sich im Glasinneren Kristalle, dann kann es bei vorgespannten Scheiben zu einem spontanen oder verzögerten Bruch von Innen kommen.

Die Druckvorspannung der thermisch vorgespannten Gläser bleibt bis etwa 280 °C wirksam. Oberhalb dieser Temperatur nimmt sie durch plastisches Fließen allmählich ab, um bei der Transformationstemperatur völlig zu verschwinden. Nur durch eine erneute Vorspannung kann die Druckspannung danach wieder erzeugt werden.

Thermisch vorgespannte Gläser können nicht mehr mechanisch nachbearbeitet werden, das heißt sie müssen vor dem Vorspannen auf Endmaß geschnitten werden, da ein Schneiden oder Bohren nach dem Vorspannen nicht mehr möglich ist.

Die thermisch vorgespannten Gläser finden in erster Linie Einsatz in der Auto- und Bauindustrie. Neben der erhöhten mechanischen Festigkeit sind hier die feinen Krümel von Bedeutung, in welche die Scheiben bei ihrer mechanischen Zerstörung zerfallen. Die Größe der Krümel ist abhängig von der Höhe der

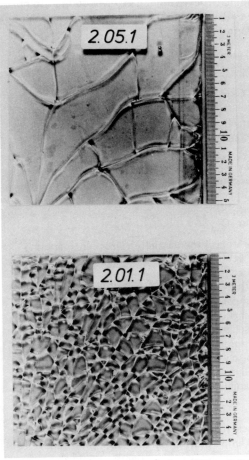

Biegezugfestigkeit: $\sigma = 100$ (N/mm^2)
Scheibendicke: h = 7 (mm)

Biegezugfestigkeit: $\sigma = 120$ (N/mm^2)
Scheibendicke: h = 7 (mm)

Bild 10.6: Abhängigkeit zwischen Krümelbildung und Biegezugfestigkeit

Vorspannung (Bild 10.6), da bei der Zerstörung die beim Vorspannen ins Glas eingebrachte Spannung in Oberflächenenergie übergeht. In der Bauindustrie werden die thermisch vorgespannten Gläser daher auch als „Einscheiben-Sicherheitsglas" bezeichnet. Ihr Einbau erfolgt zum Beispiel in Glastüren, Duschen, Balkon- und Treppengeländer.

Vorgespannte Gläser finden aber auch Einsatz im Haushalt als Trinkgläser oder Tischgeschirr.

10.4.3 Vorspannen durch Ionenaustausch

Im Gegensatz zum thermischen oder physikalischen Vorspannen beruht das chemische Vorspannen darauf, daß die Druckvorspannung in der Glasoberfläche durch eine Veränderung der Zusammensetzung der Glasoberfläche gegenüber dem Glasinneren erzielt wird.

Das chemische Vorspannen wird meist dort eingesetzt, wo dünne, hochfeste Gläser benötigt werden. Unter dem chemischen Vorspannen wird im allgemeinen ein Alkali-Ionenaustausch unterhalb der Transformationstemperatur verstanden.

Ein hoch lithium- oder natriumhaltiges Glas wird hierbei in einer Kalium-Nitrat-Salzschmelze 50 – 150 °K unterhalb der Transformationstemperatur über einen Zeitraum von einer bis zu mehreren Stunden getempert.

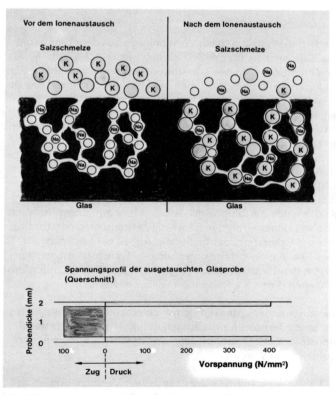

Bild 10.7: Ionenaustausch unterhalb der Transformationstemperatur

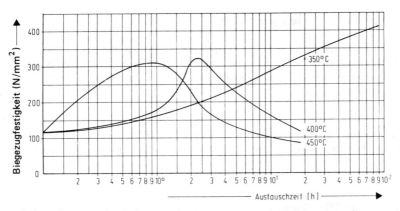

Bild 10.8: Abhängigkeit zwischen Biegezugfestigkeit, Austauschtemperatur und Austauschzeit

Durch Diffusion wandern die Natrium- bzw. Lithiumionen aus dem Glas in die Salzschmelze und die Kaliumionen aus der Salzschmelze in das Glas (Bild 10.7). Die bei Temperaturen kurz unterhalb der Transformationstemperatur in die Glasoberfläche eingewanderten Kaliumionen nehmen im wesentlichen die Plätze der Natriumionen ein. Da die Kaliumionen jedoch einen um etwa 30 % größeren Ionenradius besitzen, kommt die Oberflächenschicht unter Druckvorspannung. In Bild 10.8 ist nach J. B. Ward u. a.[3] die Biegezugfestigkeit eines Glases gegen die Austauschzeit in einer Kaliumnitrat-Salzschmelze aufgetragen. Aus Bild 10.8 geht hervor, daß die zu erzielende Biegezugfestigkeit von 300 bis 500 N/mm² bei niedrigen Temperaturen um so höher liegt, je niedriger die Ausgangstemperatur und je länger die Austauschzeit ist. Bei Temperaturen in der Nähe des Transformationspunktes durchlaufen die Kurven ein Maximum, was auf das Gegeneinanderwirken zweier Kräfte hindeutet. Zum einen haben wir es mit einem Ionenaustausch zu tun, der um so rascher erfolgt, je höher die Austauschtemperatur liegt und zum anderen mit der Relaxation, das heißt dem Abbau der Spannung im Glas durch plastisches Fließen, die bereits unterhalb der Transformationstemperatur beginnt. Die durch den Ionenaustausch aufgebaute Druckvorspannung wird bei langen Austauschzeiten durch die Relaxation wieder abgebaut.

Die Kinetik des Ionenaustausches unterliegt dem Fick'schen Gesetz. Dies bedeutet, daß bei einer vorgegebenen Temperatur die ausgetauschte Menge proportional $\sqrt{t}$ ist. Um eine doppelt so dicke Druckvorspannungsschicht zu erzeugen, muß die vierfache Zeit aufgewendet werden.

Eine Voraussetzung für die Wirksamkeit einer chemischen Vorspannung ist, daß die erzeugte Druckvorspannungsschicht eine ausreichende Dicke besitzt. Es wurde festgestellt, daß die bei üblichem Gebrauch erzeugten Oberflächenrisse etwa 30 μm tief in die Glasoberfläche eindringen. Eine wirksame Druckvorspannungsschicht sollte daher mindestens 50 μm, besser 100 − 200 μm, dick sein!

Bei vielen Gläsern, wie zum Beispiel bei Natron-Kalk-Glas (Bauglas) oder Boro-Silicat-Gläsern (Laborgläsern), lassen sich die Schichten von etwa 100 μm nur durch sehr lange Temperzeiten von über 24 Stunden erzielen.

Für einen wirksamen Ionenaustausch müssen Gläser spezieller Zusammensetzung verwendet werden. Es hat sich herausgestellt, daß Gläser mit einem Mol-Verhältnis von Alkali zu Aluminium von eins für den Ionenaustausch am geeignetsten sind. Bei diesen Gläsern reichen bereits Austauschzeiten unterhalb des Transformationspunktes von 1 − 4 Stunden.

Durch Alkali-Ionenaustausch vorgespannte Gläser sollten für längere Zeiten nicht über 280 − 300 °C erhitzt werden, da sich bei diesen Temperaturen die Druckvorspannung bereits durch Ionenaustausch innerhalb des Glases und durch Relaxation abbaut.

Durch Ionenaustausch unterhalb der Transformationstemperatur vorgespannte Gläser werden auf folgenden Gebieten eingesetzt:

Flugzeugindustrie:	leichte, hochfeste Sichtverglasungen,
Laborbereich:	bruchfeste Pipettenspitzen und Zentrifugengläser,
Optik:	hochfeste, fein krümelnde Brillengläser,
Bauindustrie:	als Verbundglas einbruch-, schuß- und explosionssichere Gläser und
Beleuchtungsindustrie:	Gläser für Tiefstrahlerabdeckungen

10.4.4 Vorspannen durch Oberflächenkristallisation

Eine weitere Gruppe von hochfesten Gläsern sind die Gläser mit kristallinen Oberflächenschichten. Hierbei handelt es sich um Spezialgläser, die aufgrund ihrer Zusammensetzung stark zur Oberflächenkristallisation neigen. Durch eine zusätzliche Wärmebehandlung im Temperaturbereich zwischen der Transformationstemperatur und dem Erweichungspunkt wird eine kristalline Oberflächenschicht, die meist translucent bis undurchsichtig ist, erzeugt. Die entsprechenden Oberflächenkristalle besitzen eine niedrigere Wärmeausdehnung als das Grundglas, so daß sich beim Abkühlen der gesamten Glasprobe in der kristallinen Oberflächenschicht, ähnlich wie bei der chemischen Härtung durch Ionenaustausch, oberhalb der Transformationstemperatur eine Druckvorspannung ausbildet.

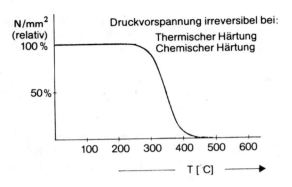

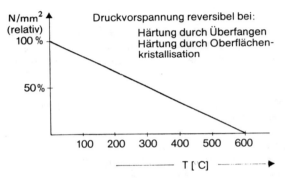

Bild 10.9: Temperaturabhängigkeit der Druckvorspannung

Vorspann-verfahren	thermisches Vorspannen	chemisches Vorspannen	Überfang-verfahren	Oberflächen-kristallisation
Glasart	alle Gläser	Spezialglas	Gläser unterschiedlicher α Werte	Spezialglas
Ursache der Druckspannung in der Oberflächenschicht	Aufweitung der Glasstruktur	Aufweitung der Glasstruktur	Äußere Glasschicht besitzt kleineren α Wert	Äußere Glasschicht besitzt kleineren α Wert
Spannungs-verteilung	Drucksp. | Zugsp.	← Drucksp. | Zug	← Drucksp. | Zug	← Drucksp. | Zug
Änderung bei höheren Temperaturen	Spannungsabbau über 300°C	Spannungsabbau über 300°C	reversibler Spannungsabbau	reversibler Spannungsabbau
Anwendungen:	Autoverglasung Bauverglasung Haushalt	Flugzeugverglasung Verbundverglasung Brillengläser Beleuchtungsverglasung	Tischgeschirr	

Bild 10.10: Überblick über Vorspannverfahren

Die Gläser mit kristallinen Oberflächenschichten können Festigkeiten von 400 – 800 N/mm² erreichen. Bei Langzeittemperungen in der Nähe des Transformationsbereiches wird die Festigkeit nicht abgebaut, so daß nach dem Abkühlen wieder die ursprüngliche Festigkeit vorliegt. Wie bei den Überfanggläsern nimmt die Festigkeit mit steigender Temperatur ab. Eine großtechnische Anwendung der oberflächenkristallisierten Gläser ist nicht bekannt.

10.5 Temperaturabhängigkeit der Druckvorspannung

Bei thermisch oder durch Ionenaustausch vorgespannten Gläsern bleibt die Biegezugfestigkeit bis etwa 300 °C konstant, um dann bis zur Transformationstemperatur bei steigender Temperatur mit zunehmender Geschwindigkeit irreversibel auf die Grundfestigkeit abzusinken (Bild 10.9 oben). Die Druckvorspannung, die durch Überfangen oder Oberflächenkristallisation in der Glasoberfläche erzeugt wurde, nimmt bis zur Transformationstemperatur stetig ab. Beim Abkühlen der Probe baut sie sich jedoch wieder auf, so daß die ursprünglich hohe Biegezugfestigkeit wieder vorliegt (Bild 10.9 unten).

10.6 Zusammenfassender Überblick über die Vorspannverfahren

Eine Gegenüberstellung der nach den verschiedenen Verfahren vorgespannten Gläser zeigt Bild 10.10. Während das thermische Vorspannverfahren auf alle Gläser angewendet werden kann, müssen für die übrigen drei Vorspannverfahren Spezialgläser eingesetzt werden. Auch in der Spannungsverteilung unterscheidet sich das thermische Vorspannverfahren von den übrigen Verfahren. Die thermisch vorgespannten Gläser besitzen wesentlich dickere Druckspannungszonen. Durch Relaxation wird sowohl bei den thermisch als auch den chemisch vorgespannten Gläsern die Spannung oberhalb 280 bis 300 °C irreversibel abgebaut.

Einen Vergleich der unvorgespannten und vorgespannten technischen Gläser mit anderen Werkstoffen zeigt das Bild 10.11. Die Festigkeit vorgespannter Gläser liegt über der von keramischen Werkstoffen und bereits im Bereich der Festigkeit von Stählen und Metallegierungen. Die Vielzahl der vorhandenen Vorspannverfahren erlaubt es, für den jeweiligen Anwendungsfall das günstigste auszuwählen.

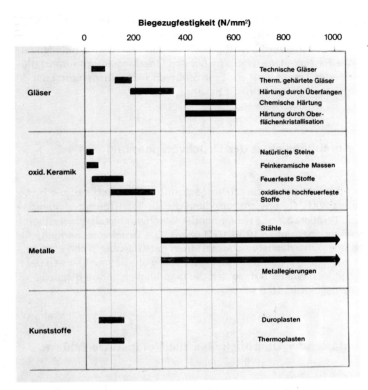

Bild 10.11: Biegezugfestigkeit verschiedener Werkstoffe

11
Temperaturwechselfeste Gläser

Dr. rer. nat. W. Kiefer

11.1 Einleitung

Gläser können langsam bis auf ihre Transformationstemperatur aufgeheizt oder von der Transformationstemperatur auf Zimmertemperatur abgekühlt werden, ohne daß sie zerspringen. Ein längeres Erhitzen oberhalb der Transformationstemperatur führt zur Deformation der Glaskörper.

Wird ein Glaskörper jedoch einem raschen Temperaturwechsel unterzogen, dann ruft die Temperaturänderung innerhalb des Glaskörpers eine mechanische Spannung hervor. Übersteigt diese die mechanische Festigkeit des Glases, dann kann es zum Bruch des Glaskörpers kommen. Als Temperaturwechselbeständigkeit oder Temperaturwechselfestigkeit gilt daher die Temperaturdifferenz, bei der der Glaskörper zu Bruch geht.
Da für eine große Anzahl von Anwendungen Gläser mit hoher Temperaturwechselbeständigkeit benötigt werden, hat sich besonders die Spezialglasindustrie schon frühzeitig diesem Problem gewidmet und Gläser mit erhöhter Temperaturwechselbeständigkeit entwickelt.

11.2 Grundlagen der Temperaturwechselfestigkeit

Die Ausdehnung eines Körpers kann durch Änderung seiner Temperatur verändert werden. Seine Längenausdehnung (Δl_ϑ) ist dabei abhängig von der Ausgangslänge (l_o), dem linearen Wärmeausdehnungskoeffizienten (α) und der Temperaturdifferenz ($\Delta \vartheta$):

$$\Delta l_\vartheta = l_o \cdot \alpha \cdot \Delta \vartheta \qquad m \qquad (1)$$

Die gleiche Ausdehnungsänderung kann durch Anlegen einer mechanischen Spannung erzielt werden. Nach dem Hooke'schen Gesetz ist die Längenänderung

(Δl_σ) eines elastischen Körpers proportional der Ausgangslänge (l_0) und der angelegten Spannung (σ) sowie umgekehrt proportional dem Elastizitätsmodul (E):

$$\Delta l_\sigma = l_0 \cdot \sigma/E \quad m \tag{2}$$

Wird nur in einem Teil eines Glaskörpers die Temperatur verändert, dann will sich in diesem Teil die Ausdehnung analog der Gleichung (1) ändern. Durch den umliegenden, auf der ursprünglichen Temperatur befindlichen Glaskörper, wird er jedoch an der Ausdehnungsänderung gehindert. In dem Glaskörper entsteht eine der Ausdehnungsänderung (Δl_ϑ) analoge Spannung σ_ϑ, das heißt $\Delta l_\vartheta = \Delta l_\sigma$. Durch Einsetzen von Gleichung (1) in Gleichung (2) ergibt sich:

$$\sigma_\vartheta \sim \alpha \cdot E \cdot \Delta\vartheta \quad N/mm^2 \tag{3}$$

Da ein Glaskörper bei einer Längenänderung auch seinen Durchmesser ändert, muß die Querkontraktion in Form des Poisson'schen Verhältnisses (μ) mit berücksichtigt werden. So ergibt sich z.B. für die Spannung (σ_ϑ), die in einer Glasscheibe durch Temperaturänderung hervorgerufen werden kann, die folgende Gleichung:

$$\sigma_\vartheta = \alpha \cdot E \cdot \Delta\vartheta / (1-\mu) \quad N/mm^2 \tag{4}$$

Übersteigt die durch Temperaturänderung erzeugte Spannung (σ_ϑ) die mechanische Festigkeit des Glases (σ), dann kommt es zum Bruch des Glaskörpers:

$$\text{Bruch bei } \sigma_\vartheta \geq \sigma \quad N/mm^2 \tag{5}$$

Durch Umformung der Gleichung (4) und unter Berücksichtigung der Gleichung (5) ergibt sich für die maximal zulässige Temperaturdifferenz innerhalb einer Glasscheibe, das heißt für ihre Temperaturwechselfestigkeit (TWF) die folgende Gleichung:

$$TWF = \Delta\vartheta_{max} = \frac{\sigma(1-\mu)}{\alpha \cdot E} \quad K \tag{6}$$

Die Temperaturwechselfestigkeit (TWF) ist hiernach proportional der Glasfestigkeit (σ) und dem Faktor ($1-\mu$) sowie umgekehrt proportional der linearen Wärmeausdehnung (α) und dem Elastizitätsmodul (E) des Glases.

Der Ausdruck $(1-\mu)/(\alpha \cdot E)$ wird in der Literatur häufig auch als Wärmespannungsfaktor (R) bezeichnet.

Für die Temperaturdifferenz $\Delta\vartheta$ kommen nur Temperaturen unterhalb der Transformationstemperatur (Tg) in Frage, da nur in diesem Temperaturbereich das Glas ein elastischer Körper ist und sich Spannungen aufbauen können.
Die mechanische Festigkeit (σ) des Glases ist weitgehend abhängig von den Oberflächenverletzungen. Die mittlere Biegezugfestigkeit technischer Gläser beträgt nach Abrieb mit 220er Schmirgel zwischen 40 und 50 N/mm^2.
Der Elastizitätsmodul der technischen Gläser liegt zwischen $60 \cdot 10^3$ und $90 \cdot 10^3$ N/mm^2 und die dimensionslose Poisson'sche Zahl, die die Querkontraktion des Glases berücksichtigt, zwischen 0,20 und 0,30.
Die technischen Spezialgläser besitzen eine lineare Wärmeausdehnung, gemessen zwischen 20 und 300 °C, von $3,2 \cdot 10^{-6}$ bis $9,5 \cdot 10^{-6}$ K^{-1}.

11.3 Erhöhung der Temperaturwechselfestigkeit (TWF) durch Erniedrigung der linearen Wärmeausdehnung

Zur Herstellung von Gläsern mit hoher Temperaturwechselbeständigkeit wurde in erster Linie versucht, Gläser mit möglichst niedriger Wärmeausdehnung zu entwickeln.
Das als Bau-, Float-, Kristallspiegel- oder Flaschenglas bekannte Kalk-Natron-Glas besitzt eine Wärmeausdehnung von etwa $9 \cdot 10^{-6}$ K^{-1}. Bereits bei einer Temperaturdifferenz von etwa 60 K muß mit einer Zerstörung der Glaskörper gerechnet werden.

W. Sack und H. Scheidler [1] haben die Möglichkeiten und Grenzen für die Herstellung von Gläsern mit niedriger Wärmeausdehnung aufgezeigt. Danach besitzen die Borosilicat-Gläser, wie zum Beispiel die Schott-Type 8330, als Massengläser den zur Zeit niedrigsten Wärmeausdehnungskoeffizienten mit etwa $3,2 \cdot 10^{-6}$ K^{-1} im Temperaturbereich von 20 − 300 °C. Diese Gläser werden als temperaturbeständig bezeichnet und überstehen einen Temperaturwechsel von etwa 190 K.

Bis vor wenigen Jahren war das Quarzglas das Glas mit der kleinsten Wärmeausdehnung von $0,55 \cdot 10^{-6}$ K^{-1}. Es weist eine Temperaturwechselbeständigkeit von über 1000 °C auf. Da für die Herstellung von Quarzglas Temperaturen von über 1800 °C benötigt werden, ist Quarzglas sehr teuer und nur für bestimmte Einsatzgebiete brauchbar.

Der endgültige Durchbruch im Hinblick auf temperaturwechselfeste Gläser wurde jedoch erst mit der Entwicklung der Glaskeramiken erzielt.
Die Glaskeramiken sind stark zur Kristallisation neigende Gläser, die zusätzlich Keimbildner enthalten. Aus Bild 11.1 geht die Herstellung von Glaskeramiken her-

vor. Sie werden zunächst wie normale Gläser geschmolzen, wobei die Keimbildner im geschmolzenen Glas gelöst sind. Aus der Schmelze werden die Glasartikel hergestellt und abgekühlt. Die so hergestellten Artikel unterschieden sich zunächst nicht von anderen Glasartikeln. Erst durch eine zusätzliche Wärmebehandlung, der Umwandlung oder Keramisierung, erhalten die Glasartikel ihre endgültigen Eigenschaften. Bei der Keramisierung werden die Glasartikel zunächst auf die Keimbildungstemperatur aufgeheizt, bei der sich die Keimbildner als feindisperse Teilchen ausscheiden. Nach der Keimbildung werden die Glasartikel weiter bis zur Kristallisationstemperatur aufgeheizt, bei der von den Keimen ausgehend kleine Kristalle wachsen. Die einzelnen Kristalle sind von einer Restglasphase umgeben.

Es gibt nun Kristalle, die Hochquarzmischkristalle, die in ihrer c-Achse eine negative und in der a-Achse eine relativ kleine positive Wärmeausdehnung aufweisen, so daß der gesamte Kristall eine negative Wärmeausdehnung besitzt. Durch die Glaszusammensetzung und die Temperaturführung bei der Kristallisation läßt sich die Art und Menge der kristallinen Phasen und damit auch die Wärmeausdehnung der Glaskeramik genau einstellen. So gibt es zur Zeit Glaskeramiken auf dem Markt (z. B. CERAN von SCHOTT) mit einer Wärmeausdehnung von $0{,}0 \pm 0{,}1 \cdot 10^{-6} \ K^{-1}$.

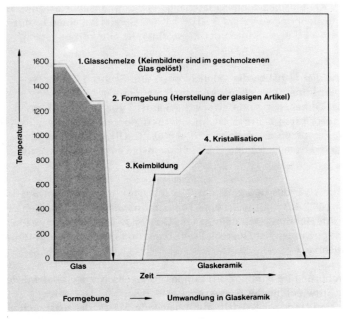

Bild 11.1:   Umwandlung der Glaskeramik

Es ist auch gelungen, durchsichtige Glaskeramiken zu erzeugen. Die Kristalle müssen in diesem Fall etwa den gleichen Brechungsindex wie das Glas aufweisen und kleiner als die Lichtwellenlänge von etwa 550 nm sein.
Die Glaskeramiken mit der Wärmeausdehnung 0 besitzen praktisch eine uneingeschränkte Temperaturwechselfestigkeit bis etwa 700 °C. Oberhalb 700 °C steigt die Wärmeausdehnung dieser Glaskeramiken an.
In der Tabelle 11.1 sind die Temperaturwechselbeständigkeiten einiger wichtiger technischer Gläser mit unterschiedlicher Wärmeausdehnung zusammengestellt.

11.4 Erhöhung der Temperaturwechselfestigkeit (TWF) durch Vorspannen der Gläser

Die Glaskeramiken mit der idealen Temperaturwechselfestigkeit können aus technischen und wirtschaftlichen Gründen nicht überall eingesetzt werden.
Aus Gleichung (6) geht jedoch hervor, daß die Temperaturwechselfestigkeit eines Glases auch von seiner mechanischen Festigkeit abhängt. Die technischen Gläser unterscheiden sich in ihrer Grundfestigkeit σ_G kaum voneinander. Die mittlere Biegezugfestigkeit nach Verletzung (Abrieb) mit 220er Schmirgel liegt bei 40 – 50 N/mm². Aus Sicherheitsgründen sollte jedoch nur mit einer Biegezugfestigkeit von 20 – 30 N/mm², in besonderen Fällen sogar nur mit 6 – 8 N/mm² gerechnet werden.

Durch Erzeugung einer Druckvorspannung (σ_V) in der Oberflächenschicht kann die Biegezugfestigkeit der Gläser erheblich erhöht werden. Auf die einzelnen Verfahren zum Vorspannen von Gläsern wurde in Kapitel 10 eingegangen.

Tabelle 11.1: Abhängigkeit zwischen linearer Wärmeausdehnung und Temperaturwechselfestigkeit

Glastyp	Handelsname	Physikalische Eigenschaften			
		$\alpha \cdot 10^6$ [K^{-1}]	$E \times 10^{-3}$ [N/mm²]	σ [N/mm²]	TWF [K]
Kalk-Natron-Glas	Bauglas, Floatglas	∼ 9	∼ 70	∼ 50	∼ 60
Borosilikat-Glas	Laborglas	3,2	63	∼ 50	∼ 190
Silikat-Glas	Quarzglas	0,55	∼ 65	∼ 50	∼ 1050
Alumosilikat-Glas	Glaskeramik	0	93	∼ 70	∞

Bei vorgespannten Gläsern setzt sich die Biegezugfestigkeit (σ) zusammen aus der Grundfestigkeit (σ_G) und der Druckvorspannung (σ_V):

$$\sigma = \sigma_G + \sigma_V \quad N/mm^2 \tag{7}$$

Durch Einsetzen der Gleichung (7) in Gleichung (6) errechnet sich für vorgespannte Gläser die Temperaturwechselfestigkeit (TWF) wie folgt:

$$TWF = \frac{\sigma(1-\mu)}{\alpha \cdot E} = \frac{(\sigma_G + \sigma_V)(1-\mu)}{\alpha \cdot E} K \tag{8}$$

Während die Grundfestigkeit (σ_G) der Gläser praktisch temperaturunabhängig ist, ist die Druckvorspannung (σ_V) je nach Vorspannverfahren entweder temperaturabhängig oder temperaturunabhängig.

11.4.1 Temperaturwechselfeste Gläser mit temperaturunabhängiger Druckvorspannung

Die thermisch vorgespannten Gläser und die durch Ionenaustausch unterhalb der Transformationstemperatur (Tg) chemisch vorgespannten Gläser besitzen eine Druckvorspannung, die im Temperaturbereich von 20 – 300 °C temperaturunabhängig ist. Oberhalb 300 °C dürfen beide Gläser nicht über längere Zeiten erhitzt werden, da die Druckvorspannung durch Relaxation bzw. durch Ionenaustausch abgebaut wird.

Für thermisch und chemisch unterhalb der Transformationstemperatur vorgespannte Gläser ist die Temperaturwechselfestigkeit der bei Zimmertemperatur gemessenen Biegezugfestigkeit direkt proportional.

Thermisch vorgespannte Kalk-Natron-Gläser (Einscheibensicherheitsgläser) besitzen eine mittlere Biegezugfestigkeit von etwa 150 N/mm^2, so daß mit einer mittleren Temperaturwechselfestigkeit von 180 °C gerechnet werden kann. Höhere Temperaturwechselfestigkeiten lassen sich mit thermisch vorgespannten Borosilicat-Gläsern erzielen. Obwohl die mittlere Biegezugfestigkeit dieser vorgespannten Gläser mit etwa 100 N/mm^2 deutlich unter der von Kalk-Natron-Gläsern liegt, besitzen sie aufgrund ihrer geringen Wärmeausdehnung eine Temperaturwechselfestigkeit von 370 K. Je nach Vorspannverfahren lassen sich auch mittlere Biegezugfestigkeiten von 100 bis 150 N/mm^2 erzielen und damit mittlere Temperaturwechselfestigkeiten von 370 bis 530 K erreichen.

Chemisch unterhalb der Transformationstemperatur (Tg) vorgespannte Gläser können eine mittlere Biegezugfestigkeit von etwa 400 N/mm^2 erreichen. Der α-Wert der chemisch gut vorspannbaren Gläser liegt zwischen 8 und 9 · 10^{-6} K^{-1} und der Elastizitätsmodul (E) zwischen 80 · 10^3 und 90 · 10^3 N/mm^2. Daraus ergibt sich eine Temperaturwechselfestigkeit von etwa 400 K. Die hohe Temperaturwechselbeständigkeit der chemisch unterhalb der Transformationstemperatur (T_g) vorgespannten Gläser kann aber praktisch nicht ausgenutzt werden, da die Gläser für längere Zeiten nicht über 300 °C erhitzt werden dürfen.

10.4.2 Temperaturwechselfeste Gläser mit temperaturabhängiger Druckvorspannung

Alle Vorspannverfahren, die auf der Erzeugung einer unterschiedlichen Wärmeausdehnung zwischen Oberflächenschicht und Glasinnerem beruhen, führen zu einer temperaturabhängigen Druckvorspannung., da sich die Druckvorspannung erst während des Abkühlens aufbaut. Zu diesen Vorspannverfahren gehören das Überfangen von Gläsern und die Oberflächenkristallisation.

Die Temperaturwechselfestigkeit der Gläser mit temperaturabhängiger Druckvorspannung berechnet sich nach folgender Gleichung:

$$\text{TWF} = \frac{\sigma(1-\mu)}{(2\alpha_1 - \alpha_2)E} = \frac{(\sigma_G + \sigma_V)(1-\mu)}{(2\alpha_1 - \alpha_2)E} \quad K \qquad (9)$$

wobei α_1 der lineare Wärmeausdehnungskoeffizient des Glasinneren und α_2 derjenige der Oberflächenschicht ist. Aus der Gleichung (9) geht hervor, daß nur ein Teil der bei Zimmertemperatur vorhandenen Biegezugfestigkeit in bezug auf die Temperaturwechselfestigkeit wirksam wird.

Überfanggläser weisen in der Praxis Biegezugfestigkeiten von 200 bis 300 N/mm² auf, wobei die Wärmeausdehnung der Gläser beispielsweise im Glasinneren zwischen 6 und 7 · 10^{-6} K^{-1} und an der Glasoberfläche zwischen 4 und 5 · 10^{-6} K^{-1} liegen kann, so daß mit einem Unterschied in der Wärmeausdehnung von 2 · 10^{-6} bis 3 · 10^{-6} K^{-1} zu rechnen ist. Der Elastizitätsmodul liegt im allgemeinen zwischen 70 und 90 · 10^3 N/mm². Die Temperaturwechselbeständigkeit von Scheiben solcher Überfanggläser leigt nach der Gleichung (9) zwischen 220 und 280 K.

Die oberflächenkristallisierten Gläser besitzen in der Oberflächenschicht eine Wärmeausdehnung um Null und im Glasinneren von 4 · 10^{-6} bis 6 · 10^{-6} K^{-1}. Ihre Biegezugfestigkeit bei Zimmertemperatur liegt zwischen 300 und 550 N/mm². Hieraus errechnet sich eine Temperaturwechselfestigkeit von 250 bis 300 K.

Im Gegensatz zu den thermisch und chemisch unterhalb der Transformationstemperatur vorgespannten Gläsern können die durch Überfangen oder Oberflächenkristallisation vorgespannten Gläser auch für längere Zeiten bis nahe der Transformationstemperatur erhitzt werden, ohne daß sich ihre Biegezugfestigkeit nach dem Abkühlen verändert.

Tabelle 11.2: Temperaturwechselfestigkeit vorgespannter Gläser

Glastyp	Handelsname	Art der Vorspannung	Physikalische Eigenschaften				Maximale Anwendungstemperatur [°C]
			$\alpha \cdot 10^6$ [K^{-1}]	$E \times 10^{-3}$ [N/mm^2]	τ [N/mm^2]	TWF [K]	
Kalk-Natron-Glas	Sicherheitsglas	thermisch vorgespannt	∿ 9	∿ 70	∿ 150	∿ 180	280
Borosilicat-Glas	PYRAN®	thermisch vorgespannt	3,2	63	∿ 100	∿ 370 *	300
Alumosilicat-Glas	—	chemisch vorgespannt unterhalb Tg	8 – 9	60 – 80	300 – 400	300 – 600*	280
	Überfangglas	Überfangen	α_1 : 6 – 7 α_2 : 4 – 5	60 – 90	200 – 300	∿ 220 – 280	∿ 500
Alumosilicat-Glas	—	Oberflächenkristallisation	α_1 : 4 – 6 α_2 : 0	70 – 80	300 – 500	250 – 300	∿ 500

* TWF höher als Anwendungstemperatur

PYRAN® = Brandschutzglas von SCHOTT Glaswerke

In der Tabelle 11.2 sind die Temperaturwechselfestigkeiten einiger vorgespannter Gläser zusammengestellt.

11.5 Anwendungsbereiche temperaturwechselfester Gläser

Für den richtigen Einsatz temperaturwechselfester Gläser ist eine Reihe von Faktoren zu beachten.

Glas ist bekanntlich gegen Zugspannung wesentlich empfindlicher als gegen Druckspannung, da durch die Zugspannung in der Glasoberfläche oder im Glasinneren vorhandene Risse vergrößert werden können, so daß es zum Bruch kommt. Es sollte daher stets überlegt werden, wo die Zugspannungen bei einer raschen Temperaturänderung auftreten.

Wird beispielsweise eine Glasscheibe, die punktförmig an Zangen aufgehängt ist, in einen 600 °C heißen Ofen gefahren, dann heizt sie sich überall gleichmäßig auf. Durch das Temperaturgefälle zwischen Oberflächenschicht und Glasinnerem will sich die Oberflächenschicht rascher ausdehnen als das Glasinnere, wodurch das Glasinnere unter Zugspannung gerät. Die im Glasinneren entstehende Zugspannung reicht im allgemeinen jedoch nicht zur Zerstörung der Glasscheibe aus. Befinden sich im Glasinneren jedoch feine Risse oder Kristalle, dann kann es zum Bruch der Scheibe kommen. Gegen eine allseitige rasche Aufheizung bietet eine Druckvorspannung in der Oberflächenschicht keinen Vorteil, vielmehr wird die bereits im Glasinneren vorhandene Zugspannung noch durch die beim Aufheizen entstehende Zugspannung überlagert und die Gefahr einer Zerstörung vom Glasinneren her erhöht.

Wird ein Glaskörper nicht überall gleichmäßig erhitzt, dann entsteht in dem kälteren Teil des Glaskörpers eine Zugspannung. In Bild 11.2 wird am Beispiel einer Verglasung mit Rahmen gezeigt, wie sich beim Ausbruch eines Feuers die Scheibenmitte rasch aufheizt, während der Scheibenrand kalt bleibt. Zwischen Scheibenrand und Scheibenmitte können Temperaturdifferenzen bis zu 350 K auftreten. Brandschutzscheiben, die beim Brandausbruch nicht zerspringen, können entweder aus Gläsern mit der Wärmeausdehnung um Null oder aus Gläsern mit niedriger Wärmeausdehnung, die zusätzlich vorgespannt sind, bestehen.

Auch in farblich hinterlegten Fassadenscheiben können durch Sonneneinstrahlung Temperaturdifferenzen um 100 K auftreten. Zur Überwindung der geringen Temperaturdifferenzen reicht es jedoch aus, wenn hierfür thermisch vorgespanntes Bauglas (Einscheibensicherheitsglas) eingesetzt wird.

Hohe Temperaturdifferenzen innerhalb eines Glaskörpers entstehen aber auch beim raschen Abschrecken. Da sich hierbei zunächst die Glasoberfläche abkühlt und zusammenziehen will, entstehen Zugspannungen in der Glasoberfläche. Übersteigen diese Zugspannungen die Biegezugfestigkeit der Glasprobe, dann zerspringt der Glaskörper.

In der Praxis sollen die temperaturwechselfesten Gläser sowohl einem raschen Aufheiz- als auch Abschreckvorgang widerstehen.

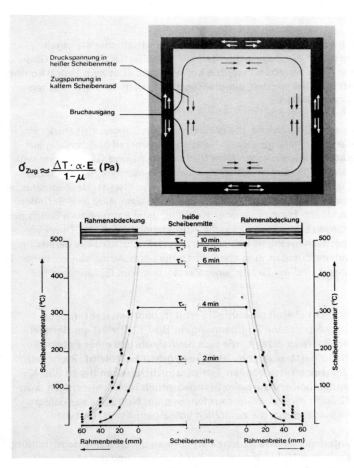

Bild 11.2: Spannungs- und Temperaturverteilung in einer Verglasung während der Aufheizphase nach der ETK (DIN 4102)

Thermisch vorgespannte Kalk-Natron-Gläser können als temperaturwechselfeste Gläser nur bedingt eingesetzt werden, da weder kompliziertere Hohlkörper oder Glasartikel unter 4 — 5 mm Glasdicke vorgespannt werden können, noch die Glasartikel längere Zeit über 280 °C erhitzt werden dürfen. Thermisch vorgespannte Flachgläser finden daher zum Beispiel bevorzugt als Sichtscheiben von Herden oder Grillgeräten Anwendung. Auch als Trinkgefäße für heiße Flüssigkeiten können sie verwendet werden, obwohl hier bereits die Dicke der Gläser als störend empfunden wird.

Da Laborglas und technisches Apparateglas meist über 280 °C erhitzt wird, können hier nur die nicht vorgespannten Borosilicat-Gläser mit niedriger Wärmeausdehnung eingesetzt werden. Diese Gläser besitzen eine Temperaturwechselfestigkeit von etwa 190 K und eine hohe chemische Resistenz. Die Borosilicat-Gläser finden auch zahlreiche Anwendungen im Haushalt als Trinkgefäße und Milchflaschen, als Behälterglas für Kaffeemaschinen, Warmwasserbereiter und Melkgefäße, als Sichtscheiben von Herden, Grillgeräten, Öfen und Kaminen.

Durch thermisches Vorspannen kann die Temperaturwechselfestigkeit von Borosilicat-Glas soweit erhöht werden, daß es als Backgeschirr (Backofen) oder als Brandschutzglas eingesetzt werden kann.

Das Backgeschirr sollte nicht für längere Zeit auf Temperaturen über 330 °C gehalten werden, da sonst die Spannung abgebaut wird und das Geschirr bei einer folgenden Temperaturwechselbeanspruchung zerspringen kann.

Überfangglas wird in jüngster Zeit als Haushaltsgeschirr hergestellt, wobei mehr die Festigkeit als die Temperaturwechselbeständigkeit im Vordergrund steht.

Chemisch unterhalb der Transformationstemperatur vorgespannte Gläser werden im Zusammenhang mit der Temperaturwechselfestigkeit nur in einigen speziellen Fällen eingesetzt, wie zum Beispiel als Abdeckgläser für Scheinwerfer oder als Sichtscheiben in Flugzeugen.

Das ideale Glas in bezug auf Temperaturwechselfestigkeit ist die Glaskeramik mit der Wärmeausdehnung Null. Diese Glaskeramiken können bis auf 700 °C beliebig rasch aufgeheizt oder abgeschreckt werden. Im Haushalt finden sie Einsatz als Kochgeschirr und als Herdplatte, im Labor und in der Industrie können sie beispielsweise als Labortischplatten oder Ofenschaugläser eingesetzt werden. Aber auch als Brandschutzverglasung sind sie optimal geeignet, da sie dem Feuer praktisch beliebig lange widerstehen.

Die aufgeführten Beispiele sollten nur verdeutlichen, wie vielfältig die Anwendungsmöglichkeiten für temperaturwechselfeste Gläser sind. Der vorliegende Artikel soll helfen, das physikalisch ausreichende und wirtschaftlich günstigste temperaturwechselbeständige Glas zu finden.

12
Physikalische und chemische Eigenschaften von Glasoberflächen durch Belegen mit dünnen Schichten

Dr. H. Seidel

12.1 Physikalisch-chemische Eigenschaften von Glasoberflächen [1]

Im allgemeinen weichen die Festigkeits- und Härteeigenschaften von Glasoberflächen in Mikrobereichen von den makroskopisch beobachteten ab. Die Existenz der daraus resultierenden Inhomogenitäten lassen einen starken Einfluß der mechanischen und chemischen Vorbehandlung von Gläsern erkennen.

Darüber hinaus bietet die chemische Reaktionsfähigkeit der Gläser Möglichkeiten, das physikalische Verhalten der Glasoberfläche zu beeinflussen. Dies kann durch Reaktionen mit den Siloxan- und Silanolgruppen der Grenzflächen, durch Chemiesorption oder Ionenaustausch zur Hydrophobierung, zur Anlagerung von Kunststoffen, zur Entkalisierung oder Beschichtung mit Metallen oder Oxiden, erreicht werden.

12.1.1 Struktur- und Festigkeitseigenschaften von Glasoberflächen

Besonders aufschlußreich für die Struktur- und Festigkeitseigenschaften von Glasoberflächen waren die Ritzversuche von SMEKAL [2], die an optischen Gläsern vorgenommen wurden. Bekanntlich hinterläßt eine ritzende Stahl- oder Diamantspitze bei starker Belastung auf Glas eine von zahlreichen Rissen und Bruchspuren begleitete Ritzbahn. Bei den Versuchen nach [2] zeigen sich bei sehr geringer Belastung des Ritzwerkzeuges bruch- und splitterfreie Ausstrahlungen von 500 nm Breite, die beiderseits von wallartigen Erhöhungen begrenzt sind. Eine derartige Ritzbahn läßt auf ein mikroplastisches Verhalten der Glasoberfläche schließen. Zur Sprengung der molekularen Bindungen in diesen Bereichen muß die molekulare Festigkeit überwunden werden. Dies wurde durch die Abschätzung der vorliegenden Energiebilanz bestätigt.

Aus der Größe der Bereiche, in denen eine bruchfreie Stoffverschiebung in der Glasoberfläche möglich ist, konnte ein mittlerer Abstand der festigkeitsmindernden Inhomogenitätsstellen von 100 bis 1000 nm, entsprechend einer Flächendichte von 10^8 bis 10^{10} pro cm^2, errechnet werden. Innerhalb dieser Abmessungen verhält sich die Glasoberfläche nicht mehr spröde.

Aus Untersuchungen nach [3] geht hervor, daß die Mikroplastizität der Glasoberfläche nur dann wirksam wird, wenn sich auf der Glasoberfläche oder am Ritzwerkzeug eine als Gleitmittel wirkende Wasserhaut befindet. Bei Ausheizung der Glasprobe und des Ritzwerkzeuges im Vakuum wurde keine splitterfreie Ritzspur erhalten. Wahrscheinlich führt die große Reibung an der wasserfreien Glasoberfläche bei hohen Ritzdrücken zu Querrissen, die durch starke Schubkräfte hervorgerufen werden.

Der Druckbereich für das Plastizitätsgebiet wird durch reibungsvermindernde Flüssigkeiten erweitert [4].

Die Bedingungen, unter denen das mikroplastische Verhalten der Glasoberfläche verlorengeht sind noch nicht aufgeklärt [5]. Es gilt aber als gesichert, daß extrem dünne Schichten, die durch Verwitterung, mechanische Bearbeitung oder durch eine Metall- bzw. Oxidbeschichtung entstanden sind, einen erheblichen Einfluß auf die Mikroplastizität der Glasoberfläche haben. Durch Ritzspuranalysen fand man zum Beispiel an einem Objektträgerglas eine Oberflächenschicht von ca. 60 nm Dicke, deren Härte etwa viermal geringer war als die des Substratglases [6].

Von Bedeutung waren diese Ritzversuche für das Verständnis der Vorgänge beim Polieren von Glas. Heute weiß man, daß beim Polieren eine SiO_2- angereicherte und alkaliärmere Polier-Grenzschicht entsteht, deren Dicke bei 10 bis 1000 nm liegt [7,8].

Eine echte Mikrostruktur konnte von [9] an Bruchflächen von Tafelgläsern mit der Kohlefilmabdruck-Methode nachgewiesen werden. Die hier festgestellten Inhomogenitäten hatten mittlere Abmessungen von 0,03 bis 0,15 nm. Es konnte nicht geklärt werden, ob es sich um Ungleichmäßigkeiten der Struktur oder der Zusammensetzung handelt.

Direkte Anzeichen für die Existenz von GRIFFITH-Rissen sind im Auftreten von feinen Sprüngen zu erkennen, die nach Einwirkung von Natrium-Dampf auf heiße Glasoberflächen [10,11] oder nach der Ionendiffusion von Alkalien mit geschmolzenen Salzen von Lithium [12] beim Abkühlen des Glases entstehen. Bei poliertem Kalk-Natronglas wurden $6 \cdot 10^4$ Risse pro cm^2 sichtbar gemacht. Sie verringerten sich um einige Zehnerpotenzen nach gründlichem Auspolieren bzw. Abätzen; die hierbei abgetragene Schicht beträgt ca. 5 μm.

12.1.2 Grenzflächenreaktionen an der Glasoberfläche

Von grundlegender Bedeutung ist die Wechselwirkung der Glasoberfläche mit der Luftfeuchtigkeit. Es ist zu unterscheiden zwischen der *permanenten Wasserhaut* von 1 bis 10 nm Dicke und der *temporären Wasserhaut*, die physikalisch adsorbiert ist und deren Dicke maximal 100 nm betragen kann. Für die bevorzugte Anlagerung von H_2O-Molekülen sind neben den im Glas enthaltenen Alkali-Ionen auch frische Bruchflächen verantwortlich. So reagieren frische Bruchflächen von Quarzglas mit Wasserdampf, indem die zunächst frei an der Oberfläche liegenden Siloxangruppen zu Silanolgruppen umgewandelt werden:

$$\begin{array}{c}\diagdown\!\!\!\!\diagup\\ -\!\!\text{Si}\\ \diagup\;\;\diagdown\\ \qquad\quad\text{O} + H_2O\\ \diagdown\;\;\diagup\\ -\!\!\text{Si}\\ \diagup\;\;\diagdown\end{array} \longrightarrow \begin{array}{c}\diagdown\\ -\!\!\text{Si}-\text{OH}\\ \diagup\\ \\ \diagdown\\ -\!\!\text{Si}-\text{OH}\\ \diagup\end{array} \qquad (1)$$

Aus sterischen Gründen wird dabei nicht jede Si-O-Bindung hydrolysiert. Der Platzbedarf einer Silanolgruppe beträgt 0,3 bis 0,4 nm^2. Ferner besitzen die oberflächlichen OH-Gruppen eine starke Tendenz, zusätzlich H_2O-Moleküle adsorptiv anzulagern. Somit kommt es zur mehrschichtigen Bedeckung der Glasoberfläche mit H_2O-Molekülen, die im Gleichgewicht mit dem Wasserdampfdruck in der Umgebung stehen. Darauf ist die gute Benetzbarkeit der sauberen Glasoberfläche durch hydrophile Flüssigkeiten zurückzuführen. Mit Einschränkung ist sie jedoch nur bei der tetraedrischen SiO_4-Konfiguration gegeben; durch oktaedrisch koordinierte Metallionen wird sie aufgehoben [13]. Vergleichende Untersuchungen [14] an feindisperser Kieselsäure („Aerosil"), die durch Flammenhydrolyse von Silicium-(IV)-chlorid erhalten wurde, über die Desorption von Wasser mit steigender Temperatur, haben dies bestätigt: Beim langsamen Erhitzen des Aerosils entweicht bis zu etwa 200 °C vollständig das physikalisch adsorbierte Wasser. Oberhalb von 200 °C beginnt die Rekondensation der Silanolgruppen, deren Maximum bei 300 bis 350 °C liegt und sich bis 1000 °C fortsetzt. Oberhalb 600 °C wird neben Wasser auch in geringen Mengen Wasserstoff abgegeben [15].

Wird das Aerosil über 400 °C erhitzt, dann ist die Kondensation der Silanolgruppen nicht mehr vollständig reversibel.

Neben der Anlagerung von hydrophilen Dipolmolekülen an Si-OH-Gruppen läßt sich aber auch eine Abspaltung des Wasserstoffs durch Reaktionen mit mehrwertigen Ionen oder mehrfach geladenen endständigen Atomen in solchen Verbindungen erreichen, die mit Protonen Säure bilden. Beim Eintauchen eines Glassubstrates in eine Eisen-(III)- bzw. Aluminium-(III)-Salzlösung, wird ein derartiger

Ionenaustausch erzielt. Die freien Valenzen der über den Sauerstoff an das Silicium gebundenen Metallionen, können weitere ionogene Bindungen eingehen. Auf diese Weise können zum Beispiel Moleküle einer Fettsäure- oder Seifenlösung mit ihren negativ geladenen $-COO^-$ -Gruppen über die positiven Metallionen an das Glas fest gebunden werden. Durch die nach außen gerichteten Fettsäurereste erhält das Glas einen hydrophoben Charakter:

$$\begin{array}{c} \diagdown \\ -Si - \underline{O} - Me \\ \diagup \end{array} \begin{array}{c} OOCR \\ \diagup \\ \diagdown \\ OOCR \end{array} \qquad (2)$$

Analoge Eigenschaften lassen sich mit p-Nitrobenzylbromid und Vinyltrichlorsilan erzielen.

Hochkondensierte Alkylpolysiloxane (Siliconöle) dienen zur Siliconisierung von Glasoberflächen bei 200 bis 250 °C und sind als kettenförmig aneinandergereihte organisch substituierte Silicium-(IV)-oxid-Tetraeder aufzufassen:

$$\left[\begin{array}{ccccc} & R & & R & & R \\ & | & & | & & | \\ R - & Si - \underline{O} - Si - \underline{O} - \ldots - Si - R \\ & | & & | & & | \\ & R & & R & & R \end{array} \right] \qquad (3)$$

Bemerkenswert sind die festhaftenden Schichten auf der Glasoberfläche, die deutliche Erhöhung der Biegezugfestigkeit von Glas und die Verminderung der Bruchquote von Flaschen durch diese Siliconisierung.

Neben den Siloxan- und Silanolgruppen spielen die basischen Komponenten eine wichtige Rolle. So ist die Beweglichkeit der Alkaliionen bei Zimmertemperatur relativ groß. In Lösung mit einwertigen Ionen, wie H^+, Ag^+ und Cu^+ erfolgt eine Austauschreaktion. Tritt zum Beispiel an die Stelle von Na^+ Ag^+, so wird die Elektronenhülle durch die abstoßende Wirkung der benachbarten O^{2-}-Ionen stark deformiert. Es wirkt katalytisch, weil in seiner Gegenwart H_2O_2 zersetzt wird, was weder durch Glas noch durch Ag^+ allein möglich ist [16].

Aufgrund der leichten Austauschbarkeit zum Beispiel der Na^+- und K^+- gegen H^+-Ionen wurden Silicatgläser vor dem technischen Einsatz mit verdünnten Säuren behandelt, um die bei der Verwitterung angereicherten Alkali-Ionen im adsorbierten Wasserfilm zu beseitigen.

Ein wirksameres Verfahren zur Entkalisierung beruht auf der Kühlung von Glas in saurer Ofenatmosphäre nach [17,18]:

$$Na_2O + SO_2 + 1/2 O_2 \rightleftharpoons Na_2SO_4 \quad (4)$$

Diese Reaktion ist jedoch nur bei Temperaturen über 500 °C möglich, weil neben den Alkali- auch die Sauerstoffionen aus dem Glasverband heraustreten müssen. Dazu muß aber eine SiO-Bindung aufbrechen. Die Alkaliverarmung schreitet mit der Dauer der SO_2-Behandlung nach dem Glasinnern fort und erreicht nach 5 min bei 500 °C eine Tiefe von ca. 15 nm [19]. Die dabei erzielten Festigkeitswerte der Oberfläche zeigen unterschiedliche Ergebnisse [20,21].

12.1.3 Prinzip des Glasangriffes

Vielfältig ist das Verhalten von Glasoberflächen in wässrigen Lösungen mit unterschiedlichen pH-Werten. Weitgehend untersucht sind die Vorgänge beim *Wasser- und Säureangriff*. Dieser Glasangriff kann als Säure-Basenreaktion formuliert werden. An die Stelle von Metallionen treten Protonen oder Hydronium-Ionen. Die sich bildenden Salze gehen in Lösung. Die an der Glasoberfläche vorhandenen Si-O-Si-Bindungen werden aus sterischen Gründen nicht angegriffen. Durch die Glaszusammensetzung wird das Verhältnis der bei der Reaktion sich bildenden Si-OH-Gruppen zur Anzahl der Si-O-Si-Gruppen bestimmt. Sie definiert den Charakter der Silicatgelschicht an der Glasoberfläche. In dieser Gelschicht überwiegen dann die Si-OH-Gruppen, wenn das Kernglas hohe basische Anteile besitzt. Damit einher gehen Löslichkeit und Instabilität der Gelschicht. Die Geschwindigkeit der Säureauslaugung wird durch Diffusionsprozesse bestimmt [22].

Aufgrund der unterschiedlichen Brechung, die Gelschicht ist niedriger brechend als das Glasinnere, können diese Zusammenhänge optisch nach der Interferenz-

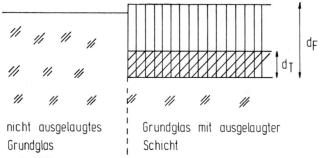

Bild 12.1: Quellung und Schrumpfung einer durch Säure ausgelaugten Gelschicht (1)

methode verfolgt werden. Es wurde gefunden, daß die ausgelaugte Schicht, Poren mit einem mittleren Durchmesser von 0,01 bis 0,05 nm aufweist [23,24]. Durch die große spezifische Oberfläche und durch die Kapillarwirkung vermögen die Poren Wasser adsorptiv aufzunehmen, das im Gleichgewicht mit dem Dampfdruck der Umgebung steht. Der Brechungsindex der Gelschicht ist stark druck- und temperaturabhängig. Während die Schicht gegenüber der nicht angegriffenen Glasoberfläche in der Entstehungsphase häufig eine Quellung zeigt, verringert sich die Schichtdicke beim Trocknen (Bild 12.1). Erreicht die Gelschicht die Zusammensetzung von Orthosilicaten, so wird sie löslich und trennt sich teilweise vom Glassubstrat ab. Getemperte Gelschichten auf blei- und bariumhaltigen Gläsern schützen das Grundglas vor weiterem Säureangriff.

Komplizierter verläuft der *alkalische Glasangriff*: Durch die Base werden die Sauerstoffbrücken der Siloxangruppen aufgebrochen und in Si-O-Na-Gruppen und Silanol-Gruppen gespalten. Die letzteren reagieren mit der Base weiter:

$$\begin{array}{c}\diagdown\!\!\!\!\diagup\\ -Si\\ \diagup\;\;\;\diagdown\\ \;\;\;\;\;\;\;\;\;O\\ \diagdown\;\;\;\diagup\\ -Si\\ \diagup\;\;\;\diagdown\end{array} + 2NaOH \rightarrow 2 \begin{array}{c}\diagdown\\ -Si-\overline{O}-Na\\ \diagup\end{array} + H_2O \qquad (5)$$

Das Reaktionsprodukt geht als Wasserglas [$Na_2SiO_3 \cdot (SiO_2)_n$] im alkalischen Medium in Lösung. Damit kommt es zum völligen Abbau des Glassubstrates. Die Aktivierungsenergie dieser Reaktion liegt mit 75,4 bis 83,8 kJ/mol deutlich höher als beim Säureangriff. Die Kinetik hängt darüber hinaus von der Glaszusammensetzung ab. Bei hohem Alkaligehalt erfolgt der Abbau schneller, da Si-O-Na-Gruppen bereits vorhanden sind. Umgekehrt erhöht ein Glasbildner, dessen Hydroxid schwer löslich ist (z. B. $Zr(OH)_4$) die Laugenresistenz beträchtlich.

Der hier angegebene Mechanismus zur Beschreibung des alkalischen Glasangriffes hat nur dann Gültigkeit, wenn

1. die Konzentration gelöster glaseigener und glasfremder Substanzen gering ist und

2. im stark alkalischen Bereich gearbeitet wird.

Die übliche Grießmethode scheidet bei solchen Untersuchungen aus. An ihre Stelle treten optische Untersuchungen mit planen Glasproben.

Diese Versuche haben ergeben [25], daß im stark alkalischen Bereich mehrwertige Ionen wie zum Beispiel Al^{3+}, Ba^{2+}, Be^{2+}, Ca^{2+}, Pb^{2+} und Zn^{2+}, die mit dem Silicat schwerlösliche Verbindungen bilden, den Laugenangriff in geringer Konzentration hemmen. Es handelt sich offensichtlich um eine Konkurrenzadsorption von OH-Ionen und Fremdionen, welche die Grenzschicht blockieren, wenn in schwach alkalischen bis neutralen Medien gearbeitet wird (Bild 12.2). Es treten ausgeprägte Maxima in der pH-Abhängigkeit auf. Im pH-Bereich um 8 zeigen die meisten Elektrolyte die Tendenz zur Bildung poröser Gelschichten. In vielen Fällen wird sie aber durch die totale alkalische Abtragung überlagert.

Eine Schicht wächst bei Anwesenheit mehrfach geladener Ionen weiter: Zum Beispiel bei Al^{3+}, das bereits in Konzentrationen von 10^{-5} bis 10^{-4} Mol/l die je Sekunde erreichte Auslaugungstiefe (V_p) im Verhältnis zur Abätztiefe (V_T) vergrößert.

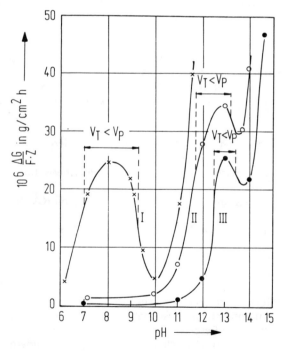

I. in Na_2HAsO_4 (0,3 Mol/l)
II. in NaOH + NaCl (1,0 Mol/l)
III. in reiner NaOH

Bild 12.2:
Lösungsgeschwindigkeit von poliertem Kalk-Natronglas in Abhängigkeit vom pH-Wert (1)

Optische und elektronenmikroskopische Analysen der beschriebenen Gelschichten ergaben unter anderem eine auf die Hälfte gegenüber dem Glasinnern reduzierte Dichte bei einer mittleren Porengröße von 0,05 bis 0,10 nm.

In den alkalisch ausgelaugten Oberflächen wird auch ein Teil des ursprünglichen Silicatgerüstes entfernt. Der Sinterfaktor d_T/d_F liegt bei ca. 1, im Gegensatz zu dem durch Säureangriff auf schwermetallhaltigen Gläsern erzeugten Schichten.

Diese Erkenntnisse geben auch die Erklärung für die spontane Bildung von irisierenden Verwitterungsschichten. Elektronenoptisch konnten in solchen Schichten von Kalk-Natronglas Porenzahlen von $10^{12}/cm^2$ festgestellt werden.

12.2 Belegen von Glasoberflächen mit dünnen Schichten [26,27)]

Mit dem Beschichten von Glas sollen die funktionellen und stofflichen Eigenschaften des Glases durch sogenannte „dünne Schichten" verbessert und dem Anwendungszweck angepaßt werden. Im allgemeinen werden unter „dünnen Schichten" Überzüge verstanden, die in definierten Dicken bis zu höchstens einigen Mikrometern auf Glas, Metall oder Kunststoff und auf Bauelemente aufgetragen werden.

Die Beschichtungen lassen sich nach ihren Herstellungsverfahren einteilen in:

1. Vakuumverfahren: Aufdampfung, Kathodenzerstäubung und Polymerisation im Plasma,
2. Beschichtung durch Gasphasenreaktion: Chemical Vapour Deposition (CVD) und Sprühen,
3. Beschichtung in flüssigen Medien: Tauchverfahren und stromlose Metallisierung,
4. Auslaugungs- und Ätzverfahren und
5. Ionentransport in Festkörpern.

Zur Erzeugung von Schichten mit bestimmten elektrischen und optischen Eigenschaften finden vor allem die Vakuumbeschichtungsverfahren Anwendung. Diese Verfahren sind universell anwendbar. Die Beschichtungsverfahren durch Gasphasenreaktionen werden hauptsächlich zur Herstellung oxidischer, insbesondere halbleitender Schichten eingesetzt. Die Verfahren in flüssigen Medien dienen vorzugsweise zur Großflächenbelegung, sowie zur Herstellung von dünnen Schichten aus organischen Materialien. Auslaugungs- und Ätzverfahren werden zur Veränderung der optischen Oberflächeneigenschaften eingesetzt, während vom Ionentransport in Festkörpern zur Festigkeitssteigerung und Änderung der Brechzahl Gebrauch gemacht wird.

12.2.1 Vakuumbeschichtung

Metalle mit stark elektropositivem Charakter und hohem Schmelzpunkt, wie zum Beispiel Chrom, Eisen, Nickel, Kobalt, Molybdän, Titan und Zirkon werden besser an das Glas gebunden als edle Metalle. Dieser Trend wird mit kleiner werdendem Ionenradius und der Koordinationszahl 4 verstärkt.

Vorbedingung für eine stabile Verknüpfung mit dem Glas ist die Entfernung von organischen Verunreinigungen und physikalisch gebundenem Wasser.

Stark elektropositive Metalle bilden durch Reaktion mit Silanolgruppen stabile Sauerstoffbrücken zum Glas. Edelmetalle werden lediglich durch Van-der-Waals'sche Kräfte gebunden. Die Adhäsion läßt sich bei den Edelmetallen durch Zwischenschichten aus zum Beispiel Chrom und Nickel verbessern. Unedle Metalle mit niedrigem Schmelzpunkt und großer Oberflächenbeweglichkeit neigen zur Aggregation und bilden kleine oder nur schwache Sauerstoffbrücken. Bekannt dafür ist die geringe Haftfestigkeit von zum Beispiel Zink, Cadmium, Blei und Zinn.

Für die zeitliche Zunahme der Adhäsion der stark elektropositiven Metalle Aluminium, Magnesium und Mangan ist die Diffusion von eingebauten oder nachträglich eingewanderten Sauerstoff-Molekülen verantwortlich.

Aufdampfung

Die zu verdampfenden Substanzen werden im Vakuum auf Temperaturen erhitzt, bei denen der Eigendampfdruck von ca. 10^{-2} mbar und die Verdampfungsgeschwindigkeit 4 bis $50 \cdot 10^{-5}$ g/cm² erreicht werden. Die auf dem Substrat kondensierenden Dampfmoleküle sollen mit Restgasmolekülen wenig Wechselwirkung durch Stoß oder Reaktion eingehen. Daher wird bei Gasdrücken von $<10^{-4}$ mbar, das entspricht einer freien Weglänge von >70 cm bei Luft, gearbeitet.

Die Aufdampfvorrichtungen (Bild 12.3) bestehen im wesentlichen aus dem Rezipienten, einer Öldiffusionspumpe mit mechanischer Vorvakuumpumpe, dem Ölfänger sowie der Schaltanlage mit Stromversorgung und Meßgeräten für Druck und Beschichtungsablauf. Die Substrate werden im Abstand von mindestens 30 bis 50 cm über der Verdampfungsquelle an einer Haltevorrichtung angebracht. Für Großflächenbelegung werden mehrere Verdampfer mit rotierenden Ausgleichsblenden oder Verdampfer mit Planetenbewegungen eingesetzt. Zur allseitigen Belegung werden insbesondere Rezipienten mit horizontaler Achse, um welche das Haltegestell mit den an Stangen befestigten Substraten rotiert, verwendet. Die heizbaren Schiffchen bzw. Tiegel für die zu verdampfenden Substanzen sind am Boden des Kessels angebracht.

Die Einhaltung einer definierten Schichtdicke wird durch Verwendung abgewogener Substanzmengen oder durch photometrische bzw. elektrische Kontrolle der Schichten während ihrer Kondensation erreicht. Die „Massendicke" in g/cm^2 kann während der Beschichtung durch die Frequenz eines im gleichen Abstand mitbelegten Schwingquarzes kontrolliert werden. Die aufzudampfenden Sub-

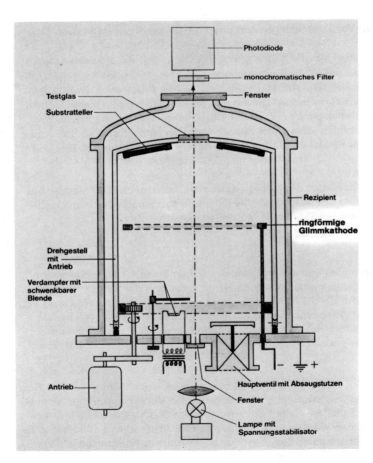

Bild 12.3:   Schema einer Vakuumbedampfungsvorrichtung (27)

stanzen werden im Normalfall durch Widerstands- oder Induktionsheizung der
Verdampfer erhitzt. Schwer verdampfbare und leicht zersetzliche Substanzen
werden durch Beschuß aus einer Elektronenkanone verdampft. Die Tiegelwände
bleiben dabei kalt.

Anwendung findet auch die „Flash-Verdampfung", bei der die Verdampfungssubstanz über einen Vibrator in kleinsten Mengen auf den hocherhitzten Verdampfer „geschüttelt" wird, von wo sie ohne Fraktionierung verdampft.

Neben hochschmelzenden Metallen finden Graphit bzw. keramische Stoffe als
Tiegelmaterial Einsatz. Die Verweilzeit einer Charge bei einfachen Beschichtungen beträgt 15 bis 20 min. Für Serienbedampfungen von Massengut, Folienbändern und großformatigem Flachglas sind Spezialvorrichtungen konstruiert
worden., in denen der Beschichtungsprozeß programmiert, entweder chargenweise oder kontinuierlich abläuft [28]. Für die Verdampfung im Hochvakuum
eignen sich neben den reinen Metallen Metallfluoride, Metallchalkogenide und
Metalloxide, sowie weitere Verbindungen, soweit sie sich nicht bei den Arbeitstemperaturen zersetzen. Für dauerhafte Schutzüberzüge sind speziell alkaliarme
Gläser entwickelt worden, die mittels Elektronenstrahlverdampfung auch in
Schichtdicken über 10 μm kondensiert werden können [29].

Bei der Ultrahochvakuumtechnik, deren Anwendung in der Halbleiterindustrie
liegt, sind Vakua von $< 10^{-6}$ mbar erforderlich, um den unkontrollierten Einschluß von Gasen in die Schicht auszuschalten.

Andere Technologien benutzen im Rezipienten absichtlich Restgase dazu, die
aufzudampfenden Substanzen während oder nach dem Kondensieren in die gewünschte chemische Verbindung umzuwandeln [30,31].

Nach dieser Methode werden Schichten aus schwer verdampfbaren Oxiden,
Nitriden und Carbiden hergestellt.

Von erheblichem Einfluß auf die Struktur der aufwachsenden Schicht sind die
Natur des Substrates und seine Oberflächenbeschaffenheit: Kristalline Schichtenträger bewirken gewöhnlich ein orientiertes Aufwachsen der Schicht unter
Anpassung an die Kristallstruktur der Schichtunterlage (Epitaxie). Kristalline
Materialien kondensieren auf Glas so, daß eine Kristallebene parallel zur Glasoberfläche liegt.

Da die Glasoberfläche von Adsorbaten und Verunreinigungen durch Waschen
mit Detergentien oder organischen Lösungsmitteln bzw. durch Ultraschallbehandlung oft nur unvollständig gereinigt werden kann, setzt man die Glasoberflächen im Rezipienten vor der Bedampfung einer Glimmentladung von 3 bis
10 kV aus.

Die (Al-)Elektroden werden vorzugsweise so angeordnet, daß die zu reinigenden Glasoberflächen sich im Kathodendunkelraum der Entladung befinden. Durch das Ionenbombardement wird die Mikrorauhigkeit der Glasoberfläche merklich erhöht. Statt durch Glimmentladung, die etwa 10^{-2} mbar Gasdruck erfordert, kann auch eine Reinigung durch Elektronenbeschuß im Hochvakuum bzw. durch Erwärmung des Glassubstrates unmittelbar vor der Bedampfung durchgeführt werden [32].

Gewöhnlich entstehen Schichtstrukturen, die gegenüber dem kompakten Material kleinere Werte für die Dichte und den Brechungsindex aufweisen. Bei höheren Temperaturen können stabile Schichten durch Sinterprozesse, Rekristallisation,

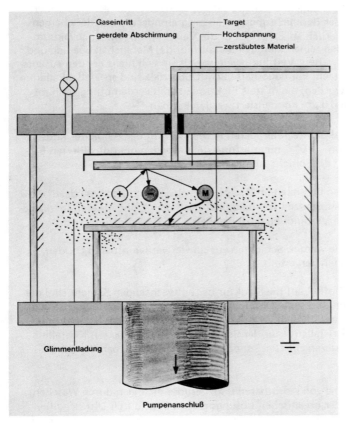

Bild 12.4: Diodenanordnung zur Herstellung von Schichten durch Zerstäubung mittels selbständiger Entladung (27)

Spannungsrelaxation oder Strukturumwandlung merkliche Eigenschaftsänderungen erfahren.

Kathodenzerstäubung

Bei der Kathodenzerstäubung (Sputtern) werden in einer Gasentladung durch den Aufprall positiver Ionen auf der Kathode (Target) Atome aus der Oberfläche herausgeschlagen und auf einem gegenüberliegenden Substrat kondensiert [30].
Gewöhnlich werden Edelgasplasmen verwendet, die durch Hochfrequenzentladungen bei Drücken von 10^{-3} bis 10^{-2} mbar mit einigen kV erzeugt werden (Bild 12.4). Durch diese Anordnung werden Auflagerungen am Target verhindert. Es lassen sich so auch nichtleitende Stoffe mit gleicher Wirksamkeit zerstäuben wie Metalle.

Die Schwellenenergie, die von der Ionenmasse und der Targetsubstanz abhängt, liegt zwischen 10 und 30 eV. Mit der Ionenenergie steigt die Abtragsrate auf ein Maximum an, das für Ne^+ bis zu 5, für Xe^+ bis zu 50 Atome/Ion betragen kann. Im einzelnen hängt die Abtragsrate von der Ordnungszahl der abgestäubten Elemente ab. Bei Energien über 10 eV kommt es neben der Abtragung zur Implantation der Ionen im Target. Durch Dotierung von reaktionsfähigen Gasen kann erreicht werden, daß die dissoziierten Gase unter Reaktion mit den abgestäubten unedlen Metallen sich als Verbindung niederschlagen.

Für die Belegung großer Flachglasscheiben bis zu 10 m² wurden Vorrichtungen entwickelt, bei denen die Glasscheiben vertikal durch ein System säulenartig montierter Kathodenstäbe langsam hindurchbewegt werden [33].

Polymerisation im Plasma

Die Polymerisation im Plasma beruht auf der Schichtbildung aus Dämpfen von monomeren organischen Substanzen, die in einer Hochfrequenzglimmentladung oder durch Elektronenbeschuß vor oder nach der Adsorption am Substrat ionisiert werden und teilweise Radikale abspalten. Durch Aktivierung kommt es zu Reaktionen mit weiteren Teilchen, so daß ein Film aus vernetzten polymeren Ketten erzeugt wird.

Der evakuierte Rezipient wird während der Beschichtung von der dampfförmigen monomeren Verbindung bei einem Druck von 10^{-2} bis 1 mbar durchströmt. Das Ausgangsmaterial kann auch thermisch im Hochvakuum verdampft werden. Ausgangsverbindungen sind Styrol, Epoxidharz und Silikonöle. Bei Verwendung von Kieselsäureestern und Siloxanderivaten erhält man in einer Sauerstoffatmosphäre von 0,1 bis 1 mbar SiO_2-Schichten mit kieselsäureglasähnlichen Strukturen.

Die Neigung der organischen Verbindungen, bereits als Monomere durch Chemiesorption dicht gepackte Monoschichten auf dem Substrat zu bilden, führt zu einem hohen Bedeckungsgrad mit fester Verankerung und porenfreien Schichten.

Solche Schichten werden zur Oberflächenpassivierung und Verkapselung von elektronischen Bauelementen bzw. als Dielektrikum von hohem spezifischem Widerstand und großer Durchschlagfestigkeit verwendet. Aufgrund der niedrigen Brechzahl werden Fluorkohlenwasserstoffe (z. B. $F_2C = CF_2$ oder $F_2C = CFCl$) als Verwitterungsschutz für empfindliche optische Bauteile eingesetzt.

12.2.2 Beschichtung durch Gasphasenreaktionen

Oxidschichten, die durch Gasphasenreaktion (CVD und Sprühen) oder durch das Tauchen bei höheren Temperaturen erhalten werden, zeichnen sich durch hohe Bindungsfestigkeiten der Oxidschichten aus. Die Bindung derart hergestellter Überzüge von zum Beispiel Titan-(IV)- und Silicium-(IV)-oxid über die Silanol-

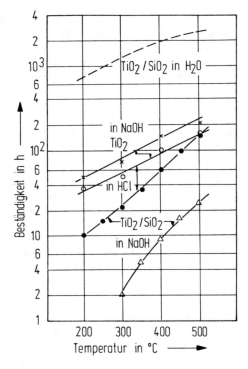

Schichtdicke: $TiO_2 = \lambda\backslash 4$, $SiO_2 = \lambda\backslash 4$
HCl: 2,87 Mol/l
NaOH: 2,76 Mol/l

Bild 12.5:
Beständigkeit von Tauchschichten aus TiO_2 und TiO_2/SiO_2 auf Kalk-Natronglas in Abhängigkeit von der Einbrenntemperatur

gruppen erweist sich als so stabil, daß damit resistente Schichten gegen Wasser und Säuren hergestellt werden können (Bild 12.5).

Chemical Vapour Deposition (CVD)

Mittels eines Trägergases werden flüchtige Verbindungen so an das Substrat gebracht, daß die Reaktion auf oder nahe der Glasoberfläche stattfindet und eine feste Schicht gebildet wird. Prinzip und apparative Vorrichtung werden schematisch in Bild 12.6 und 12.7 gezeigt. Das Substrat nimmt im allgemeinen Temperaturen zwischen 200 und 1.200 °C an. Es gibt auch Vorrichtungen, bei denen die heißen Reaktionsgase durch Düsen mit dem Trägergas auf kälter gehaltene Glasoberflächen geleitet werden [34]. Die Beschichtung kann durch Hochfrequenzfelder, energiereiche Strahlung, Glimmentladungen und Katalyse aktiviert werden.

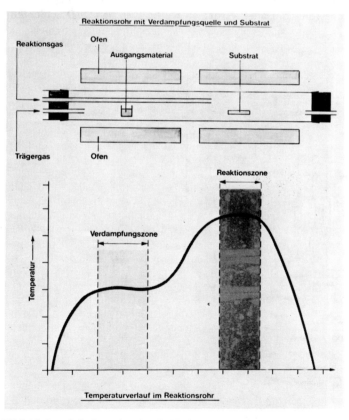

Bild 12.6: Arbeitsweise der CVD-Beschichtung (27)

Als Ausgangsverbindungen eignen sich vorzugsweise flüchtige Verbindungen wie Halogenide und organische Verbindungen.

Metallische Niederschläge entstehen durch thermische Zersetzung entweder unter Ausschluß von Sauerstoff und Wasser von Nickelcarbonylen, Silanen und Aluminiumalkylen oder in Gegenwart von Wasserstoff von Wolfram-(VI)-fluorid, Molybdän-(V)-chlorid und Trichlorsilan.

Nach dem CVD-Verfahren werden auch epitaktische Schichten von Germanium, Galliumphosphid, Aluminiumphosphid und Indiumarsenid, sowie von Sulfiden, Seleniden und Telluriden erzeugt.

Sprühbeschichtung

Die Sprühschichten werden durch Pyrolyse entsprechender Verbindungen am erhitzten Substrat gewonnen. Daher werden sie häufig auch den CVD-Schichten zugerechnet.

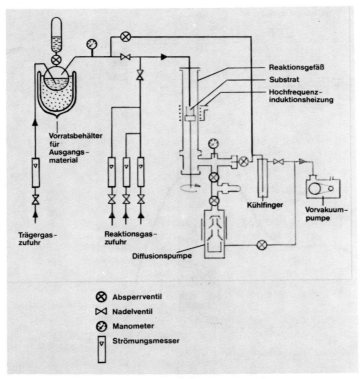

Bild 12.7: CVD-Beschichtungsapparatur für flüssige Ausgangsstoffe (27)

Zur Abscheidung dieser Schichten geht man von geeigneten Lösungen aus, die aus Düsen entweder mit komprimierten Trägergasen oder hydraulisch („airless") in Form von Nebeltröpfchen (Aerosolen) zerstäubt werden. Nach diesem Verfahren werden ausschließlich Oxidschichten hergestellt.

In der Hohlglasindustrie werden Überzüge aus Alkyl- oder Aryltitanaten bzw. -stannaten, die auf das jungfräuliche Glas aufgebracht werden, verwendet. Dadurch wird eine erhöhte Stoßfestigkeit, infolge Abschwächung der für die Festigkeit entscheidenden Kerbrißwirkung, an der Oberfläche erzielt.

Auf Flachglasprodukten werden nach diesem Verfahren hauptsächlich Glasoberflächen mit erhöhter Reflexion bzw. Absorption erzielt. Die Sprühdüsen laufen in diesem Falle oberhalb oder unterhalb des in horizontaler Lage vorbeilaufenden heißen Glasbandes senkrecht zu dessen Bewegungsrichtung ca. 10 mal je Minute hin und her.

Die Substrattemperaturen betragen 400 bis 800 °C [35].

Als Ausgangsverbindungen dienen vorzugsweise die Acetylacetonate von Kobalt, Chrom, Eisen, Nickel und Magnesium, gelöst in Äthanol, Benzol, Chloroform, oder deren Derivate. Mit Zinn- und Indiumverbindungen, vorwiegend dotiert mit Antimonoxid und Fluor, werden halbleitende Oxidschichten produziert. Diese Schichten sind für sichtbares Licht nahezu absorptionsfrei, reflektieren im IR bis zu 85 % und bieten zahlreiche Anwendungsmöglichkeiten [36].

Eine Modifikation des Sprühverfahrens stellt ein Verfahren dar, bei dem das hocherhitzte Substrat kurzzeitig in eine Lösung mit einer filmbildenden Verbindung getaucht wird, deren Temperatur nahe dem Siedepunkt liegt [37].

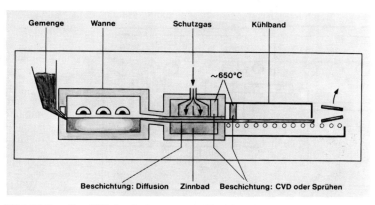

Bild 12.8: Großflächenbelegung am Floatband

Erfolgversprechend sind neuerdings die CVD- und Sprühbeschichtungsversuche mit dotierten Zinn- bzw. Indiumoxidschichten am Floatband bzw. am Libbey-Owens-Flachglaszug (Bilder 12.8 und 12.9).

12.2.3 Beschichtung in flüssigen Medien

Tauchverfahren

Die Beschichtung von Glas nach dem sogenannten Tauchverfahren erfolgt mit Lösungen, von denen nach thermischem Behandeln bei Temperaturen unterhalb des Transformationsbereiches ($<$ Tg) Lösungsmittel und flüchtige Bestandteile entfernt werden und feste Überzüge auf dem Glas zurückbleiben.

Filme einheitlicher Dicke werden bei kleineren kreisförmigen Scheiben, Linsen und Brillengläsern dadurch erhalten, daß die auftropfende Beschichtungslösung horizontal abzentrifugiert wird. Wirtschaftlicher ist die Tauchbeschichtung bei Platten, Stäben und Rohren größerer Abmessungen, indem sie langsam in die Lösung abgesenkt bzw. aus der Lösung hochgezogen werden [38,39,40]. Die Dicke des flüssigen Filmes der auftauchenden Glasoberfläche hängt von der Absenk- bzw. Ziehgeschwindigkeit, dem Auftauchwinkel zur Horizontalen sowie von der Viskosität und Grenzflächenspannung der Lösung ab. Die beschichteten Glasteile werden anschließend in Luft bzw. in einer definierten Atmosphäre bei Temperaturen von 200 bis 500 °C getempert. Dabei verfestigen sich die Schichten und erreichen durch chemische Reaktionen und Zersetzungen die gewünschte Schichtzusammensetzung. Die Beschichtungslösungen müssen zur Gel- und Kolloidbildung neigen und dürfen nicht kristallisieren, sie müssen gutes Benetzungsvermögen und die Fähigkeit zur Bildung dicht gepackter Schichtstrukturen besitzen.

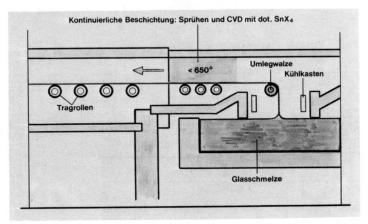

Bild 12.9: Beschichtung am Libbey-Owens-Flachglaszug

Zur Herstellung von Oxid- und Phosphatschichten eignen sich vorzugsweise organische Lösungen von Metall-OR-Verbindungen (R = Alkyl, Carboxyl, Acetylacetonyl), Nitrate, Halogenide und Phosphate.

Bei Verwendung von glasbildenden Oxiden wie SiO_2, P_2O_5 und B_2O_3 werden Schichten von glasigem Charakter erhalten. In reduzierender Atmosphäre können Suboxide von Eisen, Nickel, Kobalt und Palladium mit erhöhter Absorption im Sichtbaren und UV als Schichten erzeugt werden.

Besonders geeignet ist dieses Beschichtungsverfahren, wo es um optisch hohe Qualitätsanforderungen geht: Zum Beispiel für Beschichtungen von Kunststofflinsen (Verbesserung der Ritzhärte), zur Ummantelung von Quarzglasfasern und -stäben für UV-Lichtleitsysteme bei Verwendung von Methylpolysiloxan (n_D = 1,42) und Copolymerisaten von Tetrafluoräthylen und Hexafluorpropylen (n_D = 1,34) [41].

Zum Schutz gegen mechanische Verletzung und zur Hydrophobierung von Gläsern wurden Überzüge von Organopolysiloxanen (Siliconen) [42] und borhaltigen Fluorsiliconölen [43] entwickelt.

Durch Zusatz von alkoholischen Siliconverbindungen zu teilhydrolysierten Kieselsäureestern werden Schichten mit hoher Ritzhärte erreicht, die vor allem bei Schweißschutzbrillen Einsatz finden, da das Festsetzen glühender Metallspritzer auf der Glasoberfläche verhindert wird [44].

Stromlose Metallisierung

Die Erzeugung metallischer Schichten erfolgt in reduzierenden Lösungen von Edelmetallverbindungen. Nach diesem sehr alten Verfahren werden heute noch Silber- bzw. Gold- und Kupferspiegel auf Glas niedergeschlagen. Neuere Verfahren sind Beschichtungen mit Nickel und seinen Legierungen mit Kupfer [45 – 48].

Für die Belegung werden starke Reduktionsmittel (hypophosphithaltige Bäder) und aktivierende Vorbehandlungen der Gläser in Zinn-(II)-chlorid- und Palladium-(II)-chlorid-Lösungen benötigt.

Im Großtechnischen werden nach dem stromlosen Abscheideverfahren transparente Schichten auf der Basis von Nickel und seinen Legierungen, sogenannte Sonnenschutz-Isolierverglasungen, produziert [49,50].

In der Elektronik wird, in der Technik der gedruckten Schaltungen, das Ätzen durch photoselektive Aktivierungen und anschließende Metallisierung, die stromlose Metallabscheidung, angewandt. Durch zusätzlichen Einbau von nichtmetallischen Komponenten (Phosphor) werden Halbleitereffekte erzielt.

12.2.4 Auslaugungs- und Ätzverfahren

Nach dieser Methode werden ausschließlich mikroporöse Oberflächenschichten hergestellt:

1. Auslaugung in sauren Bädern von hochbrechenden optischen Gläsern durch Ersatz der Metallionen (z. B. Pb^{2+}, Ba^{2+}) durch Protonen bzw. Hydroniumionen. Die durchschnittliche Porengröße liegt zwischen 1 und 5 nm [51].
2. Auslaugung von alkalihaltigen Silicatgläsern bei pH-Werten zwischen 7 und 8 unter Anwesenheit von Inhibitoren (z. B. Aluminiumverbindungen). Die erzielbaren Schichtdicken liegen bei 300 nm und der Porendurchmesser bei 5 bis 10 nm.
3. Selektive Ätzung von Flachgläsern durch Behandlung mit Dämpfen von SiF_4 und anschließendes Tempern [52] oder in Lösungen von H_2SiF_6 mit überschüssig gelöstem SiO_2 [53]. Die Porendurchmesser liegen bei 10 nm.
4. Auslaugung von Natriumborosilicatgläsern durch Säuren, die vor der Auslaugung einer Temperaturbehandlung unterworfen wurden. Diese Schichten haben einen größeren Porendurchmesser als die unter 1., 2. und 3. beschriebenen.

Die Verfahren 1., 2. und 3. werden in erster Linie zur Herstellung reflexmindernder Oberflächenschichten auf optischen Gläsern und Tafelgläsern verwendet.

12.2.5 Ionentransport in Festkörpern

Darunter werden Diffusionsvorgänge verstanden die, teilweise unterstützt durch elektrische Felder oder Ionenbestrahlung, zur Erzielung elektronischer und optischer Eigenschaften verwendet werden:

1. Farbbeizen mit gelb bis rotbraun gefärbten Oberflächenschichten aus kupfer- und silberhaltigen Pasten („Beizen") oder geschmolzenen Salzen in der Nähe Tg [54].
2. Chemisches Vorspannen von Glas unterhalb Tg durch Einwandern von Metallionen aus geschmolzenen Salzen in das starre Glasnetzwerk, das vorher von kleineren Ionen besetzt war (K^+ an Stelle von Na^+).

Beim chemischen Vorspannen oberhalb Tg wird die Vorspannung durch die unterschiedlichen Wärmeausdehnungskoeffizienten, die durch den Ionenaustausch in der Oberflächenschicht des Glases und im Glasinneren erzeugt werden (Li^+ an Stelle von Na^+) erreicht. In der Praxis hat sich die letztere Methode wegen der Glaskorrosion nicht bewährt.
3. Erzeugung von Brechzahlgradienten durch Änderung der Brechzahl entsprechend der Dichteänderung in der Diffusionsschicht. Die Anwendung liegt

bei Lichtleitfasern zur Langstrecken-Signalübertragung [55] sowie in dünnen Stäben („Selfoc") zur Bilderzeugung [56].
4. Substraktive Schichtbildung durch Ionenwanderung aus geschmolzenen Salzen bzw. Metallen oder Plasmen durch Anlegung elektrischer Felder für resistente Schichten mit stark verminderter Brechung, die eine Entspiegelung der Glasoberfläche bewirken [57,58] und auch höherbrechende gefärbte Schichten erzeugen. Dieses Verfahren wird bei Float-Gläsern eingesetzt, indem Ionen aus geschmolzenen Metallen (Pb mit 1 bis 5 % Cu) durch ein transversales Feld von 25 bis 50 V/cm bis zu einer Tiefe von 1000 nm einwandern, wobei diese zu kolloidalen Metallteilchen von ca. 40 nm Durchmesser reduziert werden [59].

12.3 Hauptanwendungsgebiete

Die optische Wirkung dünner Schichten entsteht, wenn ihre Dicke der Wellenlänge (λ) von Licht-, UV- oder IR-Strahlung entspricht. Je nach ihrem Phasenunterschied der reflektierten Teilwellen tritt durch Interferenz an den Schichtgrenzen Schwächung bzw. Verstärkung der durchgelassenen oder reflektierten Strahlung ein. Durch Absorption der Strahlung im Schichtinneren wird dieser Effekt modifiziert. Bei Kombination mehrerer Teilschichten ergeben sich durch vektorielle Addition sämtlicher Teilwellen mannigfaltige Möglichkeiten der spektralen Beeinflussung des Reflexions- und Transmissionsgrades optischer Gläser. Eine Reflexionsminderung (Entspiegelung) auf einer Glasoberfläche wird durch eine Schicht hervorgerufen, deren optische Dicke ($n_s d$) im optimalen Fall 1/4 der mittleren Wellenlänge des Spektrums beträgt und deren Brechzahl (n_s) niedriger ist als die der Glasunterlage ($n_g = 1,51$). Dann haben die an den Schichtgrenzflächen reflektierenden Teilwellen eine halbe Wellenlänge Phasendifferenz und schwächen sich gegenseitig. Bild 12.10 zeigt die spektrale Verteilung der Restreflexion für eine Beschichtung von Glas, einer $\lambda/4$-Schicht aus MgF_2 ($n_s < 1,38$) und einer $\lambda/4$-, $\lambda/2$-, $\lambda/4$-Dreifachschicht aus CeF_3-ZrO_2-MgF_2.

IR-durchlässige, im Sichtbaren absorbierende Substanzen wie Silicium, Germanium, Sb_2S_3 und InSb, haben im IR-Gebiet sehr hohe Brechzahlen, so daß die Reflexionsverluste bereits mehr als 50 % betragen können und für Entspiegelungen durch Mehrfachschichten große Bedeutung besitzen.

Reflexionsverstärkung von Glasoberflächen für teildurchlässige oder opake Spiegel wird durch dünne Metallschichten (z. B. Al, Ag, Cr, Ni und Pt) erreicht.

Als dielektrische Schichtsubstanzen kommen für sichtbares Licht Bi_2O_3, CeO_2, PbO, Ta_2O_5, TiO_2 und ZnS, für das UV PbF_2, Sb_2O_3 und ThO_2 und für das IR ZnS, Fe_2O_3, Se, As_2S_3, Sb_2S_3, Si, Ge, PbS, PbSe, PbTe und InSb in Frage.

In Bild 12.11 wird für $\lambda/4$-Einzelschichten der maximal erreichbare Reflexionsgrad R_{max} einer Glasoberfläche in Abhängigkeit von der Brechzahl der Schicht graphisch dargestellt.

Zu den wichtigsten optischen Anwendungen von Schichtsystemen mit Filterwirkung gehören IR-durchlässige „Kaltlicht"-Spiegel, Wärmereflexionsfilter, Farbfilter und Farbteilungsfilter, UV-Kantenfilter und Laser-Resonatorspiegel.

Nach ähnlichem Prinzip sind die Interferenzfilter aufgebaut, bei welchen zwei oder mehr hochreflektierende Schichten mit einer oder mehreren dielektrischen Zwischenlagen von $\lambda/2$-Dicke auf Glas aufgebracht werden.

Für den Strahlungsschutz, zum Beispiel Brillen, werden Kombinationen aus metallischen und dielektrischen Schichten, teils mit Absorptionsgradienten senkrecht zur Oberfläche verwendet.

Für Sperrschichten gegen kurzwellige Strahlung eignen sich verschiedene Verbindungen wie TiO_2, SiO_2, Fe_2O_3, CoO, UO_3, ZnS und CdS.

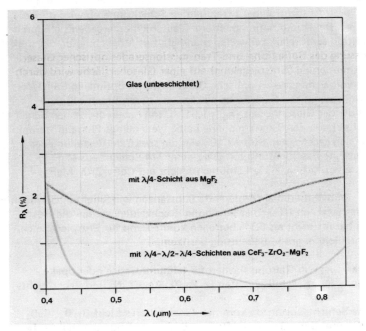

Bild 12.10: Spektrale Reflektivität einer Glasoberfläche (27)

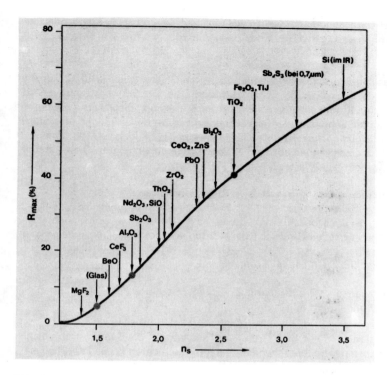

Bild 12.11: Reflexionsgrad einer Glasoberfläche ($n_g = 1,5$) mit $\lambda/4$-Schicht in Abhängigkeit von ihrer Brechzahl (Maximalwerte) (27)

IR-Strahlung in Walzwerken und Schmelzbetrieben wird durch transparente Goldschichten auf physiologische unschädliche Bruchteile reduziert. Halbleiterschichten auf vorgespanntem oder hitzebeständigem Glas werden in Sichtscheiben von Öfen eingebaut, um den Strahlungsdurchgang zu vermeiden.

Laserschutzbrillen besitzen Schichten, bei denen durch Kombination von Interferenzfiltern mit Absorptionsgläsern ein schmales Transmissionsband im Sichtbaren, bei der Frequenz der Laseremission aber eine optische Dichte zwischen 6 und 12 erreicht wird. Phototrope [60,61] und elektrochrome [62] Schichten sind seit kurzem bekannt und finden bei Schutzbrillen bzw. Flüssigkristallanzeigen Anwendung.

Für Gebäude gewinnen beschichtete Gläser zur Dämpfung solarer und langwelliger (IR) Strahlung immer mehr an wirtschaftlicher Bedeutung. Dabei hat die Wirtschaftlichkeit sowohl den sommerlichen als auch den winterlichen Wärmeschutz zu berücksichtigen, um ein ausgewogenes Verhältnis zwischen Fenstergröße, Wärmedämmung und lichttechnischen bzw. klimatechnischen Anforderungen zu bilden [63 — 66].

Isolierverglasungen mit zum Beispiel goldbelegten Glasscheiben (Bild 12.12) sind für den gelb-grünen Spektralbereich stark durchlässig. Die Sonnenstrahlung wird an der Goldschicht nur teilweise reflektiert, teilweise aber absorbiert. Obwohl die Goldschichten die Scheiben ebenfalls aufheizen, strahlt diese Schicht aufgrund des niedrigen Emissionskoeffizienten für langwellige Strahlung weniger langweliige Strahlung nach innen ab, als die äußere nach außen abgibt. Diese Charakteristik ergibt niedrige k-Werte: $k \leqslant 1{,}69 \; [W/m^2 K]$.

Verglasungen dieser Art haben intensive Reflexionsfarben.

Zur Erhöhung der Lichtdurchlässigkeit von max. 40 % werden Goldschichten mit Entspiegelungen versehen (Bild 12.13). Dadurch erreicht man Transmissionen im grünen Spektralbereich bis zu 66 %. Die Gesamtstrahlungsdurchlässigkeit wird dadurch von ca. 28 % auf ca. 44 % angehoben.

Heute werden verstärkt Produkte mit Zwischenwerten und Reflexionsfarben zwischen blau und violett angeboten.

Bei Isolierverglasungen mit Interferenzschichten werden die Sonnenstrahlen an den Grenzflächen der hochbrechenden Metalloxidschichten (z. B. TiO_2) in Teil-

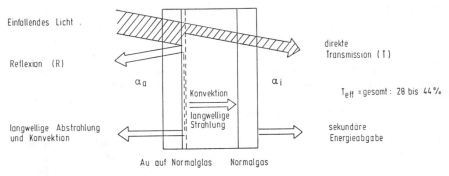

Bild 12.12: Isolierverglasung aus mit Metall belegtem Normalglas (6 mm) Luftzwischenraum = 12 mm

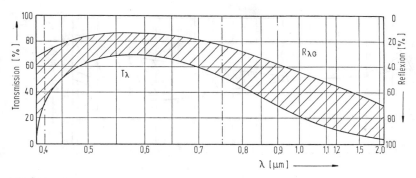

Bild 12.13: Transmission, Reflexion und Absorption von goldbelegten Isolierverglasungen (entspiegelt)

strahlen gespalten und so zur Überlagerung (Interferenz) gebracht, daß sich die Intensität des reflektierenden Strahles erhöht und entsprechend weniger Energie durchgelassen wird.

Diese Isolierglaseinheiten bestehen im allgemeinen aus einer beschichteten Scheibe, die beidseitig belegt ist (Bilder 12.14 − 12.16). Die Kombination ist in Durch-

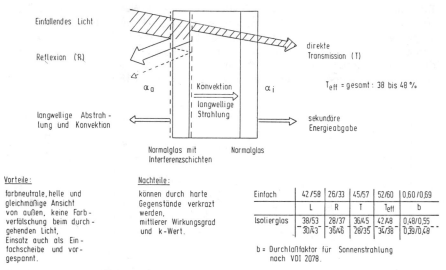

Einfach	42/58	26/37	45/57	52/60	0,60/0,69
	L	R	T	T_{eff}	b
Isolierglas	38/53	28/37	36/45	42/48	0,48/0,55
	30/43	36/46	28/35	34/38	0,39/0,48

b = Durchlaßfaktor für Sonnenstrahlung nach VDI 2078.

Bild 12.14: Isolierverglasung aus mit Interferenzschichten belegtem Normalglas (6 mm) Luftzwischenraum = 12 mm

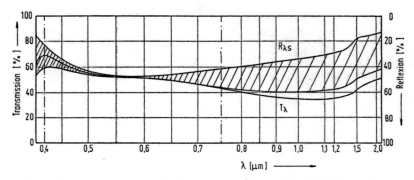

Bild 12.15: Transmission, Reflexion und Absorption von mit Interferenzschichten belegten Isolierverglasungen (nahezu absorptionsfrei)

sicht und Ansicht farbneutral. Die Gesamtstrahlungsdurchlässigkeit liegt zwischen 38 und 47 %; mit Blendschutz bei 21 %.

Nach dem heutigen Stand der Technik können Fenster mit Isolierverglasungen konstruiert und gefertigt werden, die extrem hohe Wärmedämmeigenschaften aufweisen.

Eine Einfachverglasung weist je nach Glasdicke einen k-Wert von 5,62 bis 5,93 [W/m² K] auf. Während eine Verdoppelung der Glasdicke nur eine geringfügige Verbesserung der Wärmedämmung erbringt, läßt sich der k-Wert bei Einsatz von zwei dünnen Scheiben mit einem Luftzwischenraum wesentlich verbessern, da eine annähernd stehende Luftschicht einen hohen Wärmedämmwert aufweist. Dies gilt jedoch nur für Scheibenabstände bis etwa 15 mm, da bei dickeren

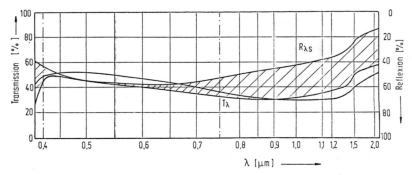

Bild 12.16: Transmission, Reflexion und Absorption von mit Interferenzschichten belegten Isolierverglasungen (schwach absorbierend)

Luftschichten eine deutliche Luftbewegung und damit eine bedeutende Wärmekonvektion eintritt.

Werden für den Luftzwischenraum an Stelle von trockener Luft spezielle Gase mit geringer Wärmeleitfähigkeit verwendet, so läßt sich die Wärmedämmfähigkeit des Scheibenelements weiter erhöhen.

Bei einer normalen Zweischeibenverglasung mit 12 mm Luftzwischenraum (LZR) bruht der Wärmetransport zu etwa einem Drittel auf der Wärmeleitung bzw. Konvektion der Luft im Zwischenraum und zu zwei Dritteln auf Wärmestrahlung. Die Wärmestrahlung läßt sich stark reduzieren, wenn eine der beiden Scheiben auf der Innenseite mit einer dünnen Metallschicht (z. B. Gold, Kupfer, Silber und Legierungen) versehen ist, die sichtbare Strahlung gedämpft hindurchläßt, infrarote aber stark reflektiert. Die beschichteten Verglasungen erscheinen von außen mit lebhafter Reflexion in einem Blau-, Gold-, Silber- oder Bronzeton. In der Durchsicht haben diese Gläser einen Blau-, Grün- oder Grauton mit stark verminderter Lichtdurchlässigkeit.

Vorstellbar sind Isolierverglasungen, bei denen beide Glasinnenseiten mit je einer IR-reflektierenden Schicht aus halbleitenden Materialien belegt sind.

Erzielbare Werte von k-Wert $\leqslant 1{,}40$ $[W/m^2 K]$ sind damit vorstellbar. Der Einsatz energiesparender Fenster mit hoher Wärmedämmung wird sich aber nur dann lohnen, wenn ein wirtschaftlicher Vorteil damit verbunden ist.

In der Entwicklung befinden sich Isolierverglasungen, die langfristig einen wirtschaftlichen Wärmeschutz gewährleisten, in ihren Anschaffungskosten zumutbar sind und konventionell eingebaut werden können.

Für nicht klimatisierte Wohnungen, wie Ein- oder Mehrfamilienhäuser mit zu öffnenden Fenstern, wird mit Sicherheit in unseren geographischen Breiten keine Verglasung gegen Sonnenschutz benötigt. Man wird hingegen gerade in den Wintermonaten eine hohe Durchlässigkeit für die Sonnenstrahlung fordern. Das heißt, Fenster für diesen Anwendungsbereich sollten einen niedrigen k-Wert unter Ausnutzung der Sonnenenergie für die Gesamtwärmebilanz des Hauses bzw. der Wohnung haben. In Anlehnung an diese Zielsetzung bedeutet das aber: Energiesparende Isolierverglasungen (k-Wert ohne Sonnenschutz) mit hoher Reflexion im langwelligen IR-Bereich und mit hoher Transmission bezogen auf die spektrale Verteilung der Augenempfindlichkeit und der Sonnenstrahlung unter weitgehender Erhaltung der spektralen Zusammensetzung des sichtbaren Lichtes (Farbneutralität).

Für klimatisierte Hochbauten werden hingegen k-Wert-mindernde Verglasungen mit Sonnenschutz in Frage kommen, die neben hoher Reflexion im langwelligen

IR und Farbneutralität zusätzlich die eingestrahlte Sonnenenergie reflektieren bzw. absorbieren. Die Energieeinsparung im Sommer durch geringere Kühlkosten ist sicherlich größer als der Energieverbrauch im Winter durch fehlende Sonneneinstrahlung.

Dieser Artikel wurde in Anlehnung an die Veröffentlichungen [1], [27] und [67] von Herrn Prof. H. Schröder, JENAER GLASWERK SCHOTT & GEN., Mainz zusammengestellt.

Literaturhinweise

Kapitel 1

1) H. Jebsen-Marwedel, Silikat-Journal, 15. (1976), H. 12, 370-378
2) S. Spauszus, Werkstoffkunde Glas, Leipzig 1974
3) H. Jebsen-Marwedel, Sprechsaal, 108. (1975), 639-646
4. M. G. Britton, Angewandte Chemie, 88. (1976), H. 11, 365-373
5) H. Löber, techglas, H. 6/1975, S.3—5, Hrg.: Forschungsgemeinschaft Glas, Wertheim
6) H. Jebsen-Marwedel: Glas in Kultur und Technik, 2. Auflage 1981, Druckhaus Bayreuth
7) E. Greil, GIT, Fachzeitschrift für das Laboratorium, Darmstadt 17. (1973), H. 4, 361 ff

Zur Einführung in die Materie „Glas" kann folgende Literatur empfohlen werden:

T. Maloney: Glas. Das Buch zur Sache, Taschenbuch, Deutsche Verlagsanstalt, Stuttgart 1970.
S. Spauszus: Werkstoffkunde Glas, VEB Verlag für Grundstoffindustrie, Leipzig 1974
K. Kühne: Werkstoff Glas, Taschenbuch, Reihe WTB, Band 176, Berlin 1976
H. Jebsen-Marwedel: Glas in Kultur und Technik, 2. Auflage 1981, Druckhaus Bayreuth
G. Gliemeroth: Glas, Artikel in „Bild und Wissenschaft" 8. Jahrgang 1971, Heft 6, Seite 599-610, Deutsche Verlagsanstalt Stuttgart

Wesentliche Teile dieses Aufsatzes stützen sich auf diese Veröffentlichungen.
Beispiele zur Geschichte des Glases und seiner Technologie finden sich im Glasmuseum Wertheim.
Öffnungszeiten können unter der Rufnummer 09342 / 6866 erfragt werden.
Fragen in Sachen Glas beantworten die
Deutsche Glastechnische Gesellschaft
Mendelssohnstraße 75—77
6000 Frankfurt

und die

Forschungsgemeinschaft für technisches Glas e. V.
Postfach 1240
6980 Wertheim
Tel.: 09342-1033

Kapitel 2

1) Meadows, Dennis L., The Limits to Growth, Universe Books, New York 1972
2) The Conference Board: Energy consumption in manufacturing, Report to the Energy

Policy Projects of the Ford Foundation, Ballinger Publishing Comp. Cambridge, Mass., 1974
3) Kröger, K., Theoretischer Wärmebedarf des Glasschmelzprozesses, Glastechn. Ber. 26 (1953), 202-214
4) Trier, W., Entwicklung des Energieverbrauchs in der Glasindustrie, Glastechn. Ber. 42 (1969), 242-243
5) Produktion von Glas und Glaswaren in der BRD einschließlich Berlin-West in den Jahren 1973 und 1974, Statistisches Bundesamt Wiesbaden, veröffentlicht in Glastechn. Ber. 48 (1975), R 194/195
6) Produktion von Glas und Glaswaren in der BRD einschließlich Berlin-West in den Jahren 1982 und 1983, Statistisches Bundesamt Wiesbaden, veröffentlicht in den Glast. Ber. 57 (1984), R 119-222
7) W. Trier, H.-J. Voss, H. Schaefer − Bericht: Ermittlung des kulminierten spezifischen Energieaufwandes zur Herstellung von Glasflaschen und Verpackungsgläsern (Studie Tl. 3), (1975).
8) G. Perry, P. J. Doyle; Energy Audit Series No. 5-Glasindustry. British Glass Ind. Res. Assoc., S. 16-17 (1979)

Kapitel 3

Scholze, H., Glas − Natur, Struktur und Eigenschaften, Springer-Verlag, Berlin-Heidelberg-New York, 2. Aufl. 1977
Vogel, W., Struktur und Kristallisationsverhalten der Gläser, 2. Aufl. VEB Verlag für Grundstoffindustrie, Leipzig 1971
Doremus, R. H., Glass Science. Wiley, New York 1973
Frischat, G. H., Ionic Diffusion in Oxide Glasses. Trans Tech Publications, Aedermannsdorf/Schweiz 1975
Kühne, K., Werkstoff Glas. Akademie-Verlag, Berlin 1984
Wong, J., Angell, C. A., Glass, Structure by Spectroscopy. Marcel Dekker, New York 1976
Frischat, G. H. (Herausgeber), Non-Crystalline Solids. Trans Tech Publications, Aedermannsdorf/Schweiz 1977
Vogel, W., Glaschemie. VEB Deutscher Verlag für Grundstoffindustrie, Leipzig 1979.

Kapitel 4

1) K. Rehm. Beiträge zur Prüfung des chemischen Verhaltens von Silicatgläsern, Glastechn. Ber. 39 (1966), S. 147−149
2) R. W. Douglas and J. O. Isard, The Action of Water and Sulfur Dioxide on Glass Surface, J. Soc. Glass Technol. 33 (1949), S. 289−335
3) Amercian Society for Testing and Materials, Designation C 225−68, Standard Methods of Test for Resistance of Glass Containers to Chemical Attack
4) ISO 720. Glass − Hydrolytic resistance of glass grains at 121 $^{\circ}$C − Method of test and classification (Oktober 1985)
5) ISO 719. Glass − Hydrolytic resistance of glass grains at 98 $^{\circ}$C − Method of test and classification (Oktober 1985)
6) ISO 695. Glass − Determination of resistance to attack by a boiling aqueous solution of mixed alkali (Nov. 1984)
7) DIN 12 111, Grießverfahren zur Prüfung der Wasserbeständigkeit von Glas als Werkstoff bei 98 $^{\circ}$C und Einteilung der Gläser in hydrolytische Klassen (Mai 1976)
8) DIN 28 817, Grießverfahren zur Prüfung der Wasserbeständigkeit von Glas als Werkstoff bei 121 $^{\circ}$C (Mai 1976)

9) P. A. Sewell, Some surface area estimations of grains used in glass durability testing, Glass Technol. 10 (1969), S. 9–14
10) L. Žagar und P. Unger, Untersuchung über die spezifische Oberfläche von Glasgrießen, Forschungsberichte von Nordrhein-Westf. Nr. 2194 (1971), S. 5–29
11) DIN 52 339, Teil 1 und 2, Autoklavenverfahren zur Prüfung der Wasserbeständigkeit der Innenoberfläche von Behältnissen aus Glas und Klasseneinteilung, 1. titrimetrische, 2. flammenfotometrische Bestimmung (Dez. 1980)
12) K. Rehm, Die Anwendung titrimetrischer und flammenfotometrischer Verfahren zur Prüfung der hydrolytischen Oberflächenresistenz von Behältern (Ampullen), Pharm. Ind. 29 (1967), S. 868–869
13) Europäisches Arzneibuch, Band 2, amtliche Ausgabe des Deutschen Apotheker-Verlages, Stuttgart (1975)
14) A. Peters, Prüfmethoden für Glasbehältnis-Oberflächen Europäisches Arzneibuch, DAB 7 und DIN 52 329, Pharm. Ind. 37 (1975), S. 1066–1070
15) ISO 4802: Glass Containers – Hydrolytic resistance of the interior surfaces – Method of test (Mai 1982)
16) DIN 12 116, Bestimmung der Säurebeständigkeit (gravimetrisches Verfahren) und Einteilung der Gläser in Säureklassen (Mai 1976)
17) DIN ISO 1776. Glas. Beständigkeit gegen Salzsäure bei 100 °C. Flammenspektrometrisches Verfahren (Entwurf Aug. 1983)
18) DIN 52 322, Bestimmung der Laugenbeständigkeit und Einteilung der Gläser in Laugenklassen (Mai 1976)
19) DIN 51 031, Bestimmung der Abgabe von Blei und Cadmium aus Bedarfsgegenständen mit silicatischer Oberfläche (Febr. 1986)
20) ISO 7086. Part 1: Glassware und glass ceramic ware in contact with food – Release of lead and cadmium – Method of test (November 1981)
21) DIN 51 032, Grenzwerte für die Abgabe von Blei und Cadmium aus Bedarfsgegenständen (Febr. 1986)
22) ISO 7086. Part II: Glassware and glass ceramic ware in contact with food – release of lead and cadmium – Permissible limits (November 1981)
Alle DIN-Unterlagen sind vom Beuth-Verlag GmbH, 1000 Berlin 30, erhältlich.

Kapitel 5

1) DIN-ISO 35 85, Borosilicatglas 3.3, Eigenschaften (7/76)
2) A. Peters, Chemisches Verhalten und physikalische Daten von Borosilicatglas, Techn. Mitt. 62 (1969), S. 230 – 234
3) M. Radke, Apparate und Anlagen aus Glas – eine selbständige Disziplin des chemischen Apparatebaus und ein Bindeglied zur Laboratoriumstechnik, Chem. Ex. Technol. 3 (1977), S. 187 – 192
4) Gesetz zur Kennzeichnung von Bleikristall und Kristallglas (Kristallglaskennzeichnungsgesetz) vom 25.6.1971 als Ausführung der EG-Richtlinie 69/493/EWG und Änderung dazu vom 29.8.1975
5) A. Peters, Das chemische Verhalten von Schaugläsern aus insbesondere Borosilicatglas gegenüber Kesselwässern bei höheren Temperaturen, Mitt. VGB 55 (1975), S. 128 – 132
6) A. Peters, Ampullen aus Glas, Glastechn. Ber. 46 (1973), S. 161 – 168

Kapitel 6

1) Produktion von Glas und Glaswaren in der BRD einschließlich in Berlin-West in den Jahren 1982 und 1983, Angaben des Stat. Bundesamtes, Glast. Ber. 57 (1984), R 219–222
2) W. H. Zachariassen, Die Struktur der Gläser, Glastechn. Ber. Band 11 (1933), S. 120

3) B. E. Warren u. J. Biscoe, Fourier analysis of X-Ray Patterns of Soda-Silica Glass J. Amer. ceram. Soc. 21 (1938), S. 259
4) R. J. Charles, Hydrolyse von Silicatgläsern, J. appl. Phys. 11 (1958), S. 1549
5) L. Holland, The Properties of Glass Surfaces, S. 138 Champman and Hall London (1964)
6) R. W. Douglas and J. O. Israel, J. Soc. Glass Technol. 33 (1949), S. 289
7) E. Berger, Grundsätzliches über die chemische Angreifbarkeit von Gläsern, Glastechn. Ber. 14 (1936), S. 351
8) A. K. Leyle, Theoretical Aspects of Chemical Attac of Gases by Water, J. Amer. ceram. Soc. 26 (1943), S. 201
9) L. Žagar, Die chemische Angreifbarkeit von Gläsern, Glashüttenhandbuch Bd. III X 130-1 bis 3
10) H. Jebsen-Marwedel, Glastechnische Fabrikationsfehler, S. 422, Springer-Verlag, Berlin, Göttingen, Heidelberg 1959
11) H. Salmang, Die Glasfabrikation S. 192, Springer-Verlag (1957)
12) F. R. Bacon, Angriff durch alkoholische Lösungen auf Flaschengläser, J. Amer. ceram. Soc. 23 (1940), S. 147
13) G. V. Kochetkova, Chemische Resistenz von Weißglasflaschen gegenüber Spirituosen, Glass and Ceram. 29 (1972), S. 186 (Übersetzung aus dem Russischen)
14) J. Löffler, Die Prüfung von Tafelglas auf Klimaempfindlichkeit, Glastechn. Ber. 29 (1956), S. 131
15) W. W. Fletscher, The Effect of Detergents on Glassware in Domestic Dishwashers, Symposium Charleroi 1971
16) S. Lohmeyer, Reaktionen mechanisch beschädigter oder chemisch veränderter Glasoberflächen mit Spüllösungen, Glastechn. Ber. 47 (1974), S. 70
17) Th. Altenschöpfer, Zum derzeitigen Stand der Untersuchungen über das Verhalten von Glas beim maschinellen Spülen, Symposium Charleroi (1974)
18) S. Lohmeyer, Über das Verhalten von Trinkgläsern in einem Testpülstand, Glastechn. Ber. 43 (1970), S. 101
19) P. Mayaux, Mechanismus des Angriffs auf Gläser durch Alkalien, Symposium Charleroi 1971
20) H. Gaar, Differenzierung von Glasschäden durch Haushaltsgeschirrsoülmaschinen unter besonderer Berücksichtigung der Oberfläohenverletzungen, Symposium Charleroi (1974)
21) H. Gaar, Neue Erkenntnisse über das Verhalten von Gläsern in Haushaltsgeschirrspülmaschinen, Ref.: Glastechn. Ber. 45 (1972) R 72 – 0469
22) S. Lohmeyer, Veränderungen von Glasoberflächen durch mechanisches Spülen, Symposium Charleroi (1974)
23) H. Gaar, Unveröffentlichte Laboruntersuchungen in Fa. Peill + Putzler, Düren
24) H. Scholze, R. Sauer, Untersuchungen über die Bleilässigkeit von Bleikristallglas, Glastechn. Ber. 47 (1974), S. 149

Kapitel 7

1) The Chemical Durability of Glasses, A Bibliographic Review of Literature. Edited by International Comm. on Glasses, 1965
2) L. Žagar, A. Schillmöller, Über physikalisch-chemische Vorgänge bei der Wasserauslaugung von Glasoberflächen. Glastechn. Ber. 33, 1960, 109
3) L. Žagar, K.-H. Horina, Untersuchungen über physikalisch-chemische Vorgänge bei der Wasserauslaugung von Kalk-Natron-Gläsern. Glastechn. Ber. 37, 1964, 235
4) L. Žagar, H. Lüneberg, G. Boymanns, Über die Auslaugbarkeit einiger strontiumhaltiger Gläser mit der modifizierten „Soxhlet-Apparatur". Glastechn. Ber. 42, 1969, 81
5) Forman, Glass Submersibles, AIAA-Paper Nr. 68-478, 1968

6) Don Groves:, Ocean Materials, Naval Engineers Journal, April 1968, 185
7) H. Ebner, Konstruktive Probleme der ozeanographischen Forschung. Köln-Opladen, 1969
8) G. Hoff, G. Langbein, Regen-Erosion bei Gläsern, Glastechn. Ber. 39, 1966, 553
9) G. Schönbrunn, R. Schulmeister, Über die Zerstörung von Glas durch Kavitation. Glastechn. Ber. 40, 1967, 298
10) H. Nowotny, Erosionsprüfung metallischer Werkstoffe in Siebel-Ludwig. Hdb. d. Werkstoffprüfung, 1955, II, 601
11) F. Erdmann-Jesnitzer, R. Laschimke, Untersuchungen zur hydromechanischen Beanspruchung bei Tropfenschlag, Archiv Eisenhüttenw., 37, 1966, 997
12) F. Erdmann-Jesnitzer, P. Ch. Borbe, Metallographische Untersuchungen zum Beginn der Zerstörung metallischer Werkstoffe durch Kavitation in Wasser von 50 bis 55 °C. Archiv Eisenhüttenw., 38, 1967, 63
13) G. Hoff, G. Langbein, Regen-Erosion von Kunststoffen, Kunststoffe 56, 1966, 2
14) Th. Altenschöpfer, Das Verhalten von Glas beim maschinellen Geschirrspülen. Fette-Seifen-Anstrichmittel, 1967, 182
15) B. Simmingsköld, Investigation of surface damage to Glass in domestic dishwasher machines. Rep. Nr. 917 Glass Research Institute, Växjö, Sweden, 1969
16) W. Trier, H. E. Schwiete, Auflichtelektronenmikroskopische Aufnahmen von in Haushaltsgeschirrspülmaschinen entstandenen Glasoberflächenschäden. Glastechn. Ber. 1969, 424
17) S. Lohmeyer, Über das Verhalten von Trinkgläsern in einem Testspülstand. Glastechn. Ber., 1970, 101
18) Th. Altenschöpfer, Gläser in Geschirrspülmaschinen. Fette-Seifen-Anstrichmittel, 1971, 613, II, ebenda 1972, 36
19) Symposium sur les problems ,,Verre-Detergents-Lavevaiselle", Charleroi, 1971
20) C. Kröger u. a., Dampfdruck von Silikatgläsern und deren Bestandteilen, Glastechn. Ber. 1965, 313
21) L. Riedel, Einige Beobachtungen zur Borsäureverdampfung. Glastechn. Ber. 1960, 198
22) Forschungskonferenz Regenerosion, Meersburg 1965 und 1967

Kapitel 8

1) F. W. Preston, The structure of abraded glass surfaces, Transactions of the optical society, Vol. XXIII (1921/22), No. 3, 141-164
2) E. Brüche, Glas hat eine ,,weiche" Oberfläche, Umschau 1955, H. 9, 140-142
3) A. Kaller, Vorgänge beim Polieren des Glases, Jenaer Jahrbuch 1959 I, 181-210
4) H. Schulz, Das Polieren des Glases, Deutsche Glaszeitung Nr. 15, 8. August 1940, 3-7
5) J. Bailey, The scratsch-resisting power of glass and its measurement. J. Amer. Ceram. Soc. 20 (1937) No. 2, 42-52, Ref. in Glastechnische Berichte unter DK 539.53 : 666.11
6) A. Kaller, Einige Betrachtungen zum Poliervorgang des Glases. Jenaer Jahrbuch 1969/70, 33-55
7) K. Peter, Sprödbrüche und Mikroplastizität von Glas in Eindrückversuchen. Glastechn. Ber. 37 (1964) H. 7, 333-345
8) S. M. Wiederhorn and P. R. Townsend, Crack Healing in Glass. J. Amer. Ceram. Soc. 53 (1970) 486-489
9) W. C. Levengood, Bond Rupture Mechanisms in vitreous Systems, Int. J. Fracture Mech. 2 (1966), 400-411
10) Lockemann, G., Geschichte der Chemie, Bd. I, Walter de Gruyter & Co., Berlin 1950, S. 83
11) Wicke, E., Die Ursachen der vielfältigen Lösungseigenschaften des Wassers. Arbeits-

gemeinschaft für Forschung des Landes Nordrhein-Westfalen, Heft 150, Westdeutscher Verlag, Köln und Oppladen 1965
12) Lohmeyer, S., Glastechn. Ber. 43 (1970) H. 3, 101-115
13) Herberhold, M., Die Geschichte vom Polywasser, Z. Chemie in unserer Zeit 5 (1971) H. 5, S. 154-159
14) Olander, D. S. und Rice S. A., Proz. Nat. Acad. Sci. USA 69 (1972) 98
15) Trier, W. und Schwiete, H. E., Glastechn. Ber. 42 (1969) 424-427
16) S. Lohmeyer, Die Veränderungen von Glasoberflächen durch Wasser und wässrige Lösungen. Beiträge zu elektronenmikroskopischen Direktabbildung von Oberflächen 4/1 (1971)
17) DIN 19 604, Natriumchlorid zur Wasseraufbereitung, Technische Lieferbedingungen, Beuth-Vertrieb GmbH, Berlin 30 und Köln, Febr. 1970
18) Geilmann, W., Mikroskopische Betrachtungen an alten Gläsern, Zeiß-Werkzeitschrift 8 (1960) Nr. 38, 94-96
19) Frenzel, G., Schadensursache und Zerfall mittelalterlicher Glasmalerei, Z. Glas-Email-Keramo-Technik 1971 H. 5, 168-171
20) Altenschöpfer Th., Gläser in der Geschirrspülmaschine, Fette-Seifen-Anstrichmittel, Die Ernährungsindustrie 73 (1971) H. 10 und 74 (1972) H. 1
21) Nachrichten aus Chemie und Technik 20 (1972) 90
22) Peters, A., Ampullen aus Glas, Bericht von den Wertheimer Glastagen 1972, Glas-Email-Keramo-Technik 1972 H. 2 Febr., 54-58 und Wertheimer Glastage, Fachvorträge der Tagung, S. 35-47, Forschungsgemeinschaft für techn. Glas e. V., Wertheim
23) GIT 6, (1962) H. 12, Arbeitsblatt
24) Lohmeyer S., Veränderungen von Glasoberflächen durch maschinelles Spülen, Symposium Glasspülmittel − Geschirrspülmaschine, Congres Des Federations Verrieres Europeennes Section Verre Main in Charleroi vom 29.-30. April 1971
25) Lohmeyer S., Die Auswirkungen maschinellen Spülens auf Glasgeräte, Bericht von den Wertheimer Glastagen 1972, Glas-Email-Keram-Technik 1972 H. 2, Feb. 54-58 und Wertheimer Glastage, Fachvorträge der Tagung, S. 29-34, Forschungsgemeinschaft für techn. Glas e. V., Wertheim
26) Lohmeyer S., Wirkungen von Spülmedien auf Porzellan-, Glas- und Silberoberflächen, Bev. DA. Keram. Ges 49 (1972) S. 307-310
27) W. Trier, Deutsche Glastechnische Gesellschaft, Frankfurt/Main: private Mitteilung
28) G. Schönbrunn und R. Schulmeister, Über die Zerstörung von Glas durch Kavitation, Glastechn. Ber. 40 (1967) H. 8, 298-304
29) S. Lohmeyer, Reaktionen mechanisch beschädigter oder chemisch veränderter Glasoberflächen mit Spüllösungen, Glastechn. Ber. 47 (1974) H. 4, 70-77

Kapitel 9

1) J. R. Varner, H. J. Oel, Einfluß von Oberflächenbeschädigungen auf die Festigkeit von Glasstäben, Glastechn. Ber. 48 (1975), 73-78
2) W. Hennicke, H.-E. Schwiete, J. Sieckmann, Zur Bestimmung der Verschleißfestigkeit von Glasuren (Literaturübersicht), Tonind. Ztg. 90 (1966), 106-117
3) G. Tomandl, Optische Messung der Zerstörung der Oberfläche von Glas durch Sandstrahlen und Ätzen, Glastechn. Ber. 47 (1974), 90-96
4) G. Tomandl, Determination of Light-Scattering Properties of Glass Surfaces, J. of Non-Cryst. Sol. 19 (1975), 105-113

Kapitel 10

1) A. A. Griffith, The Phenomena of Rupture and Flow in Solids, Phil. Frans. Roy. Soc. Band 221 A (1920), S. 163-197
2) F. Kerkhoff, Elastische Eigenschaften, Glashütten Handbuch IV, x 30, 1-4, der Hüttentechnischen Vereinigung der deutschen Glasindustrie (HVG)
3) J. B. Wand, B. Sugarman und C. Symmers, Glass Tech. 6 (1965), S. 90
4) W. Kiefer, Thermisches Vorspannen von Gläsern niedriger Wärmeausdehnung, Glastechn. Ber. 57 (1984), H. 9, 221-228

Kapitel 11

1) W. Sack und H. Scheidler, Glastechn. Ber. 43 (1970), H. 8, S. 322 und H. 9, S. 359

Kapitel 12

1) H. Schröder, Glas-Email-Keramo-Technik, 14 (1963) 161
2) Zusammenfassende Darstellung, z. B. in A. Smekal: Die Mikroplastizität der Hartstoffe. − 2. Plansee-Seminar 1955, Reutte (Tirol), S. 28
3) P. Joos, Z. angew. Physik, 9 (1957) 556
4) E. Brüche, K. Peter und H. Poppa, Glastechn. Ber. 31 (1958) 341
5) F. Kerkhoff und M. Hara, Glastechn. Ber. 35 (1962) 182
6) E. Brüche und G. Simmel, Z. angew. Physik, 7 (1955) 378
7) Lord Rayleigh Proc. Roy. Soc., (London), A 160 (1937) 507
8) H. Schröder, Glastechn. Ber. 22 (1949) 424
9) D. E. Bradley, Brit. J. Appl. Phys., 24 (1953) 405
10) E. N. Andrade und L. C. Tsien, Proc. Roy. Soc. (London), A 159 (1937) 346
11) J. E. Gordon, D. M. Marsh und M. E. Parat, Proc. Roy. Soc. (London), A 249 (1959) 65
12) F. M. Ernsberger, Proc. Roy. Soc. (London), A 257 (1960) 213
13) S. Anderson und D. D. Kimpton, J. Am. Ceram. Soc., 43 (1960) 484
14) H.-P. Boehm, M. Schneider und F. Arendt, Z. anorg. allg. Chem., 320 (1963) 43
15) W. Stöber, Kolloid-Z., 145 (1956) 17
16) W. A. Weyl, Glass Ind., 28 (1947) 231
17) P. Angenot, Silic. industr., 17 (1952) 41
18) J. N. Coward und W. E. S. Turner, J. Soc., Glass Technol. 22 (1938) 309
19) J. Hilgenfeldt und H. Jebsen-Marwedel, Glastechn. Ber., 31 (1958) 161
20) H. Tober, Glastechn. Ber., 33 (1960) 33 und 34 (1961) 46
21) W. A. Weyl, Glass Ind., 26 (1945) 369
22) W. Geffcken, Glas-Email-Keramo-Technik, 12 (1961) 145
23) K. Kinosita, J. Phys. Soc. Japan, 16 (1961) 807
24) H. Schröder, Z. techn. Phys. 23 (1942) 196
25) W. Geffcken und E. Berger, Glastechn. Ber., 16 (1978) 296
26) H. Mayer, Physik dünner Schichten, Gesamtbibliographie, 2 Bde. Wiss. Verlagsges., Stuttgart
27) H. Schröder, Ullmanns Encyklopädie der technischen Chemie 4., neubearb. und erw. Auflage, Band 10, S. 257 (1975)
28) S. Schiller, B. Wenzel, D. Effenberger, H. Bekker und G. Hönemann, Silikattechnik 21 (1970), 40

29) Schott & Gen. DT-Patent 1 696 110 (1968)
30) L. Maissel, R. Glang (Hrsg.), Handbook of Thin Film Technologie, McGraw-Hill Co, New York 1970
31) B. N. Chapman, I. C. Anderson (Hrsg.), Science and Technologie of Surface Coating, Academic Press, New York 1974, S. 361 bis 368
32) H. Anders, Dünne Schichten für die Optik, Wiss. Verlagsges., Stuttgart 1965
33) G. Kienel, H. Walter, Res./Development 24 (1973) 49
34) J. Klever, J. Electrochem. Soc. 108 (1961) 1070
35) Nippon Sheet Glass Co., DAS 2 032 375 (1970), Prior. Japan 1969
36) E. Umbea, Glass 32 (1955) 508
37) E. Wartenberg, US-Pat. 3 093 508 (1959)
38) Schott & Gen., DT-Pat. 9 064 26 (1951)
39) Schott & Gen., DT-Pat. 1 173 134 (1957)
40) Schott & Gen., DT-Pat. 1 063 773 (1957)
41) H. Dislich, A. Jacobsen, Angew. Chem. 85 (1973) 468
42) H. Wessel, Silikattechn. 6 (1955) 3
43) C. Brichata, F. Mascaro, Scient. Techn. Comm., IX. Internat. Congr. on Glass, Versailles 1971, 1135
44) Schott & Gen., DT-Pat. 1 062 901 (1958)
45) Gen. Amer. Transp. Corp., US-Pat. 2 690 401 (1952)
46) Gen. Amer. Transp. Corp., US-Pat. 2 690 402 (1952)
47) Gen. Amer. Transp. Corp., US-Pat. 2 690 403 (1952)
48) PPG Industries Inc., US-Pat. 3 457 138 (1967)
49) R. Persson, VDI-Z. 110 (1968) 9
50) PPG Industries Inc., US-Pat. 3 798 050 (1971)
51) H. Schröder, Scient. Techn. Comm., X. Internat. Congress, Kyoto 8 (1974) 118
52) Libbey-Owens-Ford, US-Pat. 2 490 263 (1943)
53) Radio Corp. of America, US-Pat. 2 490 662 (1946)
54) W. Kiefer, Glastechn. Ber. 46 (1973) 156
55) H. Kirchhoff, Arch. Elektron. und Übertr.-techn. 27 (1973) 161
56) H. Kira, I. Kitano, T. Uchida, M. Furukawa, J. Amer. Ceram. Soc. 54 (1971) 321
57) C. A. Steinheil Söhne, DT-Pat. 844 650 (1940)
58) RCA Corp., US-Pat. 3 811 855 (1972)
59) Asahi Glass Co., DAS 2 159 421 (1971), Prior. Japan 1970
60) G. Gliemeroth, J. Amer. Ceram. Soc. 57 (1974) 332
61) Schott & Gen., DT-Patent. 2 156 304 (1971)
62) Amer. Cyanamid Co., US-Pat. 3 521 941 (1967)
63) DIN 5035: Innenraumbeleuchtung mit künstlichem Licht, 1/72, Beuth-Vertrieb GmbH, Berlin 30 und Köln
64) DIN 5033: Spektrale Farbmetrik, 7/70, Beuth-Vertrieb GmbH, Berlin 30 und Köln
65) DIN 6169: Farbwiedergabe, 1/76, Beuth-Vertrieb GmbH, Berlin 30 und Köln
66) DIN 4108: Wärmeschutz im Hochbau mit Beiblatt 2 „Beispiele und Erläuterungen für erhöhten Wärmeschutz. Hinweis auf wirtschaftlich optimalen Wärmeschutz", 11/75, Beuth-Vertrieb GmbH, Berlin 30 und Köln
67) H. Schröder, Glastechn. Ber., 39 (1966) 156.

Stichwortverzeichnis

Abätztiefe 105, 211
Abkühlgeschwindigkeit 50
Abschrecken, thermisches 184
Abtragungsgebiete 151
Abtragungsstufe 130
Aerosil 207
Ätzen 105, 166
Ätzverfahren 98, 105, 212
Aggregatzustand 18
airless 221
Alkaliabgabe 72, 81 ff, 157
Alkaligehalt 109
Alkalikonzentration 153
Angriff, alkalisch 75, 87, 98
Angriff, saurer 74, 84, 96
Anwendungsmöglichkeiten 175
Arbeitswanne 27
Aufdampfung 213
Auflichtdunkelfeld 144
Auflichthellfeld 144
Aufprallwinkel 128
Auslaugung 95, 143
Auslaugungstiefe 211
Auslaugungsverfahren 212
Außenoberflächen 78, 150

Backgeschirr 203
Beanspruchung, hydrolytische 72, 81 ff
Behältnis-Oberflächen 83
Behältnisprüfung 83
Beilby-Schicht 152
Beläge 143
Beläge, trübe 151
Belagbildungen 152, 160
Belastbarkeit, Berechnung 179
Bereich, dickwandig 155
Bereiche, chemisch veränderte 152
Beschädigungen, mechanische 143
Beschichtung durch Gasphasenreaktion 212
Beschichtung in flüssigen Medien 212
Beständigkeit, chemische 34, 71 ff

Bestimmung, mechanische Festigkeit 176
Biegezugfestigkeit 186
Biegezugspannung 179
Blasen 18
Bleiglas 93, 123
Bodenfeuchte 151
Bogensprünge 139
Borosilicatglas 22, 70, 91 ff
Bruchanfälligkeit 31
Bruchflanken 141

Chalkogenidgläser 55
Chemical Vapour Deposition (CVD) 219

Dannerverfahren 30
Dekor 88, 160
Destillationsapparatur 101
Dicke, optische 225
Drei-Komponenten-Grundglas 160
Druckvorspannung 183, 185
Druckvorspannungshaut 164
Duran 91, 94, 98

Eigenschaften, chemische 60, 71
Eigenschaften, mechanische 63
Einfrierbereich 60
Einfrierpunkt 49
Elastizitätsmodul 185
Elektronenmikrosonde 153
Elektrotechnik 78, 91
Energieeinsatz 39
Energieeinsparung 39, 40
Energieprobleme 39
Entalkalisierung 70, 83, 209
Entglasungsneigung 52
Entmischung 53, 56
Erosionstiefe 133
Etiketten-Kleber 160
Etiketthaftstellen 160

Farbbeizen 224

Farbfilter 226
Farbteilungsfilter 226
Fassadenscheiben 201
Fehler, verdeckte 142
Fensterglas 92, 113
Fensterscheiben 107
Fernordnung 53
Fernsehröhren 104
Festigkeit 32, 165
Festigkeit, hydrolytische 81 ff, 151
Festigkeit, theoretische 63
Festigkeitserhöhung 183
Festkörper, nichtkristallin 50, 53
Feuerpolitur 70, 138
Finish 129
Fiolax 91, 92
Flachglas 29, 113
Flächenschäden 151, 155, 160
Flächentrübungen 151
Flaschenglas 92, 112
Flash-Verdampfung 215
Flitterbildung 104
Floatband 222
Float-Glas-Verfahren 29
Flugkörper 120
Flußmittel 54
Formfaktor 172
Formgebungsringe 153
Freihandblasen 30

Gebrauchsbedingungen 107
Gemenge 27
Geschirrspülautomaten 121
Geschirrspülmaschinen 114, 119
Gläser, Abmusterung von 147
Gläser, Form der 164
Gläser, hart 20
Gläser, hochfest 175
Gläser, natürliche 20
Gläser, organisch 48
Gläser, synthetisch 21
Gläser, temperaturwechselfeste 201
Gläser, weich 20
Glas, chemisch resistent 62, 91, 93
Glas, chemisches Vorspannen 224
Glas, Grundfestigkeit 175
Glas, kurzes 19
Glas, langes 19
Glas, optisches 22
Glas, polieren 206
Glas, Prüfung chemische 69
Glasangriff 71 ff, 94 ff, 209
Glasangriff, alkalisch 75, 87, 98, 210
Glasangriff, sauer 84, 94, 96

Glasarten 91
Glasbildner 53, 69
Glasbildung 20
Glasblasen 30
Glasentwicklung 26
Glasfasern 23
Glasfertigung 39
Glasflaschen 30, 107
Glasherstellung 23
Glasig 47
Glasindustrie 39
Glasinneres 185
Glaskeramik 23, 52, 197
Glaskorrosionen 71, 94 ff
Glaskörper 194
Glasmacherpfeife 24, 27
Glasoberfläche 69, 78, 165
Glasoberfläche, Korrosionsverhalten 78, 107
Glasoberfläche, Mikroplastizität 206
Glasröhren 30
Glasschmelze 27
Glasschmelzen 59
Glastypen 91 ff
Glaszusammensetzung 19, 57, 58, 91 ff, 109, 196
Glimmentladung 215
Grate 147
Grenzflächenenergie 141
Grenzflächenspannung 60
Grießverfahren 81
Griffith-Risse 206
Grundglas 69, 78

Härten, des Glases 33
Härtung, chemische 64
Härtung, thermische 64, 65
Hafenofen 27
Haushaltsgeschirr 203
Haushaltsgeschirrspülmaschinen 138
Haushaltsglas 107, 114
Herstellung 175
Herstellungsfehler 151, 152
Hilfsstoffe 37
Hochquarzmischkristalle 196
Hydrolyseverhalten 72, 81, 157
Hydrophobierung, Gläser 223

Initialsprung 152
Innendruck 178
Interferenz 225
Interferenzlichtaufnahmen 153
Interferenzfilter 226
Ionenaustausch 62, 64

Ionenaustausch, Vorspannen 187
Ionentransport in Festkörpern 212
IR-durchlässige-Kaltlicht-Spiegel 226
Isoliermaterial 35

Kaliglas 123
Kalknatronglas 22, 70, 92, 123
Kapillarkondensation 138
Kathodenzerstäubung 217
Kavitation 103, 120, 151
Kavitationsfestigkeit 120
Keimbildung 50
Keimbildung, heterogene 50, 52
Keimbildung, homogen 52
Kelvin'sches Gesetz 124
Kettensprünge 136, 138, 144, 147
Kettensprungfelder 151
Kieselglas 53
Kieselsäuregerüst 82
Klassen, hydrolytische 62, 63, 80
Klassen, Lauge- 85
Klassen, Säure- 85
Konkurrenzadsorption 211
Konstruieren 36
Konstruktionswerkstoffe 36
Kontakt, optischer 137, 139
Korrosion, Fensterglas 111
Korrosion, Flaschenglas 111
Korrosion, Haushaltsglas 111
Korrosion, spezielle Gläser 99
Korrosionsfläche 144
Kratzer 103, 136
Kristall 53
Kristallbildung 20
Kristallisation 50, 196
Kristallwachstum 50
Krümelbildung 186
Kühlung 31
Kugelschrammen 138
Kunststoffe 120

Läuterbereich 60
Läuterung 28
Laser-Resonatorspiegel 226
Laserschutzbrillen 227
Laugenbeständigkeit 63, 75, 87
Laugenklassen 63, 80
Laugenprüfung 87
Libbey-Owens-Flachglaszug 222
Lichtbrechung 147
Lichtkasten, schwarzer 122
Lichtstreuung 170
Lochkorrosion 103
Lösungsgeschwindigkeit 110

Maschinenspülmittel 142
Massendicke 214
Massengläser 25
Mattierung 153
Maxos (Schauglas) 92, 99
Mehrkomponentengläser 56
Metalle 120
Metallisierung, stromlose 223
Methode, gravimetrische 84
Methode, spektralfotometrische 85
Mikrofehler 63, 65
Mikrointerferenzaufnahmen 150
Mikrosonde 160
Mineralpigmente 88
Mischkalieffekt 67
Muschelbruch 143

Nahordnung 50, 53
Netzwerk 19, 62, 69
Netzwerkbildner 55, 69
Netzwerkhypothese 53, 69
Netzwerkspalter 54, 69
Netzwerkwandler 54, 69
Normprüfverfahren 69

Oberflächenhaut 152
Oberflächenkristallisation 189
Oberflächenleitfähigkeit 61
Oberflächenmeßgerät 168
Oberflächen-Nachverarbeitung 69
Oberflächenrelief 138
Oberflächenschäden 103, 151
Oberflächenschicht 69, 82, 185
Oberflächenspannung 60
Oberflächenveränderung 136, 142, 151
Oberflächen-Verfahren 83
Oberflächenverletzung 165, 182
Optik 88
Ordnung, mittlere 50
Oxidgläser 53, 55, 63
Oxidgläser, technische 48

Pharmazie 91, 104
Poisson'sche Zahl 185
Polymerisation im Plasma 217
Porengröße 212
Preis 37
Pressen 18
Prüfnormen 76
Prüfverfahren, speziell 78 ff
Punkt, kinetisch 49

Qualitätskontrolle 78
Quarz 53

Quarzglas 93, 155
Quellschicht 135, 151

Radien 144
Randverschmelzen 153
Rasterelektronenmikroskop 168
Rattermarken 136
Rauhigkeit 130, 147
Rauhtiefe 168
Reaktionsmechanismen 72, 94
Reaktionsprodukt 95
Reflexionsminderung 225
Reflexionsverstärkung 225
Regenwasser 151
Regeneriersalz 147
Reinigerbestandteile 147
Resistenz 157 (s. auch Beständigkeit)
Restspannungen 153
Rißbildungen 152, 160
Ritzrichtung 144
Ritzspuren 136
Ritzversuche von SMEKAL 205
Röhrenherstellung 30
Rohstoffe 37
Rohstoffprobleme 39
Rohstoffquellen 39, 43
Rohstoffsicherung 39, 43
Rohstoffsituation 39
Rundverschmelzen 152

Säureangriff 74, 84, 96, 209, 210
Säurebeständigkeit 63, 84, 97
Säureklassen 63, 85
Säurepolitur 105, 124
Säureprüfungen 84
Säurestoffbrücken 69, 213
Scherben 27
Schichtbildung, substraktive 225
Schichtsubstanzen, dielektrische 225
Schliffe 151
Schmelzen, glasbildend 48, 51
Schmelzbereich 60
Schmelzprodukt, anorganisch 48
Schmelzwanne 27
Schrammbahnen 138
Schuppenbildung 104
Schwefeldioxidglas 70
Schwermetallabgabe 87
Selfoc 225
Siedeverzug 102
Silanolgruppen 207
Siliconisierung 208
Silikonverbindungen 160
Siloxangruppen 207

Sinterfaktor 212
Sonneneinstrahlung 201
Spannungen 141
Spannungen, im Glas 124
Spannungsbereiche 152
Spannungsrelaxation, thermische 141
Spannungsunterschiede 152
Spezialgläser 82, 91 ff
Sprühbeschichtung 220
Sprünge 142
Sprünge, verheilen 138
Sprungfelder 143
Sprungufer 144
Spüldauer 142
Spülen 147
Spülen, maschinell 141
Spülflüssigkeit 142
Spüllösungen 143
Spülmaschinenbehandlung 141, 142
Spülmittel 123
Spülversuche 138
Spülvorgänge 138, 142, 151
Sputtern 217
Stabilisator 54, 55
Stereo-REM-Bilder 168
Stöße 143
Struktur 53
Strukturschäden 142

Target 217
Tauchverfahren 222
Temperatur 109
Temperatur/Viskositätskurve 19
Temperaturabhängigkeit 191
Temperaturführung 196
Temperaturschocks 142
Temperaturwechsel 164
Temperaturwechselbeständigkeit 52
Temperaturwechselfestigkeit 193, 195
Testspülgänge 147
Titrationswerte 82
Torpedo 144
Transformationstemperatur 203
Transportschicht 135
Transformationspunkt 19, 49, 60
Transparenz, optische 66
Trennmittel 155
Trinkgläser 93, 142, 155
Tripolyphosphat 129
Tropfenschlagvorrichtung 127

Überfangglas 203
Ultrahochvakuumtechnik 215
Unterseebauten 120

Unterseefahrzeuge 120
UV-Kantenfilter 226
UV-Lichtleitsystem 223

Vakuumbeschichtung 213
Vakuumverfahren 212
Van-der-Waals'sche Kräfte 213
Verarbeitungsbereich 52, 60
Verdampfung 69, 152
Vergütungs-Methode 70
Verschmelzen 150
Verspannungen 139
Verwitterungsschichten 212
Verwitterungsschutz 218
Viskosität 60
Vorspannen 184

Wabenstruktur 143
Wärmeausdehnung 195, 196
Wärmeausdehnungskoeffizient 35
Wärmeaustauscher 100

Wärmeleitfähigkeit 35
Wärmereflexionsfilter 226
Walzen 18
Wasserangriff 72, 81 ff, 95, 209
Wasserbeständigkeit 63, 81
Wasserbeteiligung 95
Wasserhaut, permanente 207
Wasserhaut, temporäre 207
Wasserstandsschaugläser 99
Werkstoff Glas 47, 55
Wirtschaftsglas 107

Zerstörung 165
Zertrümmerungsstellen 144
Ziehen 18
Ziehrichtung 135
Ziehriefen 138
Zugspannung 164
Zustand, glasartig 17
Zwischenoxide 55

Autorenverzeichnis

Prof. Dr. rer. nat. Sigurd Lohmeyer
Bosch-Siemens-Hausgeräte-GmbH
Abteilung Werkstoffe und
Technologie
Postfach 1220
7928 Giengen (Brenz)

Dr.-Ing. Henning Dannheim
Institut für Werkstoffwissenschaften III,
Glas und Keramik, der Universität
Erlangen-Nürnberg
Martensstr. 5
8520 Erlangen

Prof. Dr. rer. nat. Günther-Heinz Frischat
Lehrstuhl für Glas und Keramik
Institut für Steine und Erden der
Technischen Universität Clausthal
Zehntwer Str. 2 A
3392 Clausthal-Zellerfeld

Dipl.-Chem. H. Gaar
August-Schanz-Str. 8
6000 Frankfurt/M. 50

Dr. rer. nat. Werner Kiefer
Schott Glaswerke
Postfach 2480
Hattenbergstr. 10
6500 Mainz

Dr. rer. nat. Arndt Peters
Schott Glaswerke
Hattenbergstr. 10
Postfach 2480
6500 Mainz

Dr. rer. nat. H.-U. Schwering
Robert Bosch GmbH
7141 Schwieberdingen

Direktor Dr. rer. nat. Horst Seidel
Vetrotech AG
Walchwil/ZG
CH 6318 Forchwaldstr. 24

Prof. Dr. phil. Dr. techn. Ludvik Žagar †
Hohenstaufenallee 1
5100 Aachen

Werkstoffe

Lohmeyer, S., Prof. Dr. rer. nat.
Die speziellen Eigenschaften der Kunststoffe
256 Seiten, DM 64,–, ISBN 3-88508-885-1

Lohmeyer, S., Prof. Dr. rer. nat., und 7 Mitautoren
Edelstahl
258 Seiten, DM 62,–, ISBN 3-88508-617-4

Mair, H. J., Dipl.-Ing., und 9 Mitautoren
Kunststoffe in der Kabeltechnik
164 Seiten, DM 69,–, ISBN 3-88508-829-0

Abel, R., Dipl.-(ng., und 7 Mitautoren
Schneidkeramik in der Guß- und Stahlbearbeitung
161 Seiten, DM 47,–, ISBN 3-88508-806-1

Beyer, M., Prof. Dr.-Ing., und 16 Mitautoren
Epoxidharze in der Elektrotechnik
140 Seiten, DM 43,–, ISBN 3-88508-792-8

Chatterjee-Fischer, R., Dr.-Ing., und 6 Mitautoren
Wärmebehandlung von Eisenwerkstoffen
396 Seiten, DM 78,–, ISBN 3-8169-0076-3

Ehrenstein, G. W., Prof. Dr., und 6 Mitautoren
Konstruieren mit glasfaserverstärkten Kunststoffen
199 Seiten, DM 48,–, ISBN 3-88508-670-0

Gahlau, H., Dipl.-Ing., und 7 Mitautoren
Geräuschminderung durch Werkstoffe und Systeme
341 Seiten, DM 74,–, ISBN 3-8169-0154-9

Gohl, Walter, Dr.-Ing., und 9 Mitautoren
Elastomere – Dicht- und Konstruktionswerkstoffe
3., überarb. Auflage
267 Seiten, DM 58,–, ISBN 3-88508-878-9

Grosch, J., Prof. Dr.-Ing., und 8 Mitautoren
Werkstoffauswahl im Maschinenbau
263 Seiten, DM 67,50, ISBN 3-88508-913-0

Heubner, Ulrich, Dr.-Ing.
Nickel Alloys and High-Alloy Special Stainless Steels
258 Seiten, DM 68,–, ISBN 3-8169-0138-7

Heubner, Ulrich, Dr.-Ing., und 7 Mitautoren
Nickellegierungen und hochlegierte Sondere
227 Seit

Kunst, H., Dr.-Ing.
Verschleiß metallischer Werkstoffe und seine Verminderung
256 Seiten, DM 64,–, ISBN 3-88508-805-3

Meckenstock, Klaus, Dr., und 3 Mitautoren
Einfärben von Kunststoffen mit Titandioxid-Pigmenten
124 Seiten, DM 39,50, ISBN 3-88508-996-3

Niederstadt, G., Dr.-Ing., und 4 Mitautoren
Leichtbau mit kohlenstoffaserverstärkten Kunststoffen
242 Seiten, DM 64,–, ISBN 3-8169-0041-0

Ondracek, Gerhard, Prof. Dr., und Preisa, Rene
Werkstoffkunde, 2. überarb. Auflage
283 Seiten, DM 48,–, ISBN 3-88508-966-1

Pulker, Hans K., Dr., und 9 Mitautoren
Verschleißschutzschichten unter Anwendung CVD/PVD-Verfahren
296 Seiten, DM 67,50, ISBN 3-8169-0070-4

Reidt, W., Dr., und 6 Mitautoren
Methacrylat-Reaktionsharze
139 Seiten, DM 44,–, ISBN 3-88508-927-0

Sadowski, F., Dr.
Lackierungen in der Metallindustrie
212 Seiten, DM 53,–, ISBN 3-88508-892-4

Schlichting, J., Dr., und 7 Mitautoren
Verbundwerkstoffe
229 Seiten, DM 49,–, ISBN 3-88508-724-3

Schneider, F. E., Dipl.-Ing., und 7 Mitautoren
Thermobimetalle
216 Seiten, DM 58,–, ISBN 3-88508-807-X

Schwenke, W., Dr., und 11 Mitautoren
Polyurethane
ca. 250 Seiten, ca. DM 49,–, ISBN 3-8169-ISBN 3-8169-0010-0

Stöckel, Dieter, Prof. Dr.
Werkstoffe für elektrische Kontakte
272 Seiten, DM 58,–, ISBN 3-88508-934-3

Weiler, W., Prof. Dr.-Ing., und 3 Mitautoren
Härteprüfung an Metallen und Kunststoffen
339 Seiten, DM 69,50, ISBN 3-8169-0013-5